모두를 위한
테크노사이언스
강의

모두를 위한 테크노사이언스 강의

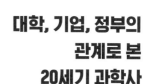

대학, 기업, 정부의
관계로 본
20세기 과학사

김명진 지음

궁리
KungRee

일러두기

이 저서는 2017년 정부(교육부)의 재원으로 한국연구재단의 지원을 받아 수행된 연구임(NRF-
2017S1A6A4A01020544)

서문

테크노사이언스의 시대는
어떻게 도래했는가?

이 책의 원고를 마지막으로 손보고 있는 2022년 초에, 전 세계는 이제 3년째로 접어드는 코로나-19 대유행의 (희망컨대) 끝자락을 통과하고 있다. 흔히 1918~1919년 인플루엔자와 비견되곤 하는 코로나-19의 대유행에서 100여 년 전과 달라진 점이 있다면, 그것은 아마도 바이러스에 대응할 때 과학이 수행한 역할에서 찾아야 할 것이다. 병원체가 무엇인지도 모른 채 조악한 마스크와 거리두기, 봉쇄만으로 역병에 맞서 싸워야 했던 100여 년 전과 달리, 코로나-19 바이러스는 질병 보고 후 열흘 만에 바이러스의 유전체 염기서열이 해독되고, 60여 일 후에 백신의 임상시험이 시작되었으며, 1년이 채 못 되어 여러 가지 방식의 백신이 출시되고 그로부터 다시 1년 만에 100억 회분의 백신이 전 세계로 보급되었다. 코로나-19로 인한 국제적 공중보건 비상사태는 21세기 초의 과학이 지닌 위력(과 부분적으로는 그 한계)을 여실히 보여준 사건이기도 했다.

그러나 이러한 결과는 거저 얻어진 것이 아니라, 관련 연구개발과 생산에 투입된 어마어마한 자금이 빚어낸 산물이다. 얼른 보기에 매우 예외적이고 특별한 것처럼 보이는 이 일화는 사실 현대사회를 특징짓는 전반적 경향의 작은 일부분일 뿐이다. 오늘날 세계 각국은 과학 연구개발에 엄청난 재원을 쏟아붓고 있고, 특히 기초과학의 중요성을 인정해 이를 국민의 세금으로 지원하고 있다. 한국 역시 이러한 경향에서 예외가 아니다. 2019년 기준으로 한국은 국내총생산(GDP)의 4.64퍼센트를 연구개발(R&D)에 투자하고 있고(세계 2위), 액수로는 정부가 19조 995억 원, 기업이 68조 5,216억 원을 각각 지출해 연간 R&D 총 투자액 100조 원 시대를 눈앞에 두고 있다(세계 5위).[1] 21세기 초를 살아가는 사람들에게 과학의 중요성은 너무나 당연한 명제가 되어버린 것이다.

그렇다면 이제 질문을 던져볼 수 있다. 이처럼 (기초)과학의 중요성이 사회적으로 인식되고 기업과 정부가 앞다퉈 연구개발 투자에 나서는 양상은 언제, 어떻게 시작되었는가? 그런 인식과 양상은 지난 과거를 거치며 안정적으로 유지되었는가, 아니면 시대적 맥락에 따라 줄곧 변화를 겪었는가? 만약 변화를 겪었다면 그런 모습에는 어떤 역사적 사건과 계기들이 영향을 미쳤는가? 이 책은 '테크노사이언스'라는 개념을 중심으로 지난 150여 년에 걸친 과학의 역사를 돌이켜보며 이러한 질문들에 대한 답을 제시할 것이다.

본격적인 논의에 앞서 두 가지 정도를 미리 언급해두려 한다. 첫째, 테크노사이언스를 중심으로 바라보는 과학의 역사는 대중적 과학사 서술

---

[1] 과학기술정보통신부 · 한국과학기술기획평가원, 「2019년도 연구개발활동조사보고서」 (2021.1). [https://www.kistep.re.kr/reportDetail.es?mid=a10305060000&rpt_no=RES0220210050]

에서 종종 찾아볼 수 있는 흐름과 상당한 차이를 보인다는 점을 눈여겨볼 필요가 있다. 지난 한 세기의 과학사를 회고하는 대중 저술에서는 중요한 과학적 개념 및 이론과 위인 과학자들의 천재적 통찰을 강조하는 모습이 흔히 나타난다. 가령 양자역학, 상대성이론, DNA 이중나선 구조의 발견, 판구조론의 출현 등이 그 속에서 중요하게 다뤄지며, 닐스 보어, 알베르트 아인슈타인, 에르빈 슈뢰딩거, 베르너 하이젠베르크, 라이너스 폴링, 제임스 왓슨과 프랜시스 크릭 등의 이름이 즐겨 거론되곤 한다. 그러나 이처럼 개념과 이론, 개별 과학자들의 기여를 중심에 두는 서사에서는 20세기를 거치며 과학 연구에 많은 사회적 자원이 투입된 결정적 계기들이 잘 드러나지 않는다. 이 책에서 다룰 테크노사이언스의 역사는 지난 150년간 과학을 주름잡은 세 개의 행위자 그룹, 즉 대학(과학자), 기업, 정부(군대) 사이의 관계가 어떻게 변화, 발전해왔는지에 초점을 맞추며, 이를 통해 과학의 제도가 오늘날과 같은 모습을 갖추는 데 어떤 사회적 힘들이 작용했는지를 밝히려 시도한다.

둘째, 이 책에서는 제한적이나마 테크노사이언스의 '역사'뿐 아니라 '철학'도 다뤄보고자 했다. 여기서 테크노사이언스의 '철학'은 직업적 철학자나 사상가들의 전문화된 논의가 아니라 지난 150여 년 동안 과학의 변모를 동시대 사람들이 어떻게 이해하려 애썼는가 하는 의미로 쓰였다. 19세기 말부터 현재에 이르기까지 처음에는 기업, 나중에는 정부(군대)와 관계를 맺으면서 과학이 겪은 경천동지할 변화는 동시대의 여러 행위자들—과학자들 자신을 포함해서—에게 때로 놀랍고 당황스러운 것으로 다가갔고, 그들은 주어진 상황 속에서 이를 다양한 방식으로 수용하거나 거부했다. 이 책에서는 테크노사이언스의 등장(즉, 과학의 상업화와 군사화, 거대화)뿐 아니라 그에 대해 과학자, 군인, 학생, 관료 등이 보인 여러 가지 이해와 반응들도 담아내고자 했다.

　이 책을 쓰게 된 계기는 저자가 서울대학교에서 '테크노사이언스의 역사와 철학'이라는 제목의 자연대 학부전공 강의를 맡게 된 2010년으로 거슬러 올라간다. 원래 이 강의는 조금은 화려해(?) 보이는 제목과 달리 고대부터 현대까지 서양 기술사를 통사적으로 다루는 과목으로 설계돼 있었고, 저자 역시 그런 취지에 맞춰 처음 3년간 강의를 했다. 그러나 시간이 지나면서 자연대 학생들의 주된 관심사와 동떨어진 기술사를 전공과목으로 강의하는 것이 조금은 재미없게 느껴지기 시작했다. 강의 제목과 내용 사이의 괴리도 신경이 쓰였다. 그래서 그 시기 전후로 저자의 관심을 사로잡기 시작한 '냉전 시기 과학사'의 내용을 집어넣어 진짜 '테크노사이언스의 역사'를 다뤄보려고 마음먹고 2014년 2학기부터 내용을 완전히 뜯어고쳐 새로운 강의를 시작했다. 다행히도 학생들의 반응이 나쁘지 않아 강의의 전반적 기조를 유지하면서 내용에 점차 살을 붙일 수 있었고, 이로부터 이 책의 근간을 이룬 여러 장과 절의 구성이 갖춰졌다.

　이 책은 과학사를 전공하거나 관련 과목을 수강하는 학생들뿐 아니라 이런 주제에 관심을 가진 일반 독자들도 염두에 두고 집필했다. 특히 과학자, 엔지니어, 과학기술정책 전문가, 그 외 과학기술과 사회의 관계에 관심을 가진 일반시민들이 이 책을 읽으면서 현대사회 속에서 과학의 위치에 대해 성찰해볼 기회를 갖는다면 저자로서 더할 나위 없이 기쁠 것이다. 이런 취지를 살려 본문의 내용을 보완하고 이해를 도울 수 있는 사진자료들을 충분히 수록했고, 가독성을 떨어뜨릴 수 있는 각주의 활용은 직접 인용의 경우로 최소화했다. 대신 권말에 좀 더 관심 있는 독자들을 위한 참고문헌 목록을 실어두었다.

　이 자리를 빌려 이 책의 집필에 힘을 실어준 여러분들에게 감사의 말씀을 드리고자 한다. 먼저 지난 10여 년 동안 저자의 강의를 수강하며 강의를 개선하는 데 도움을 준 서울대 학생들에게 고마움을 전한다. 수강생들의 긍정적인 반응과 격려야말로 이 책의 근간을 이룬 강의의 동력이었다. 아울러 2017년 한국연구재단의 저술출판지원사업에 선정되어 안정된 여건 하에서 이 책의 집필에 박차를 가할 수 있었다. 연구재단 관계자 및 선정위원, 심사위원 여러분께 심심한 감사의 말씀을 드린다. 마지막으로 2014년부터 현재까지 저자의 삶의 일부분을 이뤄온 '냉전 과학 세미나'는 종종 강의에서 다뤄진 여러 주제들에 영감을 제공해준 원천이 되었다. 세미나를 같이해온 여러 선생님과 학우들(특히 8년이 넘는 기간 내내 동고동락한 김동광 선생님과 김준수 씨)께 깊은 감사를 드린다. 저자의 전작들에 이어 이번에도 원고의 출간을 기꺼이 맡아주신 궁리출판 여러분들께도 감사의 말씀을 전하고 싶다.

2022년 4월

김명진

I

도입

테크노사이언스란 무엇인가?

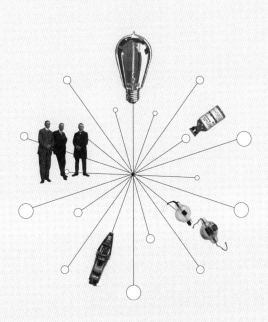

근래 들어 과학기술 언론이나 정책 관련 문헌들에서 '테크노사이언스 (technoscience)'라는 용어를 점점 더 자주 볼 수 있다. 과학과 기술이 산업혁명과 19세기를 거치며 서로 가까워졌음을 강조하기 위해 예전에는 이 둘을 붙인 과학기술(science and technology)이라는 용어를 흔히 썼다면, 최근에는 테크노사이언스가 이를 대체하는 용어로 각광받기 시작한 것이다. 테크노사이언스는 아직 마땅한 우리말 역어가 존재하지 않는 신종 합성어로서, 과학과 기술 간의 관계가 더욱 밀접해져 사실상 구분이 어려워졌음을 강조하기 위한 용어로 흔히 이해되고 있다. 그러나 이 용어와 그것이 지시하는 대상, 그 속에 담긴 역사기술적(historiographical) 의미 등이 깊이 있게 천착되는 경우는 드물며, 그저 종래 쓰이던 '과학기술'에 비해 좀 더 '근사해' 보이는 용어로서 다분히 '남용'되는 경향을 띠는 것이 현실이다. 이제 이 용어와 그것이 가리키는 활동의 역사적 배경과 흐름에 대해 좀 더 깊이 있는 이해를 기하고 이에 대한 반성적 접근을 시작할 때가 되었다. 이러한 활동을 통해 오늘날 우리가 당연하게 여기고 있는 과학기술 연구개발의 역사적·제도적 맥락과 그것이 갖는 현재적 의미를 더 잘 이해할 수 있게 될 것이다.

테크노사이언스 개념이 근래 들어 부상한 배경을 이해하려면, 먼저 그러한 합성어를 구성하는 원래 단어들, 즉 '과학'과 '기술'이 역사적으로 어떤 관계를 맺어왔는지 간단하게나마 살펴볼 필요가 있다. 이 주제에 대해 배경지식이 없는 사람들은 흔히 과학과 기술을 구분하지 않고 '과학기술'이라는 용어로 합쳐서 이해하거나, 그냥 '과학'이라는 용어 속에 '과학기술'의 의미를 담아 쓰는 경우가 많다. 이러한 경향은 관련 학문 분야에 대한 인식에도 영향을 미친다. 과학사(history of science)의 경우에는 초중등 과학교육을 통해 접할 기회가 있어 유명한 과학자(코페르니쿠스, 갈릴레이, 뉴턴, 다윈, 아인슈타인 등)나 사건(과학혁명, 진화론 혁명, 현대물리학 혁명 등)에 대해서도 들어본 사람이 많은 반면, 과학사와 별개로 기술사(history of technology)라는 분야가 존재한다는 사실에 대해서는 생소하다는 반응을 보이는 것이 보통이다.

그러나 서양사에서 과학과 기술은 역사상 대부분의 기간 동안 서로 구분되는 활동으로 존재해왔고, 이 둘 사이의 관계는 대체로 소원했다. 자연에 대한 합리적 이해를 추구하는 과학은 그 기원을 대체로 기원전 6세기경의 고대 그리스에서 찾지만, 인류의 생존 및 물질적 필요의 충족과 긴밀한 연관을 맺고 있는 기술은 그 역사가 훨씬 더 오래되어 인류 역사와 그 연원이 거의 동일하다. 이 두 활동은 상당히 최근까지도 각각을 담당하는 사회적 계층이 서로 달랐다. 과학은 대체로 글을 읽고 쓸 줄 아는 지식인 계층이 담당하는 활동이었던 반면, 기술은 생업에 종사하는 문맹인 생산 계층(농부, 어부, 선원, 대장장이 등)의 활동에서 파생되는 것이 대부분

전통 사회에서 '과학'과 '기술'이 수행되는 전형적 공간이었던 중세 대학의 강의실(왼쪽)과 대장장이의 작업장(오른쪽). 명암의 강렬한 대비를 엿볼 수 있다.

이었다. 이러한 계층적 분리 탓에 과학과 기술은 종종 서로 대립되는 존재로 인식되었다. 과학이 '머리(head)'로 하는 활동, '말(word)'로 전달하는 활동, '지식(knowledge)'을 추구하는 활동이라면, 기술은 '손(hand)'으로 하는 활동, '행동(deed)'으로 보여주는 활동, '실천(practice)'을 추구하는 활동이라는 식의 이해가 그것이다.[1] 이처럼 소원했던 과학과 기술의 관계는 중세 말 이후 여러 가지 계기들을 통해 서로 가까워지기 시작했다. 가령 르네상스기 이탈리아에서는 독학을 통해 글을 읽고 쓸 수 있는 법을 깨치고 대학교수 등 지식인들과 교류하는 기술자 혹은 엔지니어들(레오나르도 다빈치가 전형적인 인물이다)이 출현했다. 과학혁명이 진행 중이던 17세기

---

1 마르크스주의 역사가들은 과학을 생산력의 일부로 보기 때문에 과학과 기술을 이런 식으로 구분하는 시각에 대체로 찬성하지 않으며, 과학의 기원을 고대 그리스로 거슬러 올라가는 역사서술 방식에도 이의를 제기한다. 이러한 견해를 잘 보여주는 최근 저서로는 클리퍼드 코너, 『과학의 민중사』(사이언스북스, 2014)를 참조하라.

잉글랜드에서는 철학자이자 정치인인 프랜시스 베이컨이 대학에서의 학문(과학)이 지닌 공허함을 비판하고 이것이 기술자들의 활동처럼 실용적이고 인류의 복지에 기여해야 한다는 주장을 펼쳤다. 이는 과학(학문)이 국가에 경제적 이익을 가져다줄 수 있다는 이데올로기의 효시로 볼 수 있다. 19세기 영국과 독일, 이후 미국에서는 과학에서의 새로운 이해에 기반해 새롭거나 개선된 기술적 산물을 만들어내려는 시도들이 나타나기 시작했다. 전자기학의 성과가 전기공학이라는 새로운 분야로 이어진 것이나 유기화학 분야의 발견들이 합성염료산업과 현대적 화학산업의 출발점을 제공한 것 등이 여기에 속한다.

이러한 인적 교류, 이데올로기적 자극, 지식의 '응용' 등을 거치면서 과학과 기술은 전에 없이 가까워졌다. 그러나 이러한 새로운 현실을 이해하는 방식은 앞서 언급한, 과학과 기술을 대립적인 존재로 보는 시각에서 완전히 탈피하지 못했고, 이로부터 기술(혹은 공학)을 '응용과학(applied science)'으로 보는 유명한 명제가 탄생했다. 19세기 중반 이후 과학과 기술의 관계에서는 과학이 선차적이며, 기술은 그것을 '응용'한 파생적 존재라고 보는 시각이 지배적으로 나타났다. 1933년 대공황을 뚫고 시카고에서 개최된 만국박람회의 유명한 표어 "과

'진보의 한 세기'를 표어로 내건 1933년 시카고 만국박람회 포스터.

학은 발견하고, 산업은 응용하고, 인간은 적응한다(Science Discovers, Industry Applies, Men Adapts)"는 과학 → 기술(산업) → 사회로 이어지는 단선적 영향 관계를 보여주는 대표적 문구로 현재까지도 널리 인구에 회자되곤 한다.

그러나 1970년대 이후부터 과학과 기술의 관계에 대한 새로운 인식이 역사가들 사이에서 등장하기 시작했다. 이러한 변화를 주도했던 것은 1950년대 말에 과학사학회에서 분리돼 나와 독자적 분야로서 점차 정체성을 굳혀가고 있던 기술사가들이었고, 과학사와 과학철학 분야의 일부 학자들도 여기 가세했다. 이들은 과학과 기술의 관계를 비대칭적으로 파악한 기존의 응용과학 명제를 비판하고, 이 둘을 좀 더 대칭적 존재로 바라보는 새로운 시각을 발전시켰다. 이에 따르면 과학과 기술은 어느 한쪽이 다른 쪽에 일방적으로 의존하는 존재가 아니라 상호의존하는 존재인데, 가령 과학은 기술혁신에 경험적·이론적 기반을 제공하지만, 반대로 오늘날의 과학은 첨단의 기술 장비(전자현미경, 입자가속기 등)에 의지한다는 점에서 그렇다. 또한 앞서의 구분에서 과학은 지식, 기술은 실천이라는 식의 고전적 대립구도 역시 비판의 대상이 되었는데, 역사가들은 이러한 전통적 이해와 달리 기술에도 지식의 측면이 있고, 과학에도 실천의 측면이 있음을 지적했다. 가령 월터 빈센티 같은 기술사가는 과학으로 환원되지 않는 '독자적' 기술지식의 존재를 강조했고, 이언 해킹이나 피터 갤리슨 같은 과학철학자나 과학사가들은 과학에서 실험과 기기가 이론이나 가설에 종속되지 않는 '제 나름의 삶'을 갖는다는 점을 지적했다. 기술사가 에드윈 레이튼 2세는 과학과 기술이 비슷한 요소들로 구성된 닮은 존재이면서도 서로 전도된 가치체계를 갖고 있음을 빗대어 과학과 기술은 "거울에 비친 쌍둥이(mirror-image twins)"와 같다는 재치 있는 비유를 제시

도널드 스토크스의 과학 연구 분류 도식. 전통적 의미의 '과학'과 '기술'의 관심사가 동시에 추구되는 '파스퇴르 사분면'을 제시한다.

하기도 했다.

이러한 문제의식을 이어받아 1980년대 이후의 과학기술학자들은 과학과 기술의 경계가 흐려지고 있음을 강조했다. 이는 1970년대에 유전공학 같은 첨단 지식기반 산업 분야들이 등장하면서 과학이 기술에 '응용'되어 유용한 산물을 만드는 데 걸리는 시간 간격이 점점 짧아지고, 더 나아가 근본적 이해와 실용적 관심이 동시에 추구되는 과학/기술 프로젝트가 부상한 것과 무관하지 않다.[2] 또한 과학과 기술이 연구하는 대상이 점차

---

2 과학정책 전문가 도널드 스토크스는 과학 연구에서 '실용성에 대한 고려'와 '근본적 이해에 대한 추구'가 일종의 제로섬게임 관계라는 통념에 반기를 들고, 이들이 서로 직교하며 네 개의 사분면을 이루는 2×2 표를 제시했다. 실용성에 대한 고려가 낮고 근본적 이해에 대한 추구가 높은 경우는 '보어 사분면(Bohr quadrant)', 반대로 실용성에 대한 고려가 높고 근본적 이해에 대한 추구가 낮은 경우는 에디슨 사분면(Edison quadrant), 이 둘을 동시에 추구하는 경우는 파스퇴르 사분면(Pasteur quadrant)으로 이름 붙였다. 이 중 파스퇴르 사분면에서는 과학과 기술에 해당하는 목표가 동시에 추구되는 사례들이 나타나며, 이 둘 사이의 경계가 흐려지는 경향을 보여준다고 할 수 있다. 도널드 스토크스, 『파스퇴르 쿼드런트』(북앤월드, 2007)를 참조하라.

비슷해지는 양상을 보여온 점도 주목의 대상이 되었다. 과학 실험실에서 다루는 대상은 이제 더이상 '자연' 그 자체가 아니라 일종의 기술적 인공물(예를 들어 표준화된 시약, '제조된' 실험동물, 고도로 정제된 화학물질 등)이 되었고, 일부 과학 분야들(예를 들어 고에너지물리학)에서는 실험기기가 만들어내는 현상이 아니라 실험기기 그 자체에 대한 지식 추구가 과학 활동에서 점점 더 많은 부분을 차지하고 있다. 이러한 사례들은 과학과 기술이 더이상 전통적인 의미에서 구분 가능하지 않게 되었다는 새로운 인식을 낳았고, 이 시기를 전후해 테크노사이언스라는 새로운 개념이 등장하는 데 중요한 배경이 되었다.

| 테크노사이언스 개념과 이 책의 구성 |

테크노사이언스라는 용어를 쓰기 시작한 것은 1970년대 프랑스 학자들이 가장 먼저였다고 알려져 있다. 그러나 이 용어가 과학기술학 등 관련 학계에서 널리 쓰이게 된 데는 프랑스의 행위자 연결망 이론가 브뤼노 라투르가 중요한 역할을 했다. 라투르에 따르면, 과학과 기술은 모두 실험실에 위치한 과학자와 엔지니어가 다양하고 혼종적인 행위자(혹은 행위소)들에 질서를 부여하고 연결망을 만드는 활동이며, 과학자와 엔지니어의 활동은 혼종적 행위자들의 이해관계를 '번역'해 연결망 속으로 끌어들이는 것이라는 점에서 근본적으로 다르지 않다. 여기서 라투르는 과학기술 활동에 개재되는 수많은 혼종적 요소들의 존재를 강조하기 위한 표현으로 테크노사이언스라는 용어를 사용했다.

테크노사이언스 개념을 학계에 널리 퍼뜨리는 데 중요한 역할을 한 브뤼노 라투르와 도너 해러웨이.

1990년대 이후 과학기술학자들은 라투르로부터 영향을 받아 이 용어를 점점 더 많이 사용하기 시작했다. 대표적인 인물로 페미니스트 이론가 도너 해러웨이를 들 수 있다. 해러웨이는 라투르의 테크노사이언스 개념을 받아들인 후 여기에 현실비판의 요소를 가미해 더욱 확장했다. 그녀에 따르면 테크노사이언스는 초국적 자본주의의 부상을 일컫는 '신세계질서 주식회사(New World Order Inc.)'와 긴밀하게 연관된 후기근대적 현상이다. 그 속에서는 기술-과학, 인간-비인간, 자연-사회, 사실-인공물, 주체-객체 등의 구분이 무너지고 있으며, 테크노사이언스를 통해 복잡한 잡종적 존재(사이보그, 온코마우스)가 출현하고 있다는 것이 그녀의 생각이었다. 해러웨이는 테크노사이언스에 대한 비판적 시각을 견지했지만, 아울러 그것이 갖는 의외성과 예측불가능성(즉, 그것의 '패륜아'적 성격)을 강조하기도 했다.

라투르와 해러웨이의 테크노사이언스 개념은 20세기 후반에 이 용어가 각광받게 된 맥락을 잘 보여준다. 그러나 두 사람의 논의는 이 책에서

모두를 위한 테크노사이언스 강의

목표로 삼은 테크노사이언스의 역사를 기술하는 데는 그다지 직접적인 도움을 주지 못한다. 이 점에서 가장 시사하는 바가 큰 저작을 남긴 인물은 최근 타계한 영국의 과학사가 존 픽스턴이다. 픽스턴은 1990년대 초부터 과학사학계가 너무 세부적이고 지엽적인 사례연구에 매몰되어 역사를 크게 관통하는 '큰 그림(big picture)'을 놓치고 있다는 데 지속적으로 문제제기를 해왔고, 이를 보완하기 위해 근대 이후 과학기술의 역사를 특징짓는 일련의 '앎의 방식(way of knowing)'들을 제시했다. 그가 보기에 르네상스기 이후 서양 과학-기술-의학 활동은 대상의 수집, 기록, 분류를 특징으로 하는 자연사(natural history), 대상을 구성요소(ex. 원소, 세포, 에너지)로 분해하는 분석(analysis), 구성요소들을 조합해 새로운 현상을 창출(ex. 합성화학)하는 실험(experimentalism)의 세 가지 이념형이 순차적으로 등장해 서로 중첩되며 발전해나간 것으로 이해할 수 있다.

이러한 논의의 연장선상에서 픽스턴은 대략 1870년 이후부터 테크노사이언스라는 새로운 '앎과 함의 방식(ways of knowing and doing)'이 본격적으로 부상하기 시작했다고 설명한다. 그에 따르면 테크노사이언스는 '과학에 크게 의존하는 기술 프로젝트'(혹은 그 역인 '기술에 크게 의존하는 과학 프로젝트')로서, '지식(knowledge)을 생산하면서 동시에 상품(product) 혹은 유사상품(quasi-product)을 생산하는 방식'으로 정의할 수 있다.[3] 이러한 테크노사이언스는 산(産)-학(學)-정(政) 복합체—분야에 따라 '군산복합체' '의료산업복합체' 등으로 바꿔 부를 수 있다—와 밀접한 관련을 갖는다고

---

3 픽스턴이 말하는 '유사상품'이란, 가령 전시에 국가가 생산하는 무기처럼 시장에 내다 팔기 위해 만들지는 않지만 분명한 수요를 염두에 두고 만들어지는 것을 가리킨다.

테크노사이언스 개념에 대한 역사적 정의를
제시한 픽스턴의 책 『앎의 방식』(2000)

그는 지적하는데, 이를 조금 고쳐서 말하면 19세기 말 이후 테크노사이언스의 역사는 대학(과학계), 산업체, 정부(군대) 3자 간의 역동적이고 변화무쌍한 관계의 역사로 다시 쓸 수 있다는 의미가 된다.

이 책은 픽스턴의 정의에 따라 대략 1890년 이후 현재까지 테크노사이언스의 역사를 기술하는 것을 목표로 하고 있다. 이처럼 벅찬 과업을 위해서는 독자들에게 길잡이가 될 수 있도록 적절하게 시기구분을 하는 데 도움을 주는 일정한 지표가 필요한데, 여기서 경제학자 필립 미라우스키와 에스더-미리엄 센트가 제시한 틀이 하나의 준거점 구실을 할 수 있다. 두 사람의 관심은 미국을 중심으로 과학의 '상업화' 역사를 추적하는 데 있지만, 그들은 이를 20세기 전체를 특징짓는 과학 조직 체제의 변화라는 더 큰 맥락 속에 집어넣고 있다. 그들은 20세기 과학 조직 체제를 크게 학계의 거물 체제(Captains of Erudition Regime), 냉전 체제(Cold War Regime), 전 지구적 사유화 체제(Globalized Privatization Regime)라는 세 개 시기로 나눈다. 학계의 거물 체제는 대략 1890년경부터 2차대전까지로 기업이 산업연구소라는 새로운 제도적 기반을 중심으로 과학 연구개발을 주도했던 시기이고, 냉전 체제는 2차대전에서 1980년경까지로 정부가 국가 안보를 기치로 내걸고 연구개발에 대한 대대적 지원을 이끌었던 시기이며, 마지막으로 전 지구적 사유화 체제는 1980년 이후 현재까지에 해당하는 시기로 세계화의 물결 속에 기업이 연구개발의 주도권을 다시 찾아온 시기이다.

이 책의 구성은 대략 이러한 시기구분에 따라, 도입과 결어를 빼면 크게 3개의 주요 장으로 이뤄져 있으며, 각 장의 사이에 하나의 체제에서 다른 체제로 넘어가는 과정에서 중요한 계기들을 설명하며 '막간'의 역할을 하는 두 개의 짧은 장들이 들어가 있다. 서술 과정에서는 기존에 과학사학계에서 연구된 내용이나 저자의 학문적 배경 등을 고려해 주로 미국에서의 상황을 중심으로 기술하되, 때때로 다른 나라의 상황을 부가적으로 다룰 것이다. 세부적인 내용에 있어서는 이해를 돕기 위해 개별 회사나 대학, 과학 분야, 연구 프로젝트 등에 대한 구체적 사례연구들을 곳곳에 다소 길게 설명할 것이며, 가능한 경우 다수의 자료 사진이나 도면을 들어 본문의 이해를 돕고자 했다. 그럼 이제 본격적으로 20세기 테크노사이언스의 역사 속으로 들어가보자.

II

첫 번째
상업화의 물결

1890~1945

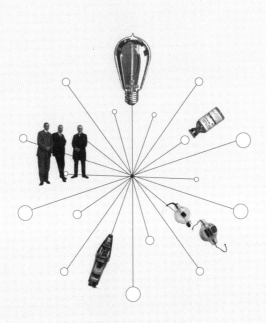

20세기 테크노사이언스의 발전을 이끌었던 두 개의 주요 후원자—정부(군대)와 기업—중에서 과학 연구의 가치를 먼저 인지하고 이를 지원하기 시작한 것은 기업이었다. 이러한 변화는 19세기 말과 20세기 초에 걸쳐 새로운 산업 분야들이 등장한 것을 배경으로 했다. 이 시기에는 독일과 미국을 중심으로 화학산업과 전기산업 등 이른바 과학기반 산업 분야들이 새롭게 부상하기 시작했다. 역사가들이 흔히 '제2차 산업혁명'으로 부르는 이 사건은 그보다 한 세기 앞서 영국에서 시작된 '제1차 산업혁명'과 비교해보면 과학이 담당한 역할에서 중요한 차이가 있다. 영국 산업혁명은 철 제련, 열기관 이용, 직물산업에서의 기계 도입 등 여러 중요한 기술혁신에 기반을 두었지만, 이 중 어느 것도 당대의 최신 과학 연구에 힘입었다고 보기 어려웠다. 산업혁명기의 기술혁신은 과학이론이나 지식보다는 대체로 영국의 발명가와 엔지니어들이 현장에서 시행착오를 거치며 획득한 기술적 재주와 노하우에 크게 힘입었기 때문이다. 반면 19세기 후반에 출현한 합성염료산업과 전등산업은 처음부터 관련 분야(유기화학, 전자기학)의 과학지식에 의존했고, 산업의 규모가 커지고 경쟁력 압박이 거세어지면서 과학 연구의 중요성은 더욱 높아졌다. 이 분야의 대기업들은 19세기 말부터 자체적인 과학 연구를 시작했고, 이를 산업연구소 (industrial laboratory)라는 형태로 제도화했다.

산업연구소는 20세기 테크노사이언스의 발전에서 중요한 공간 중 하나로 자리를 잡았다. 기업들은 대학에서 학위를 받은 과학자와 엔지니어들을 고용해 회사가 필요로 하는 과학 연구와 기술 개발을 맡겼고, 이에 따라 산업연구소는 '산업기반 과학(industry-based science)'이라는 새로운 과학 활동이 전개되는 장소이자 학계와 산업계 사이에 만들어진 일종의 경계 공간(boundary space)이 되었다. 산업연구소는 기업이 필요로 하는 기술 혁신의 원천으로서 이전 시기의 발명가들을 점차 대체했고, 사용되는 어휘에 있어서도 '연구개발(research & development)'이 '발명(invention)'을 대신해 점점 더 많이 쓰이게 되었다. 여기서는 19세기 말 독일과 20세기 초 미국에서 산업 연구개발이 제도화되는 과정을 추적하면서 그것이 20세기 테크노사이언스에 던진 함의는 어떤 것이었는지 살펴보도록 하자.

모두를 위한 테크노사이언스 강의

1

산업 연구개발의 전사(前史)

산업연구소는 19세기 말과 20세기 초의 독일과 미국에서 그 최초의 형태가 갖추어졌다. 그렇다면 산업연구소가 등장하기 이전에 과학기반 산업 분야들에서 새로운 기술혁신은 어떻게 일어났는가? 왜 이 시기 들어 기업들은 외부의 기술 원천에 의지하지 않고 자체적인 연구개발 역량을 갖춰야 한다고 느끼게 되었는가? 산업연구소 등장 이전에 대학의 과학자, 발명가, 산업체들의 관계는 어떠한 것이었는가? 이 질문들에 대한 답은 산업연구의 제도화에서 선구적 역할을 한 독일과 미국에서 상당히 다르게 나타났다. 독일에서는 대학의 과학자(교수)들이 높은 지위와 자율성을 누리면서 산업체들과의 협력 하에 관련 연구개발에도 적극적이었다. 반면 미국에서는 대학의 과학자들이 독립발명가들에 비해 사회적 인지도와 지위가 낮았고, 이에 대한 반작용으로 오히려 실용적 연구보다 순수과학을 중요시하는 경향을 발전시켰다. 이러한 차이는 두 나라의 산업연구 발전에도 흥미로운 방식으로 반영되었다.

기업의 사내 과학 연구가 가장 먼저 발전한 곳은 독일의 합성염료산업이었다. 이러한 변화가 일어나게 된 맥락을 이해하려면 시간을 조금 거슬러 올라가 19세기 초 독일에서 유기화학(organic chemistry)이라는 새로운 분야가 탄생한 시점부터 살펴볼 필요가 있다. 이 분야를 개척한 인물은 독일의 화학자 프리드리히 뵐러와 유스투스 폰 리비히였다. 이 중 뵐러는 1828년에 유기물질인 요소를 실험실에서 합성해 당대 과학계에 충격을 안겨주었다. 생기론(vitalism)에 입각한 당대의 주류 생물학자들은 생명 현상을 고유하고 신비스러운 어떤 것으로 간주했고, 생명체의 대사 작용에서 만들어지는 물질은 다른 화학적 방법을 통해 만들어낼 수 없다는 통념이 지배적이었지만, 뵐러가 이를 보기 좋게 깨뜨렸기 때문이다. 이후 화학자들은 뵐러의 뒤를 따라 다양한 유기화합물을 실험실에서 합성하는 데 성공했고, 이는 유기화학이라는 새로운 화학 분야의 출현으로 이어졌다. 1830년대 기센대학에서 교편을 잡고 있던 리비히는 이러한 새로운 과학 분야에서 학생들을 교육하고 연구를 수행하는 실험실을 설치했다. 기센대학의 화학 실험실은 교수와 대학원생이 어울려 함께 실험하고 연구하는 체계적 집단 연구의 모델을 발전시켰고, 1840년 이후 이러한 모델은 유럽 전역으로 퍼져나가게 된다.

19세기 중엽에 영국에서 최초의 합성염료가 만들어진 것은 이러한 맥락에 크게 힘입었다. 영국의 지도층 인사들은 독일 대학의 화학 실험실이 갖는 교육과 연구에서의 가치를 인식하고 이를 본떠 1845년에 왕립화학대학(Royal College of Chemistry)을 세웠다. 이는 기센대학의 화학 실험실과

1840년경 기센대학의 리비히 실험실. 교수와 대학원생이 함께 실험하고 연구하는 체계적 집단 연구의 모델을 처음으로 발전시켰다.

동일한 방식으로 운영되었고, 리비히의 제자였던 아우구스트 폰 호프만을 화학 교수로 영입하기까지 했다. 호프만은 왕립화학대학에 와서 독일에서 연구하던 주제—석탄을 건류할 때 나오는 찌꺼기인 콜타르(coal tar)에서 추출한 유기 화합물 아닐린(aniline)—를 계속 연구했는데, 이는 1856년 우연한 발견으로 이어졌다. 호프만 밑에서 실험 조수로 일하던 18살의 윌리엄 퍼킨이 아닐린에서 보라색 염료를 만들어낸 것이었다. 퍼킨은 주위의 무관심을 딛고 1859년 이를 '모브(mauve)'라는 이름의 합성염료로 상업화하는 데 성공했다. 이에 자극받은 화학자들은 유사한 합성염료의 제조에 착수했고, 이내 마젠타(magenta)와 푹신(fuchsine) 등 새로운 붉은색 염료가 만들어졌다. 모브나 마젠타 같은 합성염료들은 이전에 쓰이던 천연염료에 비해 색상이 선명했고, 색이 잘 바래지 않았으며, 일정한 품질

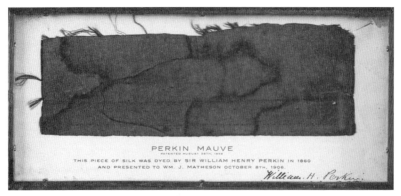

윌리엄 퍼킨이 발명한 보라색 모브 염료로 물들인 천(1860).

을 유지하기가 용이하다는 장점을 갖고 있었다. 이에 주목해 합성염료를 제조, 판매하는 회사들이 영국, 프랑스, 독일 등지에 속속 등장했는데, 이 중에서 1870년대 이후 합성염료 산업을 사실상 지배하게 된 것은 획스트 (Hoechst), 바이엘(Bayer), 아그파(Agfa), 시바(Ciba), 가이기(Geigy), 바스프 (BASF) 같은 독일계 회사들이었다. 이는 대체로 독일 대학의 우수한 과학 역량에 힘입은 결과였다.

합성염료 산업이 19세기 말 산업연구의 제도화에서 견인차 역할을 하게 된 배경에는 이 산업 분야가 처한 특수성이 중요하게 작용했다. 옷감에 물을 들이는 염료는 패션과 연관되었기 때문에 유행에 대단히 민감했다. 이 때문에 설사 어떤 회사가 새로운 색상의 염료를 합성해 이를 당대의 '히트 상품'으로 만드는 데 성공했다고 하더라도, 그러한 대성공이 몇 년 후에도 계속되리라고 결코 장담할 수 없었다. 일단 유행이 지나고 나면 이전에 인기를 끌었던 색상은 금세 철 지난 것이 되어버렸기 때문이다. 그래서 통상적으로 새로 개발된 기술에 대해 일정 기간 독점권을 보장하는 특허의 보호가 합성염료 산업에서는 결코 충분치 않았고—특허로 독점이 가능하다 해도 시장에서 외면당한다면 아무런 의미가 없었으므로—합성염료 회사들이 경쟁력을 유지하기 위해서는 성공에 안주하지 않는 지속적 혁신이 요구되었다.

1860년대 말 마젠타 염료로 화려하게 염색한 드레스. 이러한 색상은 당대 사교계의 패션에서 일종의 유행을 이뤘다.

이와 함께 새로운 염료 합성 방법이 시행착오에 입각한 '장인적' 방법에서 화학 구조에 대한 이해에 입각한 체계적이고 과학적인 방법으로 변모한 것도 중요했다. 특히 1870년대 중반 푸른색 아조(azo) 염료의 발견은 이론적으로 거의 무제한에 가까운 색상의 염료 제조가 가능함을 의미했고, 이는 새로운 염료 합성을 위한 연구개발의 체계화를 요구했다. 이에 따라 독일의 선구적 화학회사들은 연구개발을 위한 사내 중앙 연구소 설립에 나섰다. 바스프는 화학자 하인리히 카로의 주도로 1889년에 사내 연구소를 설립했고, 1891년 바이엘이 화학자 카를 뒤스베르크의 책임 하에 연구소를 설립하면서 그 뒤를 따랐다. 이처럼 새롭게 설립된 사내 연구조직들은 대학에 위치한 화학 실험실과 마찬가지로 협동 연구와 집단 연구의 전통을 확립했고, 비단 염료 개발에서 그치지 않고 의약품(해열제, 소독약, 항생제)과 중합체(셀룰로이드) 연구로 연구의 주제를 넓혀나갔다.

독일에서는 합성염료 산업에서 대학에 위치한 과학자들이 중요한 역할을 담당했다. 그러나 비슷한 시기 미국에서는 양상이 크게 다르게 전개되었다. 미국에서는 새로운 산업 분야에서 사회적 주목을 받고 높은 지위를 누렸던 것이 과학자나 대학교수가 아니라 거대 조직으로부터 독립적으로 활동하는 발명가, 즉 독립발명가(independent inventor)들이었다. 새뮤얼 모스, 토머스 에디슨, 알렉산더 그레이엄 벨, 니콜라 테슬라, 라이트 형제 같은 이름들은 오늘날 발명가로서보다 '위인'으로 더 많이 떠받들어지고 있으며, 그보다는 덜 알려졌지만 엘리후 톰슨, 엘머 스페리, 리 디포리스트, 에드윈 암스트롱 같은 인물들도 역시 발명가로 대중적 명성을 날렸다. 기술사가 토머스 휴즈는 19세기 말부터 20세기 초 미국에서 활동했던 발명가들이 고대 페리클레스 시대의 극작가, 르네상스 시기의 미술가, 19세기 말 베를린의 물리학자들에 비견할 만큼 창조성이 넘쳤다고 평하기도 했다.[1]

익히 알려진 바와 같이 이들은 19세기 말에서 20세기 초에 걸쳐 새롭게 출현한 전신, 전화, 전기, 무선통신, 항공 등 당대 첨단기술 산업의 근간을 이룬 발명을 해냈으며, 이러한 분야의 대기업들—웨스턴 유니언(Western Union), 벨 전화회사(Bell Telephone Company, 이후 미국전화전신회사[American Telephone & Telephone Company, AT&T]로 개칭), 제너럴 일렉트릭(General Electric, GE), 웨스팅하우스(Westinghouse) 등—역시 그들이 취득한

---

[1] 토머스 휴즈, 『현대 미국의 기원 1』(나남출판, 2017), p. 39.

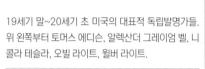

19세기 말~20세기 초 미국의 대표적 독립발명가들.
위 왼쪽부터 토머스 에디슨, 알렉산더 그레이엄 벨, 니
콜라 테슬라, 오빌 라이트, 윌버 라이트.

특허에 기반했거나 그들이 세운 회사에서 유래했다. 이 회사들은 미국 굴
지의 대기업으로 발돋움한 이후에도 초기에는 새로운 기술(특허)을 자체
적으로 개발하지 않고 대체로 외부의 발명가들에게 의존했다. 다시 말해
19세기 말 미국에서는 독립발명가들이 새로운 기술혁신을 주도하는 사
람들로 사회적 인정과 보상을 받고 있었다는 말이다. 발명가들 중 일부는
발명을 생계유지의 수단으로 삼은 직업 발명가였지만, 다른 직업을 가지
고 생계를 유지하면서 발명을 취미로 했던 비직업 발명가도 있었다. 직업
발명가들은 종종 자신의 활동을 위한 연구소를 차려 발명과 특허 취득에
서 도움을 얻고자 했는데, 여기서 거의 모든 발명가들에게 모델을 제공했
던 것은 오늘날까지도 발명가의 대명사로 간주되고 있는 토머스 에디슨
이었다.

　에디슨은 10대 시절에 전신기사로 일하다가 1869년에 뉴욕으로 이주
한 후 전업 발명가가 되겠다고 선언했고, 다양한 전신 관련 발명으로 관

에디슨의 멘로파크 연구소 2층에 있던 화학 실험실의 모습.

련 업계에 이름을 알렸다. 그는 주위의 방해를 받지 않고 발명 활동에 더욱 몰두하기 위해 29세 되던 1876년에 뉴저지 주 멘로파크에 새로 연구소를 만들어 이사했다. 그는 이곳에서 탄소 송화기, 축음기, 전등의 발명을 통해 거의 신화적인 명성을 쌓았고, 대중 언론을 통해 '멘로파크의 마술사'라는 별명으로 널리 알려졌다. 여기서 주목할 점은 에디슨이 만든 멘로파크 연구소(Menlo Park Laboratory)가 이후의 발명가와 산업연구소들에 중요한 방식으로 영감을 주었다는 것이다. 학교 교육을 거의 받지 못했고 과학 이론보다는 시행착오, 이른바 '미국식 창의성(Yankee ingenuity)'에 의지해 발명 활동을 한 것으로 널리 알려진 소박한 이미지와 다르게, 에디슨은 대단히 폭넓고 정교한 자원들을 자신의 발명 활동에 투입했다. 멘로파크 연구소에는 특허 문서와 기술 잡지로 가득한 도서실, 증기기관과 공작기계들이 구비돼 있어 원하는 기계 부품을 즉석에서 만들어낼 수 있는 기계공작소(machine shop), 각종 시약과 실험 도구들이 즐비한 화학 실험실 등이 갖춰져 있었다. 또한 이곳에서는 에디슨이 뉴욕 시절부터 함께 일해 온 십수 명의 전문 기술자와 인력이 그를 도와 발명 활동을 함께 했는데, 그중에는 프린스턴대학에서 박사학위를 받고 독일 유학을 다녀온 물리학자 프랜시스 업턴도 있었다. 업턴은 멘로파크에서 전기 시스템을 발명하는 과정에서 에디슨에게 부족했던 이론적 지식과 계산 작업을 담당했다.

이렇게 보면 에디슨의 멘로파크 연구소는 에디슨 자신이 내세운 이른바 '발명 공장(invention factory)'을 훌쩍 뛰어넘어 오늘날의 산업 연구개발을 앞당겨 실현시킨 산업연구소의 전신(前身)처럼 보이기도 한다. 그러나 20세기 초에 등장한 미국의 산업연구소들과 비교했을 때 멘로파크 연구소에는 한 가지 중요한 차이가 있었다. 고등교육을 받은 과학자들이 고용되어 연구개발을 수행한 산업연구소와 달리, 숙련 기술자들이 주를 이룬 에디슨의 연구소에서는 새로운 과학지식이나 이를 얻어내기 위한 연구에 별로 관심이 없었다는 것이다. 가장 유명한 사례로는 일명 '에디슨 효과(Edison effect)'에 대해 에디슨 자신이 보인 반응을 들 수 있다. 에디슨은 전등 개발에 몰두하던 1880년에 백열전구로 실험을 하다가 전구의 내부가 탄소 입자로 인해 검게 변하는 현상을 발견했다. 그는 탄소 입자가 전구 내에 있는 탄소 필라멘트의 음극에서 방출되고 있다고 결론 내렸지만, 자신의 이름이 붙은 이 효과에 대해 그 이상의 관심을 보이지 않았다. 사실 에디슨이 관찰한 것은 (당시 아직 발견되지 않은) 전자의 방출이었고, 이 현상에 대한 고찰을 좀 더 밀어붙였다면 유용한 방전관(진공관)을 만들거나 심지어 전자의 발견에 이를 수 있었을지도 모르지만 그는 이러한 길을 택

19세기 말 미국에서 '순수과학'의 이상을 주장했던 물리학자 헨리 롤런드.

하지 않았다. 이는 에디슨이 당장의 실용적 과제에 도움이 되지 않는 이론적 고찰에 관심이 없었기 때문이었다.

그렇다면 발명가들이 대중의 시선을 독차지하는 동안 미국의 과학자들은 무엇을 하고 있었을까? 이 시기 미국의 과학은 유럽에 비해 그 질적·양적 수준 모두에서 떨어지는 이류의 수준을 벗어나지 못했다. 과학 연구의 수준은 그리 높지 않았고, 중요한 과학적 업적을 통해 세계적으로 유명해진 과학자도 드물었다. 그러나 유럽의 여러 국가들에 미치지는 못했지만, 19세기 말 미국에서는 과학의 전문직업화가 분명 진행되고 있었다. 대학에서 과학 분야를 공부하고 사회로 진출하는 졸업생의 수가 증가했고, 좀 더 수준 높은 학문을 접하기 위해 독일 등 유럽 국가로 유학을 떠나는 사람이 늘어났으며, 앞서 독일에서 확립된 '연구대학(research university)'의 이상이 도입되었다. 1873년에 설립된 존스홉킨스대학은 미국 최초의 연구대학을 표방했고, 교육과 연구의 조화를 이상으로 내걸었다. 새로 생겨난 연구대학에 자리를 잡은 과학자들은 '순수과학(pure science)'의 이상을 추구했다. 물리학자 헨리 롤런드가 1883년 미국과학진흥협회(AAAS)에서 했던 연설은 이를 잘 보여준다. 롤런드는 지식 그 자체를 위해 추구되는 과학('순수'과학)과 이윤을 위해 추구되는 과학('돈에 팔려간' 과학)을 대비시키면서, 과학자들이 전자를 이상으로 삼아야 한다는 주장을 펼쳤다.[2] 이러한 '순수과학 이데올로기'는

20세기로 접어든 이후로도 한참 동안 미국의 대학에서 맹위를 떨쳤다.

왜 이 시기 미국의 과학자들은 순수과학을 이상으로 삼았던 것일까? 이는 미국에서 과학의 위상, 좀 더 정확하게는 발명가와 과학자의 상대적 지위 격차에 기인하는 바가 컸다. 당시 미국의 대중과 정치인들은 과학의 가치가 발명과 같은 실용적 응용에 있다고 생각했으며, 탁상공론을 일삼는 대학의 교수가 아니라 에디슨 같은 발명가들이야말로 진정한 '과학자'라고 생각했다. 그래서 발명가들은 대중의 주목과 찬사를 독차지한 반면 대학의 교수들은 별다른 관심이나 연구 지원을 받지 못했는데, 미국의 과학자들은 이러한 상황에 대해 불만을 갖고 있었다. 그들은 미국 대중이 발명과 과학을 혼동하고 발명가를 진정한 과학자로 오인하는 데 분노했고, 독일 등 유럽 국가에서 유학하면서 경험한 과학자(대학 교수)의 높은 지위를 자신들도 누리고 싶어했다. 순수과학 이데올로기는 이러한 미국 과학자들의 불만이 발명가들과 실용적 목적에 대한 반발로 표출된 결과였다. 그들은 이윤을 위해 추구되는 과학은 저열하고 수준 낮은 것이며, 지식 그 자체를 위해 추구되는 과학이야말로 숭고하고 가치 있는 것이라는 관념을 내면화해 위안으로 삼았다. 그들이 독일의 대학에서 배워왔다고 생각한 이러한 이데올로기는 사실 독일의 연구 시스템에 대한 오해 내지 오독에 근거한 것이었지만,[3] 그럼에도 오랫동안 미국 과학자들의 행동

---

2   David A. Hounshell, "The Evolution of Industrial Research in the United States," in Richard S. Rosenbloom and William J. Spencer (eds.), *Engines of Innovation: U.S. Industrial Research at the End of an Era* (Boston: Harvard Business School Press, 1996), p. 16.
3   독일의 연구개발 모델은 1차대전 이전까지 전 세계에서 가장 복잡하고 발전된 연구 시스템이었고, 대학, 정부, 기업 사이의 긴밀한 상호관계에 기반을 두고 있었다. 대학에서 교수는 높은

을 지배한 가치를 형성했다.

사회적 지위와 무제한에 가까운 연구의 자율성을 가지고 있었으며, 대학과 연구소에서는 높은 수준의 과학 연구와 대학원 교육을 유지할 수 있었다. 교수들은 원하기만 하면 이른바 순수연 구뿐 아니라 응용연구와 발명, 특허출원 등도 얼마든지 할 수 있었다. 첨단기술 분야의 기업들 은 과학 연구가 기업의 미래에 갖는 가치를 인식하고 교수와 대학원생들이 수행하는 대학의 연 구를 후원했고, 더 나아가 고등교육을 받은 졸업생을 사내 연구소에 채용하기도 했다. 여기에 더해 정부는 별도의 연구소를 설립해 대학교수와 기업 과학자에게 모두 중요한 기초지식을 창 출하는 역할을 맡았다. 대표적인 것이 1911년에 설립된 카이저 빌헬름 협회(Kaiser Wilhelm Gesellschaft) 산하의 여러 연구소들로서, 이는 황제의 이름을 빌렸지만 국가의 지원은 거의 없었고 기업들이 대부분의 재정 지원을 담당했다.

모두를 위한 테크노사이언스 강의

2

산업연구소의 등장과 활동:
미국의 사례를 중심으로

산업 연구개발과 기업의 사내 연구조직이 가장 먼저 출현한 곳은 독일이었지만, 이것이 제도화되어 이후에 가장 큰 영향을 미친 나라는 미국이었다. 이는 19세기 말부터 미국이 빠른 산업화를 거치면서 첨단기술 분야에서 전 세계를 선도하는 회사들이 생겨나고, 1930년대와 2차대전을 통해 미국 과학계가 세계적 수준으로 올라선 것과 무관하지 않다. 1차대전 이전까지 미국에서는 GE, AT&T, 듀폰(DuPont), 이스트만 코닥(Eastman Kodak) 등 10여 개 회사가 사내 연구조직을 만들어 연구 프로그램을 시작했다. 이러한 산업연구소들이 선구적으로 거둔 성공은 다른 회사들에게 모델을 제시했고, 1차대전 이후부터 20여 년 동안 미국에서는 산업연구소 설립이 붐을 이루며 전성기를 맞이했다.

개별 회사들에 설립된 연구소들을 좀 더 자세히 살펴보기 전에 먼저 이러한 연구소들에 공통된 몇 가지 요소들을 살펴보면 당시의 맥락을 이해하는 데 도움이 될 것이다. 먼저 왜 1900년을 전후한 시점에 미국 대기업들이 사내 연구조직, 즉 산업연구소의 설립에 나섰는지 물어볼 필요가 있다. 앞서 설명한 것처럼, 철도, 전신, 전화, 전기 등 첨단기술 분야의 대기업들은 19세기 말에 회사가 필요로 하는 기술혁신을 대체로 외부의 발명가들에게 의지하고 있었다. 물론 이 시기에도 회사들이 전문 과학자를 고용한 사례가 있긴 하지만, 이는 대체로 일상적인 관리나 유지보수 업무를 위해서였지, 새로운 기술 개발을 위해서는 아니었다. 그렇다면 왜 대기업들은 외부에서 발명가들이 떠올린 아이디어나 취득한 특허를 때때로 사들이는 것으로는 충분치 않다고 생각하게 된 것일까?

이에 대한 답은 크게 두 가지 측면에서 찾을 수 있다. 먼저 이 시기를 전후해 첨단기술 분야의 주요 대기업들이 중대한 경쟁력 위기를 겪게 되었다. 이 회사들은 설립 이후 줄곧 회사 운영의 근간을 이뤄온 핵심 기술 특허의 시한이 만료되거나 정부의 정책 변화로 인한 시장 상황 악화로 회사의 사업 경쟁력과 시장 점유율이 크게 위협받고 있었다. 이러한 문제는 과거처럼 새로운 기술 개발에 소극적인 태도로는 극복하기 어려웠다. 회사의 경영진은 이런 상황에 대응해 회사의 중장기적 미래를 보장하기 위한 일종의 '생명보험'으로 사내 연구소의 설립을 추진했다. 또 하나 중요한 요인은 법률적 변화이다. 미 의회는 1890년 셔먼 반독점법(Sherman Antitrust Act)을 제정했다. 독점적 대기업에 대한 강력한 규제를 골자로 하는 이 법은 독점력을 남용하는 기업을 강제로 분할할 수 있는 권한을 정부에 부여했고, 실제로 1910년대에 스탠더드 오일(Standard Oil)이나 듀폰과 같은 기업들이 이 법에 의해 독점 판결을 받고 분할되는 운명을 겪었다. 이 법이 제정되면서 기존의 대기업이 새로운 기술 특허에 기반해 설립된 신생 회사를 인수 합병하는 방식으로 기술을 사들이는 것은 훨씬 더어려워졌다. 이러한 움직임은 특정 분야에서 기존 기업의 독점력을 강화할 수 있다고 인식되었기 때문이다. 셔먼 반독점법의 영향으로 미국의 대기업들은 수평적 확장(특정 분야 내에서 경쟁 회사의 인수 합병 등을 통해 회사의 시장점유율을 확대하는 것)에서 수직적 통합(특정 분야에서 회사가 원재료에서 생산, 유통, 마케팅까지 전 과정을 장악하는 것)으로 방향을 전환하게되었고, 새로운 연구 부문의 사내 설립은 이러한 경향과 잘 들어맞는 변화였다.

미국의 산업연구소 설립에서 또 하나 던져볼 만한 질문은 왜 이러한 연구소들이 '과학' 연구소를 표방했는가 하는 것이다. GE, AT&T, 듀폰 같은회사들은 왜 재능 있는 발명가가 아니라 고등교육을 받은 과학자나 엔지니어를 고용했을까? 왜 멘로파크 연구소와 같은 '발명' 연구소가 아니라'과학' 연구소를 설립했을까? 오늘날 우리의 시각으로 보면 산업연구소들이 대학의 과학자들을 고용한 것은 전적으로 합당해 보인다. 우리는 과학연구가 기업의 이윤 창출에 도움이 된 숱한 사례를 이미 알고 있기 때문이다. 그러나 당시 맥락에서는 전혀 그렇지 않았다. 미국의 대중, 정치인,기업가들이 보기에 19세기 말의 놀라운 기술혁신을 이끌었던 사람들은대학의 과학자들이 아니라 발명가들이었고, 과학자들은 순수과학 이데올로기에 빠져 실생활과는 의도적으로 담을 쌓고 있는 비실용적인 사람들일 뿐이었으니 말이다. 그렇다면 산업연구소들이 과학자들을 끌어들이는 데 적극적이었고 과학자들도 이에 응했던 것은 어떻게 설명해야 할까?

이 질문에도 역시 두 갈래의 답변이 가능하다. 먼저 경제적 측면, 즉 당시의 인력 공급 상황을 생각해볼 수 있다. 19세기 말 미국에서 연구대학의 이상이 점차 자리잡고 대학의 과학 연구가 팽창하면서, 미국 대학에서는 매년 수백 명의 박사급 인력이 배출되기 시작했다. 그러나 이러한 인력 공급은 이내 대학의 과학 관련 학과의 교수 수요를 크게 초과했다. 설사 박사학위를 받았다 하더라도 대학에서 교수로 자리잡기가 쉽지 않았다는 말이다. 이에 따라 일부 젊은 과학자들은 마지못해 다른 경력 기회로 눈을 돌리기 시작했고, 그중 하나로 부각된 것이 산업계의 경력이었다. 하지만 이것만으로는 왜 산업연구소들이 과학자들의 유치에 적극적이었는지를 충분히 설명할 수 없다.

이에 대한 좋은 설명을 제시해주는 것이 문화적 측면이다. 기업들이 보기에 발명가와 과학자들은 서로 다른 문화를 가지고 있었고, 이 중 후자가 산업체 고용에 좀 더 적합한 것으로 보였다는 것이다. 대체로 발명가들은 자신들이 지닌 재능과 전문성을 개인적이고 독특한, 즉 자신만이 갖고 있고 쉽게 이전불가능한 것으로 제시했다. 이는 발명 과정을 설명할 때 흔히 동원되었던 수사들, 이른바 '유레카의 순간'이랄지, '통찰의 번득임', '천재성의 발현'과 같은 수식에서도 엿볼 수 있다. 그러나 발명가들이 스스로 내세웠던 이러한 특성은 연구소 설립을 고민하는 기업 경영진에 그리 매력적이지 못했다. 유레카, 통찰, 천재성이 나타나는 순간은 미리 예측할 수 있는 것이 아니었고, 이러한 방식의 기술 개발 과정은 회사가 원했던 불확실성 해소에 도움을 주기 어려웠기 때문이다.

반면 산업체 과학자들은 자신들을 이전 시기의 발명가들과 다른 존재로 그려냈다. 그들은 자신들이 체계적·과학적 방법을 활용하고 팀 작업을 함으로써 효율적이고 예측가능한 방식으로 새로운 기술을 개발해낼 수 있음을 내세웠고, 그런 점에서 주먹구구식의 시행착오에 입각하고 개인적 작업을 선호하는 발명가들보다 우위에 있다고 주장했다. 산업체 과학자들은 자신들의 작업이 발명가들이 흔히 제시하는 것과 전혀 다른 방식으로 이뤄짐을 강조하고자 했는데, 20세기 초 산업체 과학자나 산업연구소들이 스스로 내세운 이미지는 이를 잘 보여준다. 가령 독일의 화학회사 바이엘의 연구소장을 지낸 화학자 카를 뒤스베르크는 산업연구소가 그 어디에도 "천재성이 번득인 흔적을 찾아볼 수 없는" 곳이라고 논평했고,[4] 1950년대 미국의 화학회사 몬산토(Monsanto)가 새로 과학자들을 채용하기 위해 제작한 홍보 필름에는 "이곳에 천재는 아무도 없습니다. 그저 한 무리의 평균적인 미국인들이 함께 일하고 있는 것뿐입니다"라는 내레이션이 삽입되었다.[5] 이는 오늘날 우리가 과학에 대해 가지고 있는 이미지의 흥미로운 역전을 보여준다. 사람들이 흔히 과학 하면 연상하는 자유로움이나 창의성, 천재성 같은 이미지는 19세기 말에서 20세기 초 미국 사회에서 발명가들과 더 많이 연관된 반면, 적어도 산업체에 고용된 과학자들은 자신들이 그와는 정반대의 자질과 능력을 갖추었다고 스스로 내세우고 있었다는 것이다. 이는 대학과는 다른 산업연구소의 흥미로운 문

4　휴즈, 『현대 미국의 기원 1』, p. 316.

5　Steven Shapin, "Who Is the Industrial Scientist? Commentary from Academic Sociology and from the Shop-Floor in the United States, ca. 1900-ca. 1970," in idem, *Never Pure* (Baltimore: Johns Hopkins University Press, 2010), p. 217.

화적 성격을 엿볼 수 있게 해준다. 그러면 이제 이후에 모델을 제공한 미국의 몇몇 대표적 산업연구소들에 대해 좀 더 자세히 살펴보도록 하자.

| GE |

GE는 미국의 대기업들 중 가장 먼저 사내 연구소를 설립했고, 그런 점에서 이후 다른 기업들에게 중요한 선례이자 성공사례를 남겼다. GE가 산업연구소 설립에 나선 배경을 이해하려면 먼저 GE가 어떻게 만들어진 회사인지를 떠올려볼 필요가 있다. GE는 1880년대 초 에디슨이 뉴욕 맨해튼의 펄 가(Pearl Street)에서 시범적 전등 사업을 할 때 설립했던 여러 개의 전기 기구 및 장비 회사들로 그 기원을 거슬러 올라갈 수 있다. 에디슨의 시범 사업을 위해서는 중앙 발전소를 짓고 전등 가입자를 모집하고 배전망을 까는 등의 작업이 선행되어야 했지만, 그에 못지않게 전기 시스템에 포함된 여러 구성요소들—백열전구, 송전선, 발전기, 퓨즈, 계량기 등—을 대량생산할 수 있는 회사들을 차리는 것도 중요했다. 에디슨은 시범 사업을 통해 1만 명의 가입자를 모으는 것을 목표로 했는데, 당시에는 전구 수명이 100여 시간 정도로 짧았기 때문에 안정적인 조명 공급을 위해서는 수천, 수만 개의 전구를 지속적으로 생산할 필요가 있었다. 전등 개발에 돈을 댔던 뉴욕의 은행가들은 원래 에디슨이 약속했던 기한이 계속 미뤄지는 데 불만을 품고 이러한 제조회사들에 투자하는 것을 거부했기 때문에 에디슨은 직접 자금을 확보해 제조회사들을 설립하는 일까지 도맡아야 했다. 이렇게 설립된 것이 에디슨 전구 회사(Edison Lamp

Company, 백열전구 생산), 에디슨 기계 회사(Edison Machine Works, 발전기 생산), 에디슨 전선 회사(Edison Tube Company, 지하송전선 생산) 같은 일련의 에디슨 회사들이었다.

애초 에디슨의 전등 시스템은 직류 전기(DC)를 사용했는데, 1880년대 중반부터 웨스팅하우스와 톰슨-휴스턴(Thomson-Houston) 같은 회사들이 교류 전기(AC)를 사용하는 전등 시스템을 상업화하기 시작하면서 이들은 직접적인 경쟁 관계에 놓이게 됐다. 에디슨은 직류 시스템의 경쟁력 강화를 위해 1889년 에디슨 제조회사들을 통합해 에디슨 제너럴 일렉트릭(Edison General Electric)이라는 종합 전기회사를 설립했다. 그러나 이러한 노력에도 불구하고 직류와 교류 전기 사이에 벌어진 표준 경쟁인 이른바 '시스템 전쟁(Battle of the Systems)'에서 직류는 패배를 맛보았고, 에디슨 제너럴 일렉트릭은 1892년 교류 업계의 2인자였던 톰슨-휴스턴과 합병을 거쳐 오늘날 우리가 알고 있는 GE가 되었다. 새로 설립된 GE는 회사 명칭에서 엿볼 수 있듯 에디슨과의 관계를 끊고 교류 회사로 거듭났지만, 그럼에도 불구하고 회사의 운영에서 핵심 기술은 여전히 에디슨이 취득한 여러 개의 핵심 원천 특허에 기반을 두고 있었다.

GE는 설립 직후인 1890년대 중반부터 중요한 경쟁력 위협에 직면했다. 미국에서 전구 시장의 독점을 가능케 해주었던 에디슨의 탄소 필라멘트 특허(1879년 취득)가 1894년 시한이 만료되었기 때문이다. 이제 미국 시장에서는 누구나 탄소 필라멘트 전구를 만들어 판매할 수 있게 되었고, GE의 전구 시장 점유율은 큰 폭으로 떨어지기 시작했다. 여기에 더해 이 시기에 유럽과 미국에서는 새로운 조명장치들이 속속 등장해 GE에 압박을 가했다. 오스트리아의 카를 아우어 폰 벨스바흐는 기존의 가스등을 개

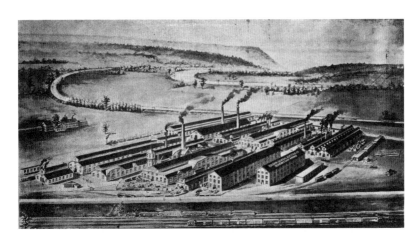

1892년 합병되기 직전의 에디슨 제너럴 일렉트릭(위)과 톰슨-휴스턴(아래)의 공장 전경. 두 회사가 합쳐지면서 오늘날의 GE가 탄생했다.

량해 오늘날까지도 많이 쓰이는 가스 맨틀(gas mantle)을 도입했고, 독일의 물리화학자 발터 네른스트와 베르너 폰 볼턴은 탄소가 아닌 금속 필라멘트를 사용한 전구를 특허로 출원했는데 이는 에디슨의 낡은 탄소 필라멘트보다 더 효율이 좋았다. 이에 GE는 중대한 기로에 직면했다. 금속 필라멘트 특허를 가지고 있는 독일과 미국의 회사들로부터 특허 내지 특허 사용권을 사들이거나, 아니면 독일 제품에 필적할 수 있는 자체 제품 개발을 위한 연구 노력을 기울여야 하는 처지가 된 것이다. 이러한 기로에서 후자 쪽에 힘을 실어준 것은 GE의 수석 컨설팅 엔지니어였던 찰스 스타인메츠였다. 스타인메츠는 GE가 일상적 사업 관리나 기기 및 장비의 유지보수가 아닌, 새로운 제품 개발을 목표로 하는 연구소를 사내에 설립하도록 이사회를 설득했다. 스타인메츠의 제안을 GE 이사회가 받아들이면서 1900년 GE의 산업연구소가 그 첫발을 내딛게 되었다.

GE 산업연구소의 초기 운영에서는 초대 소장으로 부임한 매사추세츠 공과대학(MIT) 출신의 물리화학자 윌리스 R. 휘트니가 가장 중요한 역할을 담당했다. 휘트니는 MIT를 졸업한 후 독일의 라이프치히대학으로 유학해 빌헬름 오스트발트의 지도 하에 박사학위를 받았다. 그는 MIT로 돌아와 화학 강사가 되었지만, 독일 대학에 비해 여건이 열악한 MIT에서 강사로 일하는 것은 연구의 기회나 금전적 보수, 그 어느 쪽에서도 만족스럽지 못했다. 그가 GE로부터 새로 설립될 사내 연구소의 책임을 맡아달라는 제안을 받은 것은 바로 이 시점이었다. 휘트니는 자신이 독일 대학에서 경험한 과학 연구의 이상에 공감하고 있었기 때문에, 처음에는 산업체로 옮기는 것을 망설였고 자신이 산업체에서 과연 과학자로 살아남을 수 있을지에 대해 의구심을 품었다. 그는 고민 끝에 GE의 제안을 수락

GE 연구소 탄생 초기의 주역들(1901). 왼쪽부터 찰스 스타인메츠, 연구소의 첫 고용인이었던 존 뎀스터, 초대 소장 윌리스 휘트니.

했지만, 처음에는 일주일에 이틀만 GE로 출근하며 업무를 보고 나머지 시간은 MIT에서 강의를 계속하는 식으로, 돌아갈 수 있는 여지를 두었다. 그가 GE에서 전업으로 일하기 시작한 것은 8개월의 시험 기간 경험이 충분히 만족스러운 것으로—그러니까 회사가 자신에게 충분한 자율성과 권한을 부여하는 것으로—드러난 이후의 일이었다. 일단 GE에 몸담기로 결정한 그는 회사에 도움이 되는 연구를 수행하는 것을 중요한 목표로 받아들였다.

휘트니와 그가 처음에 끌어들인 10여 명의 연구진이 최우선 과제로 삼은 것은 어찌 보면 당연하게도 금속 필라멘트 전구의 개발이었다. 그러나 연구소 설립 이후 6년여 동안 노력을 기울였음에도 휘트니 연구팀은 1907년까지 새로운 전구 필라멘트 개발에서 성공을 거두지 못했다. 결국

금속 필라멘트 전구 개발에 몰두하던 1906년경의 GE 연구소 직원들. 이 중 3분의 1은 초기 연구 실패의 결과로 이듬해 감원 대상이 됐다.

회사 측은 용단을 내려 35만 달러를 주고 벨스바흐의 오스뮴-텅스텐 필라멘트 특허 사용권을 사들이는 한편으로 연구소 인력 중 3분의 1을 감원하는 조치를 취했다. 그로부터 며칠 뒤 휘트니는 맹장염과 업무성 스트레스로 쓰러져 병원으로 실려갔다(이는 그가 GE에 근무한 30여 년간 신경쇠약으로 세 차례 쓰러진 것 중 첫 번째였다). 휘트니는 병원에 입원한 여러 달 동안 깊은 고민에 빠졌고, GE를 사임하고 새로운 개인적 진로를 모색할 것을 구상하기도 했다.

그러나 역설적으로, 휘트니가 고민에 빠졌던 이 기간은 휘트니 휘하의 연구진이 그간 해온 연구에 기반해 본격적으로 성과를 보이기 시작한 시점이기도 했다. 휘트니가 처음 GE에 끌어들인 과학자 중 한 사람으로 나중에 휘트니의 뒤를 이어 GE 연구소의 2대 소장으로 취임하게 되는 물리

II. 첫 번째 상업화의 물결

1922년 GE 연구소를 방문한 토머스 에디슨에게 연성 텅스텐 필라멘트의 제조 방법을 설명하는 윌리엄 쿨리지. 앞쪽에 보이는 장비는 텅스텐에 특수한 열처리를 가해 텅스텐선을 가늘게 뽑아내는 기계이다.

1918년의 GE 연구소 직원들. 10여 년 전과 비교해 그 수가 크게 늘어났음을 볼 수 있다.

학자 윌리엄 쿨리지는 1909년 연성 텅스텐 필라멘트 제조공정을 개발해 실용적 전구 개발에서 중요한 대약진을 이뤄냈다. 텅스텐은 녹는점이 높아 전구의 필라멘트로 이상적인 물질이었지만 잘 부스러지는 성질이 있어 가는 필라멘트 모양으로 성형하기가 어려웠는데, 쿨리지는 특수한 열처리를 통해 쉽게 잡아 늘일 수 있는 텅스텐선을 만들어내는 데 성공을 거뒀다. 이어 1910년에 GE에 합류한 물리화학자 어빙 랭뮤어는 앞서 설명한 에디슨 효과에 관심을 가지고 연구를 하다가, 전구 속의 공기를 빼내어 진공으로 만드는 대신 아르곤 같은 불활성기체를 채우면 전구 안쪽이 검어지는 문제를 크게 줄일 수 있다는 사실을 알아냈다. 이 문제를 푸는 과정에서 그는 계면화학(surface chemistry) 분야에서 순수과학에 가까운 일련의 연구와 실험을 이어갔고, 1932년에는 이러한 공로를 인정받아 노벨 화학상을 수상하는 쾌거를 이뤄냈다. 이러한 성공의 이면에는 병원에서 퇴원한 이후 자신의 새로운 역할을 깨닫게 된 휘트니의 개인적 희생이 자리잡고 있었다. 그는 자신의 개인적 과학 연구를 포기했고, 오직 휘하의 연구원들에게 동기부여를 제공하고 고민을 상담해주며 방향성을 제시하는 연구소장으로서의 직분에 오래도록 충실했다.

쿨리지와 랭뮤어의 발견에 입각해 개발된 텅스텐-아르곤 전구는 1916년부터 '마즈다(Mazda)'라는 상표명으로 시판되기 시작했고, 이내 전구 시장에서 거의 독점에 가까운 새로운 시장 지배력을 GE에 마련해주었다. 1920년대 초 GE는 수익의 30퍼센트 이상을 전구 판매에서 올리게 되었으며, 에디슨의 탄소 필라멘트 특허 만료 이후 한때 50퍼센트 아래로 떨어졌던 전구 시장 점유율도 1928년에는 다시 96퍼센트까지 끌어올렸다. 이러한 대성공에 힘입어 GE는 그간 연구개발에 투자한 금액의 몇 곱절에

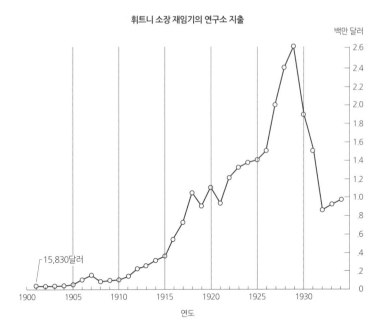

휘트니 소장 재임기의 연구소 지출

백만 달러

15,830달러

연도

GE 연구소 직원 수

인력

○ 전체 직원
× 봉급 생활자(과학자, 엔지니어, 테크니션, 숙련노동자 일부)
□ 과학자와 엔지니어(추정치)
△ 박사학위 소지자(추정치)

연도

휘트니가 소장으로 재임하던 시기의 GE 연구소 지출(위)과 직원 수(아래) 변화 추이. 첫 10여 년은 비교적 완만하게 증가하다가 텅스텐-아르곤 전구의 성공 이후 급격하게 늘어나기 시작하는 것을 볼 수 있다.

달하는 수익을 거둘 수 있었다. GE 연구소는 1910년대 중반 이후 대공황기 직전까지 연구 인력 규모나 연구비 지출 수준 등에서 거의 기하급수적인 성장을 계속하며 탄탄대로를 달렸다. GE 연구소가 제도화된 산업연구의 힘을 보여주는 대표적 성공사례로 각광받게 되면서, 휘트니 역시 단지 GE뿐 아니라 미국의 산업연구 전반을 대외적으로 대변하는 인물로서 역할과 지위를 누렸다.

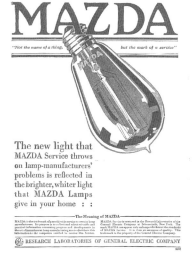

GE의 마즈다 전구 광고(1917).

| AT&T

AT&T는 오늘날 미국의 거대 통신회사이자 20세기를 빛낸 대표적 산업연구소인 벨 연구소(Bell Laboratories)를 설립한 모회사이기도 하다. 그 기원을 거슬러 올라가보면, AT&T는 원래 1876년 발명가 알렉산더 그레이엄 벨이 취득한 전화 특허에서 출발했다. 보스턴대학의 발성법 교수이면서 아마추어 발명가이기도 했던 벨은 이 해 자신이 발명한 전화를 필라델피아 만국박람회에 출품해 선풍적인 인기를 끌었다. 그는 전화로 사업을 할 생각은 없었기에 처음에는 자신의 전화 특허를 거대 전신회사인 웨스턴 유니언에 판매하려고 했으나, 웨스턴 유니언은 전화가 기존의 전신 망에 비하면 쓸모없는 장난감이자 여흥거리에 불과하다고 보고 이 제안을 거절했다. 결국 그는 후원자를 모아 직접 전화회사를 설립했고, 이렇게 1877년에 탄생한 회사가 벨 전화회사였다(다만 벨은 자신의 특허를 사업 기반으로 제공했을 뿐, 회사 운영에는 거의 관여하지 않았다).

벨 전화회사는 벨의 특허에 기반해 전화 사업에서 철저한 독점 전략을 취했다. 다른 회사에 특허 사용허가를 전혀 내주지 않은 채 전화기 생산을 자회사인 웨스턴 일렉트릭(Western Electric)에 전담시켰고, 이렇게 생산한 전화기는 지역 전화회사에 판매하지 않고 임대만 하는 방식이었다. 이러한 사업 전략은 초기에 현금 수입 부족을 야기했지만, 장기적으로는 벨 사가 '보편적 시스템(universal system)'을 구축하는 데 도움이 되었다. 벨 사는 또한 회사의 장거리 사업 부문을 담당할 자회사로 AT&T를 설립했는데, 1899년에 AT&T는 모회사의 주식을 모두 사들이는 과정을 거쳐 사실상 벨 시스템의 중심 회사로 탈바꿈했다.

벨 전화회사는 1893년까지 26만 명의 가입자를 모으는 등 사업을 크게 확충했지만, 이 해 벨의 전화 특허 시한이 만료되면서 어려움을 겪기 시작했다. 이제 벨 사와는 별개로 전화기를 생산해 누구나 전화 사업을 하는 것이 가능해졌고, 미국 전역에 이른바 '독립' 전화회사들이 우후죽순처럼 등장하면서 그 숫자가 1902년에는 9,000개에 이르렀다. 벨 사는 전화 시장 점유율이 50퍼센트 내외로 떨어졌지만, 시스템의 표준성을 해친다는 이유로 독립 전화회사들과의 상호 접속은 거부했다. 이에 따라 1900년을 전후해 미국의 전화 시장에는 서로 연결되지 않고 조각난 수백, 수천 개의 전화망들이 얼기설기 겹쳐져 있는 혼란 상태가 나타났다. 서로 다른 전화회사에 가입된 고객들과 연락하고 싶은 공장, 사무실, 상점, 병원 등에서는 여러 대의 전화를 놓아야 했고, 이는 불편함과 비효율성을 수반했다. 이에 주목한 J. P. 모건 등 뉴욕의 은행가들은 1907년 AT&T의 주식을 매수해 회사를 장악한 후, 벨 전화회사의 창립 초기에 총지배인을 지냈던 시어도어 베일을 다시 불러들여 경영을 맡겼다. 베일 휘하의 AT&T는 독립 전화회사를 사들이거나 경영권을 장악하는 식으로 다시금 미국의 전화 시장을 통합하기 위한 공세적인 사업 전략을 펼쳤고, 불과 몇 년 만에 독립 전화회사의 전성기는 막을 내리고 AT&T가 주도하는 보편적 시스템의 시기가 다시 도래하게 되었다.

그러나 이러한 AT&T의 전략에는 위험성이 내포돼 있었다. 셔먼 반독점법 제정 이후 혁신주의 시기를 휩쓸던 반독점 정서를 건드려 자칫 회사가 분할되는 처지에 놓일 수도 있었기 때문이다. 베일은 이러한 위험을 잘 인지하고 있었고, 이에 맞서 전화 시장의 독점이 가져다줄 수 있는 이득을 홍보해 대중과 정치인들을 설득하고자 했다. 이제 더이상 가입자들이 다른 가입자와 통화하기 위해 여러 대의 전화를 놓을 필요가 없을 뿐 아니라, AT&T의 전화 한 대만 있으면 미국의 어떤 지역과도 통화가 가능하다는 것이었다. 베일은 AT&T의 새로운 전략을 "하나의 정책, 하나의 시스템, 보편적 서비스(One Policy, One System, Universal Service)"라는 유명한 구호로 요약했고, 이를 과시하기 위한 시범 프로젝트로 1914년 샌프란시스코에서 개최될 예정이었던 파나마-퍼시픽 박람회에 맞춰 대륙횡단 전화선을 부설한다는 결정을 내렸다.

그러나 대륙횡단 전화를 실현시키는 것은 당시 AT&T가 가지고 있던 기술적 한계를 뛰어넘는 것이었다. 전화선을 따라 전달되는 전기 신호는

1915년 샌프란시스코에서 열린 파나마–퍼시픽 만국박람회의 홍보 포스터. 이곳에서 AT&T가 야심차게 선보인 대륙횡단 전화의 최초 시범이 있었다.

거리가 멀어지면 점차 감쇠되었기 때문에 일정한 간격으로 이를 증폭해 주는 중계기(repeater)를 필요로 했는데, 컬럼비아대학 교수 마이클 푸핀이 발명한 장하코일(loaded coil)을 이용한 기존의 중계기는 뉴욕에서 콜로라도 수 덴버까지 직통으로 연결하는 것이 최대한이었다. 샌프란시스코까지 도달하기 위해서는 그것의 2배 가까운 거리를 따라 음성이 전달될 수 있도록 신호를 증폭해주는 장치가 필요했고, 이는 당시 막 개발된 진공관을 이용한 전자적 증폭장치로만 가능했다. 이 문제의 해결을 위해 베일은 새로운 사내 연구개발 프로그램을 발족시켰다. 먼저 회사의 엔지니어링 부를 계열 제조회사인 웨스턴 일렉트릭 산하로 통합해 수석 엔지니어 존 J. 카티에게 책임을 맡겼고, 1910년에는 물리학자 프랭크 주잇이 이끄는 최초의 연구 부서를 설립했다.

AT&T는 이전에도 대학에서 훈련받은 과학자를 고용한 적이 있었지만, 그들은 주로 시스템의 유지보수를 위한 엔지니어의 역할을 담당했다. 과학자들이 조직화된 과학 연구 프로그램의 일원으로 여럿 고용된 것은 이때가 처음이었다.

연구 부서가 맡은 일차적 임무는 당연하게도 대륙횡단 전화를 위한 전자식 증폭기를 개발하는 것이었지만, 이 시기 들

The Telephone Unites the Nation

AT this time, our country looms large on the world horizon as an example of the popular faith in the underlying principles of the republic.

We are truly one people in all that the forefathers, in their most exalted moments, meant by that phrase.

In making us a homogeneous people, the railroad, the telegraph and the telephone have been important factors. They have facilitated communication and interviating, bringing us closer together, giving us a better understanding and promoting more intimate relations.

The telephone has played its part as the situation has required. That it should have been planned for its present usefulness is as wonderful as

that the vision of the forefathers should have beheld the nation as it is today.

At first, the telephone was the voice of the community. As the population increased and its interests grew more varied, the larger task of the telephone was to connect the communities and keep all the people in touch, regardless of local conditions or distance.

The need that the service should be universal was just as great as that there should be a common language. This need defined the duty of the Bell System.

Inspired by this need and repeatedly aided by new inventions and improvements, the Bell System has become the welder of the nation. It has made the continent a community.

AMERICAN TELEPHONE AND TELEGRAPH COMPANY AND ASSOCIATED COMPANIES

One Policy   One System   Universal Service

1915년 대륙횡단 전화의 개통 사실을 홍보하는 AT&T의 광고. AT&T의 전화 서비스가 미국을 하나로 묶어주었음을 강조하고 있다.

AT&T가 1912년에 디포리스트로부터 사들인 오디언(왼쪽)과 AT&T 연구부서가 1913년에 이를 개량해 만든 고진공 전화 중계기(오른쪽).

어 전화의 새로운 경쟁자로 점차 부상한 무선전화(라디오)에 관한 '방어적' 연구개발도 일부 담당했다. 연구 부서의 과학자들은 증폭기 개발 과정에서 발명가 리 디포리스트가 만든 삼극진공관(triode, 오디언[audion]으로도 불렸다)의 존재를 알게 되었다. 디포리스트는 이 장치를 수신장치로 생각했지만 주잇은 이것이 강력한 증폭기가 될 거라는 잠재력을 믿고 특허권을 사들였다. 1912년부터 연구 부서는 삼극진공관의 물성을 더 잘 이해하기 위한 연구를 시작했고, 이를 대륙횡단 전화에서 필요로 하는 증폭기로 바꿔놓기 위해 전력을 기울였다. AT&T는 1914년까지 대륙횡단 전화를 기술적으로 구현하지 못했지만, 다행히도 박람회가 1915년으로 1년 연기되는 바람에 결국 시한에 맞춰 대륙을 가로지르는 전화선을 깔고 중계기를 설치하는 데 성공했다. 박람회 때 있었던 대륙횡단 전화 시범에는 알렉산더 그레이엄 벨과 그 조수였던 토머스 왓슨이 각각 뉴욕과 샌프란시스코에 자리잡고 전화 발명 당시를 연상케 하는 유명한 시연을 해 보였다. 대륙횡단 전화의 공개는 베일이 보여주길 원했던 '독점의 이득'을 과시한 사건이었고, 아울러 조직화된 과학 연구가 갖는 힘을 잘 보여준 사건이기도 했다. AT&T가 이 시기 정부의 반독점 공세를 피해 회사의 분할을 모면할 수 있었던 것도 부분적으로는 이러한 노력 덕분이었다.

AT&T의 연구 부서는 1925년에 본격적인 연구소로 탈바꿈했다. 이 해에 AT&T 경영진은 연구 부서가 속한 웨스턴 일렉트릭의 엔지니어링부를 반독립적 회사로 독립시키기로 결정했고, 이는 벨 연구소라는 이름을 갖게 되었다. 연구소의 초대 소장은 1910년부터 연구 부서를 이끌어온 주잇이 맡았다. 벨 연구소는 첫해에 1,200만 달러의 예산과 3,600명의 직원들을 운용하는 대형 연구소로 출범했는데, 이는 미국의 다른 대표적 산업 연구소와 비교하더라도 월등히 큰 규모였다(일례로 같은 해 GE는 140만 달러, 듀폰은 200만 달러를 연구개발에 지출했다). 벨 연구소는 출범 초기부터 기초연구에 상당한 비중을 두었고, 연구원들에게 회사가 필요로 하는 프로젝트 외에 개인적 관심사에 따른 연구를 일정 시간 동안 할 수 있도록 허용해 주었다. 여기서 나온 대표적인 성과가 1927년 벨 연구소의 물리학자 클린턴 데이비슨과 레스터 거머가 전자회절(electron diffraction) 실험에 성공한 것이었다. 이는 1924년 프랑스의 물

1925년 AT&T의 산하 법인으로 독립한 벨 연구소 건물.

트랜지스터의 공동 발명가인 벨 연구소의 물리학자 존 바딘, 윌리엄 쇼클리, 월터 브래튼(왼쪽부터).

리학자 루이 드 브로이가 제안한 물질파 이론―파동인 빛이 물질로서의 성질을 갖는다면 거꾸로 모든 물질도 파동으로서의 성격을 가져야 한다는 가설―을 입증한 것으로 받아들여졌다. 데이비슨은 이 공로를 인정받아 1937년 노벨 물리학상을 공동으로 수상했다.

1930년대 들어 벨 연구소는 진공관의 뒤를 잇는 새로운 전자 소자 개발을 위해 당시 미국에서는 아직 생소한 분야이던 양자역학을 적극적으로 받아들였다. 특히 이곳에서는 고체에 대한 양자역학적 이해에 기반한 연구가 활발했는데, 벨 연구소의 과학자 여럿이 유럽에 가서 일정 기간 연구를 하기도 했고 유럽의 연구자들을 연구소로 초빙해 강연이나 세미나를 열기도 했다. 20세기를 통틀어 가장 중요한 발명 중 하나로 흔히 인정받곤 하는 트랜지스터가 1947년 벨 연구소에 소속된 세 명의 과학자 존 바딘, 월터 브래튼, 윌리엄 쇼클리에 의해 발명되었던 데는 이러한 십수 년간의 연구개발 노력이 그 배경으로 깔려 있었다. 세 사람은 1956년 이러한 공로를 인정받아 노벨 물리학상을 공동으로 받았다.

GE와 AT&T는 모두 19세기 말에 등장한 새로운 첨단기술 분야(전기, 전화)에서 새로 생겨난 회사들이었다. 반면 듀폰은 그 역사가 19세기 초까지 거슬러 올라가며, 원래는 화학회사가 아니라 '화약'회사였다. 듀폰사의 창업주인 엘뢰테르 이레네 듀폰은 프랑스 출신의 화학자이자 기업가로, 프랑스에 머물렀던 젊은 시절에 유명한 화학자 앙투안 라부아지에 밑에서 사사하면서 화약 제조법을 배웠다. 그는 프랑스혁명과 위그노교도에 대한 박해를 피해 1800년 미국으로 이주했고, 1802년에는 프랑스에서 끌어들인 자본과 화약제조 기계를 이용해 회사를 차렸다. 듀폰 사는

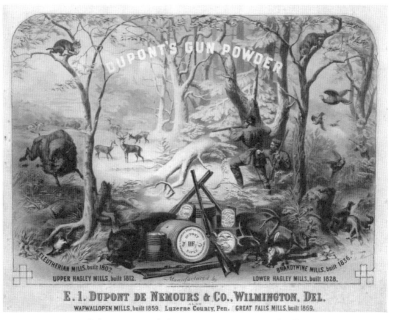

19세기 말 듀폰의 사냥용 화약 광고. 설립 후 한 세기 동안 듀폰의 정체성이 화약회사였음을 엿볼 수 있다.

19세기를 거치며 빠른 속도로 성장했고, 19세기 중엽에는 미국 군대에 화약을 판매하는 최대 공급업체가 되었으며, 남북전쟁 때 북군이 사용한 화약의 절반가량을 공급하기도 했다. 창립 초기부터 듀폰이 제조해온 화약은 주로 흑색화약이었지만, 1890년대부터는 유럽에서 새로운 기술을 받아들여 무연화약(니트로셀룰로스)의 생산 능력을 개발함으로써 회사의 활동 영역을 넓혔다.

설립 이후 한 세기 동안 듀폰은 화약회사로 승승장구해왔지만, 20세기에 접어들며 위기에 봉착했다. 특정 회사에 화약 공급량의 대부분을 의존하는 것이 불안하다고 판단한 미국 의회와 군대가 1903년 연방 병기창에서 화약을 생산하는 방향으로 정책 전환을 결정한 것이었다. 그동안 미국 군대를 주된 고객으로 삼아 화약 시장을 사실상 독점하다시피 해온 듀폰에게 이는 청천벽력과도 같은 소식이었다. 듀폰은 이 사건을 계기로 해서 사내에 여러 개의 연구조직을 처음 만들었다. 이 해에 설립된 일반 연구소(General Research Laboratory, 나중에 실험소[Experimental Station]로 개칭)는 무연화약 등 다양한 화약에 대한 연구를 수행한 반면, 그보다 한 해 앞서 생긴 동부 연구소(Eastern Laboratory)는 주로 고폭약(다이너마이트)에 관한 연구에 집중했다. 화학자 찰스 리스가 주도한 이러한 움직임은 회사가 새롭게 개척한 주력 분야인 무연화약과 고폭약의 생산 공정을 개선하고 생산비를 절감하기 위한 좀 더 깊은 과학적 이해를 목표로 내걸고 있었다.

그러나 듀폰에게는 또 다른 위협이 닥쳤다. 흑색화약을 넘어 다른 화약 분야에까지 진출하려는 듀폰의 움직임이 연방정부의 주목을 끈 것이다. 정부는 듀폰을 셔먼 반독점법 위반 혐의로 제소했고, 1912년 법원은 듀폰을 여러 개의 회사로 분할할 것을 판결했다. 이에 따라 듀폰은 무연화약 부문만 남기고 다른 부문을 별도의 회사로 분리시켜야 하는 시련을 겪었다. 곧이어 1차대전이 터지고 미국이 뒤늦게 참전하면서 듀폰은 다시금 거대한 돈벌이의 기회를 얻게 되었지만, 듀폰의 경영진은 이에 만족하지 않았다. 듀폰은 1차대전을 계기로 입수한 독일 특허들에 기반해 합성염료와 같은 다양한 화학물질 제조로 사업을 다각화하겠다는 과감한 결정을 내렸다. 비록 이러한 결정이 실제로 시장에 내놓을 수 있는 상품과 회사의 수익으로 이어지기까지는 오랜 기간과 엄청난 개발비, 그리고 결국에 가서는 독일에서 영입한 화학자들의 도움을 필요로 했지만, 이는 듀폰이 화약회사에서 화학회사로 탈바꿈하는 과정에서 대단히 중요한 계기가 되었다.

듀폰 산업연구의 역사에서 가장 중요한 사건은 바로 이러한 맥락에서 태동했다. 1926년 듀폰의 중앙 연구 부서의 책임을 맡고 있던 화학자 찰스 스타인은 회사의 연구 방향을 전환해 순수연구 내지 기반연구(fundamental research)를 담당할 새로운 연구소를 설립할 것을 이사회에 제안했다. 그는 1920년대 초 듀폰이 합성염료를 비롯한 화학물질 시장을 새롭게 개척하는 과정에서 겪었던 어려움을 상기시켰고, 독일의 화학회사들이나 미국의 GE 같은 회사들이 이미 이러한 방향의 성공적인 선례를 보여주었다고 주장했다. 그는 듀폰이 순수연구를 추진해야 하는 이유로 첫째, 순수연구의 성과를 통해 회사의 과학적 위신을 제고할 수 있고, 그럼으로써 새로 유능한 화학자를 영입하기가 더 용이해지며, 이러한 성과를 다른 회사에서 거둔 성과와 교환할 수 있고, 더 나아가 그러한 성과를 실용적 목적에 응용할 수 있는 가능성까지 네 가지 점을 들었다. 이는 이전까지 실용적 응용에 초점을 맞춰온 듀폰의 연구소 운영 방침과는 다분히 동떨어진 파격적인 주장이었지만, 조금은 놀랍게도 이사회는 스타인

1928년의 듀폰 실험소 전경. 이곳에 순수연구를 표방한 새로운 연구소 건물이 지어졌다.

의 제안을 받아들였다. 이에 따라 1927년 듀폰 실험소 부지에 순수연구를 위한 새로운 연구소가 생겨났고 스타인이 초대 소장을 맡았다. 듀폰의 다른 직원들은 회사의 다른 조직으로부터 거리를 두고 순수연구를 담당하게 된 이 연구소를 조금은 비꼬는 의미에서 '순수의 전당(Purity Hall)'이라는 별칭으로 불렀다.

스타인은 연구소 설립이 결정된 이후 대학에서 우수한 화학자를 영입하는 데 공을 들였지만, 여기서 여러 차례 좌절을 맛보았다. 아직까지도 미국 대학에는 순수과학 이데올로기가 지배적이었고, 기업에서 일하는 것에 대한 의구심이 여전히 크게 작용하고 있었기 때문이다. 그는 1927년 초 하버드대학 화학 강사로 일하던 월리스 캐러더스를 영입하는 데 성공했는데, 이는 듀폰의 미래에 결정적으로 중요한 사건으로 기록된다. 캐러더스 역시 기업에 고용되어서도 연구 선택의 자유를 가질 수 있을지 의구심을 품고 있었으나, 대학에서 하던 연구를 회사에 와서도 계속

할 수 있다는 스타인의 약속을 믿
고 결국 듀폰으로 자리를 옮겼다.
그는 유기화학 분야의 연구를 담
당해 달라는 스타인의 요청에 따
라 1928년부터 연구팀을 조직해
중합체(polymer)의 본질을 밝혀내
기 위한 실험을 시작했다. 중합체
는 분자량이 때로 수천에서 수만
에 이를 정도로 매우 큰 거대 분자
(macromolecule)인데, 당시 화학계는
중합체가 어떠한 분자인지에 대해
아직 확립된 견해를 갖지 못하고

듀폰 실험소에서 유기화학 연구를 담당했던 월리
스 캐러더스. 자신의 연구팀이 개발한 네오프렌의
탄성을 직접 보여주고 있다.

있었다. 많은 화학자들은 중합체가 대단히 복잡한 구조를 지닌 거대 분자
라고 생각했지만, 이와 의견을 달리하는 일부 화학자들은 중합체가 실은
간단한 화학적 단위가 반복되며 사슬처럼 길게 연결된 구조를 가졌을 거
라고 생각했다. 캐러더스 연구팀은 1928년부터 1930년까지 일련의 실험
을 통해 이 중 후자의 견해가 옳다는 결정적인 증거를 찾아냈고, 당시 발
표한 캐러더스의 논문들은 화학계의 찬사를 받으며 이후 숱하게 인용된
중요한 업적이 되었다.

　듀폰에서 처음 몇 년간 캐러더스의 연구는 기본적으로 순수연구로
서, 어떤 실용적 목적을 염두에 둔 것은 아니었다. 그러다 흔히 '기적의
달'로 불리는 1930년 4월에 그의 연구팀은 우연한 계기로 대단히 중요
한 상업적 잠재력을 지닌 두 가지 발견을 하게 된다. 먼저 연구팀은 고무

1939년 초 샌프란시스코 만국박람회에 전시된 나일론 스타킹. 두 모델이 스타킹을 양쪽에서 잡아당기며 나일론 섬유의 강도를 시연하고 있다.

처럼 대단히 신축성이 좋은 합성물질을 발견했는데, 이는 곧장 회사에 보고되어 '네오프렌(Neoprene)'이라는 이름으로 상업화되었고 이내 천연고무를 대신할 수 있는 신소재로 각광을 받았다. 뒤이어 연구팀은 실처럼 가늘게 뽑아낼 수 있는 새로운 물질을 합성하는 데 성공을 거뒀다. 나중에 '3-16 폴리에스테르'라는 명칭이 붙은 이

섬유는 가늘면서도 내구성이 좋았지만, 아쉽게도 옷감으로 바로 쓰기에는 물과 고온에 약하다—따라서 세탁과 다림질이 어렵다—는 결정적인 단점이 있었다. 아마 다른 변수가 생기지 않았다면, 연구팀이 실험실에서 합성섬유를 만들었다는 사실은 연구 과정에서 우연히 나온 흥미로운 발견 정도로 여기고 넘어갔을지도 모른다.

그러나 바로 이 시점에서 캐러더스의 앞길에 중대한 변수가 생겨났다. 캐러더스 영입에 가장 큰 역할을 했던 스타인이 듀폰의 부회장으로 승진하면서, 1930년 6월에 연구소장이 화학자 엘머 볼턴으로 바뀐 것이었다. 볼턴은 연구소 설립 초기부터 회사가 순수연구를 하는 데 반대했고 이후에도 그런 입장을 굽히지 않았다는 점에서 스타인과는 완전히 다른 성격의 관리자였다. 그는 연구소의 책임을 맡은 직후부터 연구의 실용적 응용을 강조하고 나섰고, 학술지에 연구논문을 발표하는 것도 특허권 확보와

충돌하지 않는 선에서 제한적으로만 허용했다. 캐러더스는 회사에 도움이 되는 연구를 하라는 볼턴의 압박 하에 서둘러 3-16 폴리에스테르의 뒤를 잇는 새로운 합성섬유의 개발에 나섰고, 여러 해에 걸친 악전고투 끝에 1934년 3월 최초의 폴리아미드 섬유를 추출해냈다. 이듬해 2월 캐러더스 연구팀은 실험 과정에서 '6-6'으로 통칭되었던 폴리헥사메틸

1949년 《라이프》 지에 실린 듀폰의 나일론 광고. '나일론은 당신에게 뭔가 특별한 것을 줍니다'를 광고 문구로 내걸고 있다.

렌아디파미드 섬유를 합성하는 데 성공했는데, 이는 앞서 얻어진 물질들이 지닌 약점을 보완한 최초의 진정한 합성섬유였다. '6-6'은 실용화를 위한 공정 개발 단계로 넘어가 1938년 10월에 '나일론(Nylon)'이라는 명칭으로 처음 대중에게 공개되었고, 이듬해 샌프란시스코와 뉴욕에서 열린 만국박람회에서 전시되며 큰 관심을 불러모았다. 듀폰의 경영진은 나일론을 실크 양말류를 대체하는 용도로 집중 개발하는 결정을 내렸고, 이러한 전략이 맞아떨어져 나일론 스타킹은 2차대전 이후 여성들로부터 선풍적인 인기를 끌었다. 나일론은 1920년대부터 듀폰이 추구해온 종합 화학회사로의 변모 과정에서 크게 상업적으로 성공한 최초의 제품이 되었다.

듀폰은 1939년부터 1990년대까지 나일론에서 대략 200~250억 달러

의 수입을 거둬들였다. 그러나 정작 나일론 연구개발을 주도했던 캐러더스 자신은 이러한 상업적 성공을 직접 보지 못했을 뿐 아니라, 그가 초기에 거둔 중합체 연구의 성과로 응당 주어질 것으로 여겨졌던 노벨 화학상의 수상자가 되지도 못했다. 그는 1930년대 초 이후 회사가 정한 방향대로 연구를 해야 하는 스트레스 속에서 원래 갖고 있었던 조울증 증세가 심해져 결국 1937년 4월 필라델피아의 한 호텔방에서 청산가리를 먹고 스스로 목숨을 끊었다. 이는 캐러더스 본인에게 개인적 비극이었고, 적어도 그 책임의 일부는 그를 듀폰으로 영입할 때 했던 애초의 약속을 파기하고 과학자로서의 정체성에 혼란을 초래한 듀폰 연구소 경영진에게 있다고 해야 할 것이다.

그러나 만약 이 사건을 산업연구의 역사라는 측면에서 본다면 조금은 다른 결론을 얻을 수 있다. 볼턴은 캐러더스에게 원치 않는 연구를 하도록 압력을 가한 '나쁜 상사'였지만, 아울러 네오프렌과 나일론의 상업화 과정에서 중요한 안목과 결단력을 발휘한 인물이기도 했다. 앞서 살펴보았듯, 만약 1930년 여름에 볼턴으로부터 상업적 압력이 가해지지 않았다면, 듀폰에서 나일론은 아마도 개발되지 않았을 가능성이 높다. 캐러더스는 중합체 분야의 순수연구를 계속해나갔을 것이고 아마도 이를 인정받아 노벨상을 받았겠지만, 산업연구의 역사에서 가장 중요한 사건 중 하나로 여겨지는 나일론의 개발자로 기억되지는 못했을 것이다. 결과적으로 나일론의 개발은 획기적인 기초연구의 결과와 회사에 대한 이익 추구가 합쳐져 얻어낸 것이었고, 그 둘 중 어느 하나만 가지고는 결코 거둘 수 없는 성과였다. 미국은 잠재적 노벨상 수상자를 잃었지만, 대신 20세기 산업연구의 개가인 나일론 섬유를 얻었다.

． ． ． ．

20세기 초 미국에서 생겨나 이후에 큰 영향을 미친 대표적 산업연구소(GE, AT&T, 뉴폰)의 약사(略史)를 통해 몇 가지 공통점들을 엿볼 수 있다. 이 회사들은 거의 비슷한 시기에 경쟁력 위기와 규제로 인한 위협을 느꼈고, 그에 대응하는 방편의 하나로 회사의 기술력 강화를 목표로 한 사내 연구소를 설립했다. 이러한 연구소들에는 대학에서 고등교육을 받은 과학자들이 주로 고용되었고, 그들은 회사가 필요로 하는 연구와 자신의 관심사에 따른 연구 사이에서 기우뚱한 균형을 유지하며 연구개발을 수행해나갔다. 이 둘이 잘 균형을 이뤘을 때 회사는 엄청난 이득을 안겨다주는 획기적 연구성과(텅스텐-아르곤 전구, 대륙횡단 전화를 위한 전자식 중계기, 네오프렌과 나일론 섬유)를 거머쥘 수 있었고, 때로는 이 과정에서 산업연구소에 속한 과학자가 학계로부터 그 공로를 인정받아 노벨상을 수상하기도 했다. 이는 산업연구소가 학계와 산업계 사이에 위치한 경계 공간으로서의 성격을 지니고 있음을 잘 보여준다.

3

산업연구소의 확산과 그 함의

미국의 산업연구소는 몇몇 선구적 사례에서 볼 수 있듯, 초기부터 크게 성공을 거뒀다. 그러나 이러한 성공은 결코 손쉽게 얻어진 것이 아니었다. 미국의 산업연구소는 설립 직후부터 대학을 지배하던 순수과학 이데올로기와 충돌했다. 대학에 있는 젊고 유능한 연구자들은 산업연구소에 취업하는 것을 기피했고, 이는 휘트니나 주잇, 스타인 같은 연구소장들에게 골칫거리가 되었다. 미국의 산업연구소 중 가장 먼저 생겨나 선구적인 역할을 한 GE 연구소의 휘트니는 이러한 문제에 대응하는 데도 일종의 선례를 제공했다. 그는 대학에서 일하는 젊은 강사들의 급여가 형편없이 낮다는 것을 잘 알았고, 이보다 몇 곱절 높은 급여를 제시해 연구자들을 유혹했다. 또한 그는 대학의 연구자들이 과중한 강의 부담과 함께 연구할 시간과 기자재의 부족으로 어려움을 겪고 있다는 점을 간파해, 산업연구소에 최대한 대학과 흡사한 연구 환경(세미나 운영, 논문 발표 등)을 조성하기 위해 애썼다.

하지만 이러한 노력에도 산업연구소에 대한 차별적 시각은 여전했다. 일례로 주잇은 자신이 1903년 AT&T에 합류했을 때, 대학원 지도교수였던 물리학자 앨버트 마이컬슨이 "내가 그동안 받은 훈련과 품었던 이상을 돈 때문에 팔아넘기고 있다고 (…) 생각했다"고 훗날 회고했다.[6] 여기서 마이컬슨이 학문적 이상을 저버리고 기업에 취업하는 것을 마치 '몸을 파는(prostitute)' 것과 같은 행위로 여겼음에 유의할 필요가 있다. 이러한 태도는 산업연구소들이 미국에 우후죽순처럼 생겨나고 있던 1920년대에도 크게 달라지지 않았다. 하버드대 화학과에서 박사학위를 받은 젊은 화학자 루이스 피저는 1927년에 듀폰에서 채용 제안을 받자 망설이며 자신의 지도교수인 제임스 코넌트에게 조언을 구하는 편지를 보냈다. "저는 한 번도 산업체로 가서 일을 하게 될 거라고 생각해본 적이 없었는데, 이번 경우는 결정이 어렵습니다. 그곳에서는 제가 영혼을 팔 필요가 전혀 없다는군요."[7] 피저의 말인즉슨, 자신은 산업연구소로 가는 것이 망설여지지만 회사 측에서 우리 연구소로 오더라도 '영혼을 팔지(sell my soul)' 않아도 된다고 유혹을 하고 있다는 것이었다. 이러한 표현 역시 당시 대학의 과학자들이 산업연구소로 가는 것을 어떻게 여겼는지를 단적으로 말해준다.

결국 피저는 주잇과 달리 산업연구소의 유혹적인 제안을 거절하고 대학에 남았고 지도교수인 코넌트도 이를 지지했다. 코넌트는 심지어 듀폰 연구소에 가서 연구 발표를 하는 것조차 망설였고, 이를 계기로 듀폰이 회사에 대한 자문을 요청하자 고민 끝에 제안을 거절했다. 회사와 어떻게

---

6 휴즈, 『현대 미국의 기원 1』, p. 296.

7 Hounshell, "The Evolution of Industrial Research in the United States," p. 27.

든 연관되는 것만으로도 자신의 과학적 명망에 해가 될 수 있다고 생각했기 때문이다. 흥미로운 점은 코넌트가 피저의 산업연구소 취업에는 반대했으면서도, 자신의 제자들 중 "능력이 좀 떨어지는 사람(a much less able man)"을 산업체로 보내는 데는 오히려 적극성을 보였다는 사실이다. 이는 대학에 몸담은 엘리트 과학자들의 눈에 산업체 과학자는 일종의 "이등 시민권"을 가진 사람처럼 비쳤음을 말해주고 있다.[8]

그러나 이러한 시각은 미국의 산업연구소가 양차대전 사이에 크게 성장하는 것을 막지 못했다. 1차대전이 끝난 이후 미국에서는 산업연구소의 수가 급증했는데, 1919년에서 1936년 사이에 모두 1,150개의 산업연구소가 생겨났을 정도로 산업연구소의 설립이 붐을 이뤘다. 이와 함께 산업연구소에 고용된 연구 전문인력의 규모도 커졌는데, 1921년에 2,775명이던 것이 1927년에는 6,320명, 1933년에는 1만 927명, 1940년에는 2만 7,777명까지 늘어났다. 대략 20년 만에 열 배로 증가한 셈이다. 이처럼 산업체에 고용된 과학자와 엔지니어의 수가 증가한 것에는 1차대전 이후 산업체들이 대학과 대학원에 장학금과 펠로우십 지원을 늘린 것과 무관하지 않다. 1918년에 듀폰이 독일 모델을 본떠 처음 시작한 펠로우십 지원은 1940년에 이르면 200개의 회사가 700개의 펠로우십을 지원하는 데까지 크게 확대되었다. 이러한 장학금과 펠로우십 지원의 수혜자들은 이후 산업연구소에 합류해 과학 연구와 제품 개발을 함께 수행하는 연구 전문인력으로 일하게 되는 경우가 많았다.[9]

8   위의 글, p. 28.
9   물론 모든 과학자들이 산업연구소에서 성공했던 것은 아니었음을 여기서 유념해둘 필요가 있다. 회사에도 큰 상업적 성과를 안기고 자신도 노벨상을 수상해 학계의 인정을 받는 식으로 양

20세기 전반에 산업연구소가 거둔 성공은 산업체에 고용된 과학자들이 과학계에서 다수집단으로 부상하는 결과를 가져왔다. 우리는 20세기 전반의 과학사를 되돌아볼 때 대학에 자리잡은 과학자들의 활약에 초점을 맞추는 경향이 있지만, 사실 이 기간은 산업체에 속한 과학자들이 점점 그 수를 늘려 학계에서 더 큰 비중을 차지하면서 연구개발비의 대부분을 소모했던 시기이기도 했다. 아쉽게도 산업체 과학자의 외연은 그리 선명한 편이 못 되기 때문에 과학계 내에서 그들이 정확히 얼마만큼의 양적 비율을 점했는지를 보여줄 만한 수치는 존재하지 않는다. 하지만 이를 엿볼 수 있는 여러 단편적인 증거들은 찾아볼 수 있다.

일례로 1920년대 말에 코넌트는 하버드대에서 학위를 받은 화학 박사들이 1907~1917년 사이에는 모두 학문적 경력을 지향했지만, 그로부터 10년이 지난 1917~1927년 사이에는 절반 이상이 즉시 혹은 몇 년 후에 산업체에 고용되었다고 언급한 바 있다. 이는 1920년대를 전후해 화학 분야의 고용 시장에서 나타난 변화의 일단을 보여준다. 학회의 구성에서도 이런 변화가 나타나는데, 가령 1913년에는 미국물리학회(American Physical Society)의 회원 중 산업체에 고용된 사람의 비율이 10퍼센트뿐이었지만 불과 7년이 지난 1920년에는 그 비율이 25퍼센트로 증가했고, 양차대전 사이에 GE와 AT&T 두 개 회사에 고용된 물리학자들만 합쳐도 미국물리학회 회원의 40퍼센트까지 뛰어올랐다. 이는 고용 통계에서도 확인되는데, 한 조사에 따르면 1940년대 말에 박사학위를 받은 모든 화학자 중 54

쪽 모두에서 성공한 과학자들도 있었던 반면(캐러더스는 양쪽 모두에 성공하고도 비극적인 결말을 맞았다), 대학을 떠나 산업체로 온 선택에 계속 자괴감을 느끼며 불행한 경력을 이어가거나 결국 이를 버티지 못해 다시 대학으로 되돌아간 과학자들도 있었다.

퍼센트가 산업연구소, 10퍼센트가 정부연구소, 33퍼센트가 대학에서 일하고 있었으며, '자연과학자와 물리과학자'라는 직업분류 범주가 처음으로 포함된 1950년 인구센서스에서는 이 범주에 속하는 15만 명 중 3만 3,000명만이 고등교육기관에서 일하는 것으로 조사되었다.[10]

물론 이 시기 대학에 자리잡은 엘리트 과학자들은 '산업체 과학자'라는 새로운 정체성에 의구심을 품고 그들을 과학계의 이류 시민으로 취급하며 심지어 이러한 표현이 일종의 형용 모순이라고—어떻게 회사에 고용돼 이윤 추구에 봉사하는 사람과 사심 없는 진리 추구에 몰두하는 사람이 같은 인물일 수 있단 말인가?—생각한 것이 사실이다. 그러나 이러한 인식에만 주목하는 것은 20세기 전반기에 과학계가 존재했던 진정한 양상에 눈을 감는 것일 수 있다. 흔한 통념과 달리, 우리가 물리학 분야에서의 개념적·이론적 혁명으로 기억하는 20세기 전반의 수십 년 기간은 산업체 과학자라는 전에 없던 새로운 집단이 과학계 내에 등장해 수적으로 무시 못 할 만한 수준에 도달하고 과학 분야에 투입되는 연구비의 대부분을 써서 연구를 수행하면서 산업체와 과학계 모두에 봉사한 기간이기도 했기 때문이다.

---

10   휴즈, 『현대 미국의 기원 1』, p. 313; Shapin, "Who Is the Industrial Scientist?" p. 477 (각주 66).

III

막간1

세계대전과 군사 연구의 부상

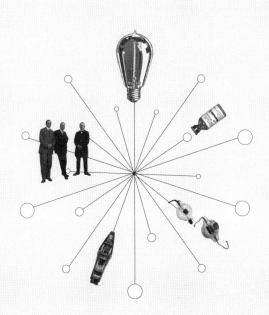

인류 역사를 뒤돌아보면 알 수 있듯이, 전쟁은 항상 과학과 기술이 국가(정부)에 봉사할 수 있는 전형적인 계기를 제공해왔다. 특히 역사가 에릭 홉스봄이 "인간이 살아온 역사 중에서도 가장 별스럽고 끔찍한 한 세기"라고 칭했던 20세기에는 그러한 관계가 전례없이 긴밀하고 전면적인 것이 되었다.[1] 1억 명에 가까운 목숨을 앗아간 두 차례의 세계대전은 전쟁의 범위나 그에 수반된 피해와 참상이라는 측면에서 전례를 찾아볼 수 없는 것이었고, 새롭게 부상한 테크노사이언스가 국가에 기여하는 측면에서도 결정적인 전환점 구실을 했다. 아울러 두 차례의 세계대전에서는 테크노사이언스가 전쟁의 양상 변화에 미친 영향만큼이나 전쟁도 과학과 과학자들에게 큰 영향을 미쳤다. 이 장에서는 20세기 전반기의 세계대전들이 테크노사이언스와 어떤 영향을 주고받았는지를 1차대전과 2차대전으로 나누어 살펴보려 한다.

1　에릭 홉스봄, 『미완의 시대』(민음사, 2007), pp. 11~12.

1

1차대전, 화학자의 전쟁

1차 세계대전(1914~1918)은 최초의 총력전(total war)이자 '산업혁명 이후 전쟁(post industrial revolution war)'으로 흔히 지칭되곤 한다. 1차대전에서는 전쟁의 장기화와 소모전화에 따라 전장에 나선 병사들의 용맹이나 이를 뒷받침하는 병기 및 탄약의 생산뿐 아니라 모든 핵심 물자의 산업적 생산이 중요해졌다. 전쟁 초기에 교전국들 간의 무역이 단절되고 영국이 독일에 대한 해상 봉쇄를 감행함에 따라 모든 교전국들은 필수 물자의 부족 사태에 직면했다. 독일은 남아메리카의 칠레에서 수입하던 초석(질산염)의 수입이 중단됨에 따라 비료와 화약 생산에 문제가 생겼고, 영국, 프랑스, 나중에 미국은 독일에서 수입하던 고급 광학 제품과 화학 제품이 부족해 전쟁 수행에 차질을 빚었다. 광학용 유리와 합성염료가 부족해 화기에 들어갈 조준경을 만들거나 군복을 물들일 염료를 구하는 것마저 어려워졌기 때문이다. 의약품 품귀 현상도 심각했는데, 일례로 미국에서는 흔히 쓰이던 진통제인 아세트아닐라이드 가격이 파운드당 20센트에서 3

모두를 위한 테크노사이언스 강의

달러로, 해열제인 안티피린 가격이 파운드당 2달러에서 60달러로 폭등했다. 전쟁이 국가적 산업 역량의 경합 양상으로 변모한 것은 1차대전의 종식에도 영향을 주었다. 군사기술 전문가인 기술사가 알렉스 롤런드는 1차대전에 대해 평하길, "독일은 결코 전장에서 패배한 것이 아니었다. 단지 전쟁에 필요한 물자가 바닥난 것뿐이었다"라고 했는데, 이는 1차대전의 이러한 성격을 일목요연하게 보여준다.[2]

1차대전에서는 다양한 신무기와 장비들이 선을 보였다. 육지에서는 기관총과 탱크, 독가스, 바다에서는 잠수함과 이를 찾아내기 위한 잠수함 탐지기, 그리고 공중에서는 이제 막 발명된 비행기와 비행선이 전장에서 위력을 발휘했다. 이 과정에서 새로운 기술과 과학 실천이 중요한 역할을 했고, 특히 앞으로 살펴볼 것처럼 1차대전은 화학자들의 전시 기여가 컸기 때문에 흔히 '화학자의 전쟁(chemists' war)'으로 불리기도 한다. 그러나 1차대전 시기에 과학자들의 기여가 중요하긴 했지만, 그 어느 것도 전세를 뒤집어놓을 정도로 결정적이지는 않았다. 또한 과학자들의 전시 역할에 대한 정치인과 군인들의 기대도 낮은 편이어서 전쟁 초기에는 과학자들이 외부의 요구에 의해서라기보다 오히려 자발적으로 전시 노력에 나선 측면이 컸다. 그러다 과학자들의 기여가 갖는 중요성이 점차 인식되면서 전쟁 말기로 가면 과학자들과 그 연구 조직이 군대에 흡수되는 양상을 보였다. 그러면 1차대전기의 전시 연구는 어떤 양상으로 전개되었는지를 독일과 미국의 사례를 통해 좀 더 자세히 알아보자.

---

[2] Everett Mendelsohn, "Science, Scientists, and the Military," in John Krige and Dominique Pastre (eds.), *Science in the Twentieth Century* (Amsterdam: Harwood Academic Publishers, 1997), p. 177.

1차대전기 독일의 전시 연구에서 단연코 빼놓을 수 없는 중요한 인물이 화학자 프리츠 하버이다. 하버는 부유한 유대인 집안 출신이었지만, 독일 학계에 만연한 반유대주의에도 불구하고 애국적인 독일인으로 성장했고 이후 유대교를 버리고 기독교로 개종했다. 대학에서 화학을 전공한 그는 카를스루에 기술대학의 화학 연구소에서 일하던 1890년대 중반부터 대기 중의 질소(N_2)를 '고정'해 암모니아(NH_3)를 만드는 공정에 관심을 갖기 시작했다. 하버는 이 문제에 관한 기술 자문을 요청받은 1903년부터 질소고정 암모니아 합성 실험에 본격적으로 나섰지만, 과연 이것이 가능할지에 대해 당대의 지도적 과학자들은 부정적인 반응을 보였다. 그는 이러한 회의적 시각을 뚫고 1908년 상업적으로 이용가능한 수준의 질소고정 실험에 성공을 거두었고, 독일의 화학회사 바스프가 제공한 희토류 원소인 오스뮴을 우연히 촉매로 사용하면서 놀라운 수율(收率) 향상을 이뤘다.

하버가 실험실에서 소규모로 성공한 질소고정 암모니아 합성을 공장

독일의 화학자 프리츠 하버. 1차대전 시기 독일의 전시 연구에서 결정적인 기여를 했다.

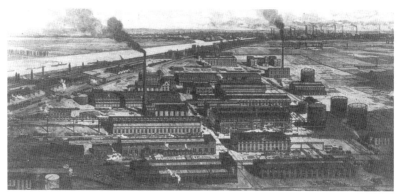

1913년 오파우에 건설된 바스프의 암모니아 합성 공장. 1차대전이 터지면서 화약 생산을 위한 질산염 제조 공장으로 개조됐다.

에서의 대량생산을 위한 공정으로 바꿔놓은 것은 바스프의 화학 엔지니어 카를 보슈였다. 이는 말처럼 쉬운 과제가 아니었다. 암모니아 합성을 위해서는 엄청나게 높은 압력(200기압)과 온도 조건을 갖추어야 했는데, 금속을 써서 이를 견디는 대형 용기를 만드는 것은 대단히 어려웠기 때문이다. 그럼에도 보슈는 이러한 과업이 가능할 것으로 보인다고 회사 수뇌부에 보고했고, 악전고투를 거쳐 자신의 말이 옳았음을 입증해 보였다. 이후 질소고정 암모니아 합성법은 두 사람의 이름을 따서 '하버-보슈 공정'으로 불리게 되었고, 1차대전 직전에 이를 활용해 암모니아를 만드는 공장이 가동되기 시작했다.

하버-보슈 공정은 값싼 암모니아 생산을 통해 저렴한 질소비료의 대량생산을 가능케 했고, 이는 후일 개발도상국을 위한 식량 증산과 녹색혁명에 크게 기여하게 된다. 하버에게 1919년 노벨 화학상이 수여된 것도 바로 이러한 공로를 기리기 위한 것이었다. 그러나 곧이어 1차대전이

85

군복을 입은 하버(왼쪽에서 두 번째)가 독일군 수뇌부에 화학무기 사용법에 대해 설명하는 모습. 앞쪽으로
염소가스가 든 용기들이 보인다.

1차대전 시기의 전형적인 독가스 공격(1917). 아군 참호 앞에 미리 묻어둔 실린더들에서 독가스가 배출되
어 적의 참호 쪽으로 흘러가는 모습을 볼 수 있다.

터지면서 하버-보슈 공정이 당장 응용된 곳은 비료가 아닌 화약 생산이었다. 애초 어느 쪽이 승리하든 몇 달이면 끝날 줄 알았던 전쟁이 교착 상태에 빠지며 장기화되자, 화약의 원료가 되는 칠레산 초석의 수입 길이 막힌 독일은 1914년 말에 심각한 탄약 부족 사태에 직면했다. 이에 보슈는 독일 정부의 제안에 따라 암모니아 공장을 질산염 공장으로 개조했고, 1915년 5월이 되면 매일 150톤의 질산염을 생산해낼 수 있었다. 이렇게 만들어진 질산염은 화약 생산의 원료가 되어 종전까지 독일의 전투 능력을 유지하는 데 결정적인 기여를 했다. 하버-보슈 공정이 때마침 발명되지 않았다면 전쟁은 4년 반이나 끌지 않고 조기에 종식되었을지도 모른다.

그러나 하버의 전시 기여는 여기서 끝난 것이 아니었다. 그는 독일군의 화학전 프로그램에 대한 책임을 맡아 악명을 떨치게 되었다. 독일군이 독가스를 이용한 공격에 나선 것은 1914년 말부터 1915년 초 사이에 나타난 전선의 정체 양상과 관련이 있었다. 개전 초기 독일군의 서부전선 공세가 실패로 돌아가고 겨울을 맞게 되면서 교전 양측은 각각 참호를 파고 방어선을 구축했다. 그러자 이제 전선의 교착 상태를 깨뜨리기 위해서는 적의 기관총 사선 앞으로 엄청난 피해를 감수하고 공격을 감행해야 하는 상황이 되었다. 이에 하버는 실린더를 이용해 염소가스를 살포하는 공격으로 적을 참호에서 몰아내는 새로운 전술을 제안했다.[3] 염소가스는 공

---

3 사실 개전 초기에 화학무기를 사용한 것은 프랑스와 영국이 먼저였다. 프랑스군은 포탄에 최루가스를 넣어 발사해 적을 교란시키려 했지만, 이는 별반 성공을 거두지 못했다. 포탄에 들어 있는 화약이 폭발하면서 열에 의해 최루가스 성분이 변형되기도 했고, 폭발할 때 나온 최루가스가 금방 공기 중에 흩어져버렸기 때문이다. 하버는 이러한 문제점을 잘 인지하고 있었고, 참호 앞에 염소가스가 고압으로 충전된 실린더를 일정한 간격으로 묻어놓은 후 바람 방향이 유리할 때 일제히 마개를 틀어서 적의 참호 방향으로 염소가스가 흘러가게 하는 공격 방식을 제시했다.

1917년 이프르에서 독일군의 가스 공격에 대비해 방독면을 쓰고 있는 오스트레일리아 병사들.

기보다 약간 무겁고 이를 들이마시는 사람을 질식시키는 독성을 지녔기 때문에 화학무기로 제격이었다. 군 수뇌부의 승인을 얻은 하버는 자신이 소장으로 재직하던 카이저 빌헬름 물리화학·전기화학 연구소에서 화학전 프로그램에 대한 연구를 진행했다. 이곳에서는 역시 미래의 노벨상 수상자인 물리학자 오토 한, 제임스 프랑크, 구스타프 헤르츠 등이 화학전 프로그램에 힘을 보탰다. 이 연구소는 1916년 이후 아예 군 산하로 편입되었고, 과학자 150명을 포함한 1,500명의 직원들이 관련 업무에 종사했다.

독일의 화학무기 공격이 처음 감행된 곳은 1915년 4월 22일 벨기에의 이프르 지역이었다. 독일군은 공격에 앞서 여러 날에 걸쳐 전선을 따라 6,000개의 실린더를 땅에 묻었고, 이날 저녁 바람 방향의 변화에 맞춰 공격 개시 명령이 떨어지자 엷은 노란색을 띤 150톤의 염소가스가 영국-프랑스 연합군 참호 쪽으로 서서히 흘러갔다. 참호 속에서 심한 기침과 호흡곤란에 시달리던 연합군 병사들은 참호를 버려두고 탈출했고, 몇 시간 후 독일군은 손쉽게 적의 참호를 점령할 수 있었다. 연합군은 이날 대략 5,000명이 사망하고 1만 5,000명이 부상당하는 피해를 입었다. 그러나 독

1918년 미국 메릴랜드 주 에지우드 병기창에 건설된 화학전 부대의 염소가스 생산 공장의 일부 전경. 이곳은 이런 부류의 공장으로서는 전 세계에서 가장 컸고, 전쟁이 끝났을 때 원래 계획된 규모로 완공되지 못한 상태였다.

일군이 전선에서 얻은 성과는 생각보다 미미했다. 독일군 수뇌부가 예상 외의 전과에 머뭇거리는 사이에 후퇴한 연합군 병사들이 다시 참호를 파고 방어 태세를 갖추는 바람에 전선을 불과 몇 킬로미터 정도 앞당기는 데 그쳤기 때문이다. 하버는 상상력이 결핍된 독일군 수뇌부의 작전에 화를 냈지만, 기습 공격의 효과는 이미 반감된 뒤였다.

연합군은 독일의 화학무기 공격이 야만적이고 반문명적인 것이라며 맹렬하게 비난했지만, 얼마 뒤부터 유사한 연구개발 및 생산으로 대응하기 시작했다. 영국군은 1915년 8월 루스에서 최초로 염소가스 공격을 감행했고, 전쟁이 끝나기 전까지 영국, 독일, 미국 등은 포스겐(phosgene), 루

1차대전 말기에 머스터드가스 공격을 받고 실명한 병사들의 모습을 그린 화가 존 싱어 사전트의 대형 유화 작품 〈가스 공격을 받다Gassed〉(1919).

이사이트(lewisite), 머스터드가스(mustard gas) 등 더 독성이 강한 화학무기를 차례로 선보였다. 아울러 교전 양측은 그러한 독가스를 막을 수 있는 방독면을 개발해 전선에 보급하기 시작했고, 결국 1차대전기의 화학전은 일종의 군비경쟁 양상을 띠게 되었다. 1차대전에 뒤늦게 참전한 미국에서도 화학전 연구가 활기를 띠었는데, 처음에는 광산국(Board of Mines)에서 개발을 담당하다가 종전 직전인 1918년에 이를 전담하는 조직인 화학전 부대(Chemical Warfare Service)가 창설되었다. 이곳에서는 하버드대학의 화학 교수인 제임스 코넌트의 주도 하에 머스터드가스, 루이사이트 등의 독가스를 연구했고, 대량생산 공장을 건설하는 데 힘을 보태 전쟁 말기에는 일일 30톤의 생산 역량을 갖추었다. 종전 직전에는 미국에 있는 화학자의 10퍼센트 이상이 화학전 부대 업무를 돕고 있었다니 그 규모를 미루어 짐작할 수 있다.

1차대전 기간 동안 교전국들은 도합 12만 4,500톤의 독가스를 전투에서 활용해 수십만 명의 사상자를 낳았다. 이러한 참상은 전쟁 이후 군사무기 연구의 윤리성에 관한 질문을 낳았고, 결국 1925년 전쟁에서 화학무기와 생물학무기의 사용을 금지하는 국제 조약인 제네바협약(Geneva Protocol)의 체결로 이어졌다. 그러나 당시 독가스 연구에 참여한 과학자들은 자신의 전시 노력에 대해 도덕적 가책을 표현하지 않았다. 독일의 화학전 연구를 이끌었던 하버는 "전시에는 평화시와는 다른 방식으로 사고하기 마련"이라며 자신의 노력을 정당화했고,[4] 미국에서 관련 연구에 종사했던 화학자 제임스 코넌트 역시 "내게 새롭고 더 많은 가스의 개발은 폭약이나 총포의 개발보다 더 부도덕한 것으로 여겨지지 않는다"는 입장을 취했다.[5]

| 미국의 전시 연구와 물리학자들의 득세 |

미국은 1차대전에 뒤늦게 참전했고, 실제로 미국 원정군이 유럽의 전장을 밟은 것은 1917년 초의 일이었다. 그러나 미국의 전시 연구는 그보다 더 일찍 시작되었다. 유럽에서의 전쟁이 생각보다 장기화되고 참전국들의 피해가 커지면서 미국 내에서 조만간 우리도 전쟁에 말려들 수 있다는 불안감이 고조되었기 때문이다. 미국 군대와 정계, 과학계의 엘리트들

---

4   휴즈, 『현대 미국의 기원 1』, p. 209.
5   Mendelsohn, "Science, Scientists, and the Military," p. 180.

은 미국이 혹시라도 참전할 때를 대비해 전시 연구를 미리 시작해야 한다고 생각했다.

미국의 전시 연구는 앞 장에서 보았던 발명가와 과학자들 간의 대립 구도에 따라 나뉘어 진행되었다. 먼저 1915년 5월에는 해군 장관 조지퍼스 대니얼스의 주도 하에 해군자문위원회(Naval Consulting Board, NCB)가 설립되었다. 발명가 에디슨을 크게 존경했던 대니얼스는 《뉴욕 타임스》에 실린 에디슨의 인터뷰 기사를 보고 그를 새로 설립할 위원회의 수장으로 끌어들였다. 이에 따라 NCB는 그 위원 구성에서 에디슨의 입김이 크게 작용했는데, 레오 베이클런드, 윌리스 휘트니, 프랭크 스프라그, M.

1916년 뉴욕 시에서 전시 대비 가두행진에 나선 해군자문위원회(NCB) 위원들의 모습. 앞줄 왼쪽에서 세 번째가 에디슨이다.

모두를 위한 테크노사이언스 강의

R. 허치슨 등 주로 저명한 발명가와 엔지니어들이 위원으로 구성됐다. 위원회 내에서 에디슨의 입장을 대변했던 엔지니어 허치슨은 미국과학원(National Academy of Sciences, NAS)과 미국물리학회(American Physical Society, APS) 소속 과학자들을 '실용적이지 못한' 인물로 보고 위원 선정에서 의도적으로 누락해버렸다. NCB의 활동 방식 역시 19세기 발명가들의 작업 스타일을 이상화한 것에 기반했는데, 대니얼스와 에디슨은 NCB 위원들의 독자적 발명도 장려했지만 그에 못지않게 각계각층의 평범한 미국인들로부터 전시 발명의 아이디어를 모으고 이를 검토해 유용한 결과물을 얻어낼 수 있다고 보았다.

이에 미국의 물리학자들은 자신들의 전문성이 무시당한 것에 크게 분개했다. 그들은 천체물리학자 조지 헤일을 중심으로 해서 반격에 나섰다.[6] 헤일은 물리학자들도 전시 노력에 기여할 수 있다는 점을 강조했고, NCB의 설립이 발표된 직후인 1915년 6월 NAS 회합에 출석해 NAS가 전시 대비를 위해 봉사하겠다고 대통령에게 청원할 것을 제안했으나 부결되었다. 그러나 유럽의 전황이 더욱 급박하게 돌아가고 미국이 독일에 최후통첩을 보내자 헤일은 1916년 4월 같은 안건을 다시 상정했고, 화학자 아서 노이스와 물리학자 로버트 밀리컨의 지지를 등에 업고 이번에는 결의안이 만장일치로 통과되었다. NAS 대표단은 워싱턴을 방문해 윌슨 대통

6　헤일은 태양 흑점에 대한 천체물리학 연구로 널리 인정받은 과학자이기도 했지만, 그에 못지않게 카네기재단이나 록펠러재단 같은 미국의 민간재단들로부터 기부금을 받아내어 대형 망원경을 건설하는 데 탁월한 역량을 발휘한 인물이기도 했다. 그가 건설 과정에서 견인차 역할을 한 윌슨산 천문대와 팔로마산 천문대는 당시 세계에서 가장 큰 반사망원경을 보유한 곳으로 명성을 날렸고, 관측천문학의 중심이 유럽에서 미국으로 넘어오는 데 결정적인 기여를 했다. 김명진, 『야누스의 과학』(사계절, 2008), 13장 참조.

1916년 미 국가연구위원회(NRC) 설립에서 중요한 역할을 한 과학자 아서 노이스, 조지 헤일, 로버트 밀리컨 (왼쪽부터). 세 사람은 전쟁이 끝난 후 캘리포니아공과대학(칼텍)의 설립 과정에서도 힘을 합쳤다.

령의 재가를 얻었고 물리학자들의 전시 노력을 위한 기구로 미국 국가연구위원회(National Research Council, NRC)가 설립되었다. NRC의 위원은 레오 베이클런드, 윌리스 휘트니, 존 J. 카티, 마이클 푸핀 등 주로 산업연구소나 대학의 과학자들로 구성되었으며, 조직의 영향력을 높이기 위해 정부와 군 관계자들도 위원으로 포함시켰다.

흥미로운 대목은 미국의 과학자, 특히 물리학자들이 NRC를 미국에서 물리학의 지위를 높이는 계기로 여겼다는 사실이다. 그들은 독일 유학에서 보고 배운 바 있는 독일의 과학 연구 체제(대학, 산업체, 연구소의 협력 및 지원 관계)를 미국에도 도입하는 것을 목표로 삼았다. 헤일은 NRC 설립 직후 이는 "미국에서 연구를 진작하기 위해 우리가 일찍이 가졌던 최고의 기회"라고 노골적으로 말했을 정도로 이 기구에 거는 기대가 컸다.[7] 이에 따라 1916년부터 NCB와 NRC는 미국 내에서

7   Daniel J. Kevles, *The Physicists: The History of a Scientific Community in Modern America*, rev. ed. (Cambridge, MA: Harvard University Press, 1995), p. 112.

모두를 위한 테크노사이언스 강의

전시 연구의 주도권을 놓고 경쟁을 벌이게 되었다. 앞서 설명했듯이, 이 경쟁은 좀 더 거슬러 올라가보면 19세기 후반 이후 미국에서 발명가와 과학자들 사이의 갈등이 연장된 것으로 볼 수 있다.

독일군의 유보트가 전시 물자 보급에 미치는 위협을 강조한 1차대전 시기 미국의 선전 포스터.

NCB와 NRC의 갈등과 경쟁이 가장 첨예하게 드러난 것은 잠수함 탐지기에 대한 연구였다. 독일군의 유보트가 대서양에서 물자 전달과 병력 수송에 타격을 주는 상황이 이어지자 미 해군은 두 기구에 성능이 개선된 잠수함 탐지 장치를 개발해줄 것을 요청했다. 이에 따라 NCB는 휘트니의 주도 하에 매사추세츠 주 나한트에 연구 기지를 설립했고, 이곳에 윌리엄 쿨리지, 어빙 랭뮤어 등 GE와 AT&T의 산업체 과학자들을 모아 연구를 진행했다. 반면 NRC는 밀리컨의 주도로 코네티컷 주 뉴런던에 별도의 연구 시설을 마련했다. 밀리컨은 잠수함 탐지기 개발이 "순수하고 간단한 물리학의 문제"라고 선언했고,[8] 이를 해결하기 위해 대학에 있던 엘리트 물리학자 10여 명을 뉴런던으로 끌어들였다. 이 경쟁에서 승리를 거둔 것은 영국과 프랑스 과학자들의 연구 성과를 이어받아 개선된 수중 청음기(hydrophone)를

---

8   휴즈, 『현대 미국의 기원 1』, p. 222.

1차대전 시기에 개발된 수중 청음기를 사용하고 있는 영국 해군 장교. 물속에 지향성 마이크를 집어넣은 후 이를 빙빙 돌려가면서 잠수함의 엔진 소리를 헤드폰으로 듣고 탐지하는 일을 한다.

만들어낸 NRC 쪽이었다. 이후 NCB의 나한트 기지는 뉴런던 연구소에 흡수됐고, NRC는 1918년 초에 개량된 잠수함 탐지기를 대서양과 지중해의 아군 선박들에 공급할 수 있었다. 그러나 이는 너무 늦게 전장에 도착하는 바람에 전쟁의 양상에는 그다지 영향을 주지 못했다. 1917년 이후 연합군이 독일군 유보트의 위협을 물리치는 데 가장 큰 기여를 한 것은 잠수함 탐지기가 아니라 호위함 시스템(convoy system)으로 밝혀졌다.

  NCB는 잠수함 탐지기 경쟁에서 뒤처졌을 뿐 아니라, 일반 국민들이 보내온 발명 아이디어를 검토하는 프로그램에서도 대실패를 맛보았다. 전쟁 기간 동안 NCB에는 모두 11만 건이나 되는 전시 발명 아이디어들이 접수되었는데, 검토 결과 그중에서 개발할 만한 가치가 있는 것은 0.1 퍼센트에 해당하는 110건에 불과했고, 그나마 실제 생산 단계까지 도달한 것은 불과 1건뿐이었다. 이와 함께 NCB를 이끌었던 에디슨 자신이 고안한 45개 장치도 해군에 의해 정중하게 거부되었다. 이에 대해 NCB 위원이었던 발명가 허드슨 맥심은 "지금은 전문가의 시대이며, 어떤 발명가, 과학자, 엔지니어라도 쓸 만한 자격을 갖추기 위해서는 해군과 육군이 처한 문제의 특수한 요구조건들에 많은 시간과 주의를 기울여야 한다"고 일침을 놓았다.[9] 기술사가 토머스 휴즈는 1차대전기에 나타난 NCB와 NRC의 경쟁에서 후자가 완승을 거둔 것을 19세기를 주름잡은 영웅적 발명가의 시대가 저물고 20세기의 시작과 함께 전문 과학자의 시대가 도래했음을 보여준 상징적 사건으로 지목하고 있다.

| 1차대전이 과학에 미친 영향 |

1차대전기에 과학자, 발명가, 엔지니어들의 전시 동원은 참전국들이 전쟁에 필요한 물자를 생산하고, 첨단 무기를 운용하며, 새로운 군사 작전을 수립하는 데 중요한 기여를 했다. 이는 과학이 전쟁에 기여한 측면에 대한 평가라고 할 수 있다. 그렇다면 거꾸로 전쟁이 과학에 기여한 측면은 어땠을까? 다시 말해 1차대전의 경험은 과학계와 과학 활동의 제도적 측면에 어떤 영향을 미쳤을까? 이는 이어서 다룰 2차대전이 미친 영향과 여러 가지 면에서 대비를 이루기 때문에 조금 자세하게 들여다볼 필요가 있다.

---

9 위의 책, p. 225.

먼저 1차대전은 19세기 후반 이후 득세했던 과학 국제주의의 후퇴를 가져왔다. 오늘날 우리가 당연한 것으로 여기고 있는 국제적 과학자 공동체는 19세기 후반에 새로운 운송 및 통신 수단의 등장에 힘입어 처음 등장했다. 이전까지는 과학 활동의 제도적 틀이 대체로 지역이나 국가 수준에서 존재했던 반면, 19세기 중반 이후에는 국제적 과학단체들이 속속 등장하면서 일국의 틀을 넘어서는 모습을 보이기 시작했다. 1860년부터 1899년 사이에 모두 23개의 국제 과학연맹이 결성되었다는 사실이 이를 잘 보여준다. 1899년에는 이러한 학회들을 엮는 상급 단체인 국제학회연합(International Association of Academies, IAA)이 설립되어, 1차대전 직전에는 14개국 23개 학회가 여기에 참가했을 정도로 국제적 학술 교류의 규모가 커졌다.[10]

그러나 이처럼 단기간에 급성장한 국제적 과학자 공동체는 1차대전의 발발과 함께 난처한 상황에 처했다. IAA에 속한 23개 학회 중 14개 학회가 1차대전 교전국 소속이어서 서로 적국이 된 상황에서 이들 학회 간의 교류가 완전히 중단되었기 때문이다. 그럼에도 불구하고 개전 초기인 1914년 여름까지만 해도 영국, 프랑스, 독일 등 주요 교전국의 과학자들은 서로 우호적인 태도를 유지했다. 그들은 문명국들 간의 군사적 분쟁이

---

10   유의할 것은 19세기 말에서 20세기 초의 과학 국제주의가 일종의 사해동포주의(cosmo-politanism)에 입각한 것이 아니라 당대의 민족주의(nationalism)에 바탕을 두고 있었다는 사실이다. 다시 말해 당시의 국제주의는 민족국가 사이의 협력 못지않게 이들 간의 경쟁이나 갈등도 자연스러운 것으로 받아들였다는 말이다. 역사가 기어트 좀센은 19세기 말의 민족주의나 제국주의적 성향과 병존했던 이러한 국제주의의 경향을 '올림픽 국제주의(Olympic internationalism)'로 칭했다. 올림픽 역시 일견 국가 간의 화합과 페어플레이라는 '올림픽 정신'을 강조하는 듯하지만 실상 그 내부를 들여다보면 국가들 사이의 메달 경쟁이 가장 큰 뉴스거리를 이룬다는 점에서 일맥상통하는 바가 있다.

일시적 '오해'에 근거해 결코 오래가지 않을 것이며, 과학자들 간의 교류 역시 조만간 재개될 것으로 희망했다. 그러나 이처럼 순진한 기대는 1914년 10월에 독일의 대학교수 및 과학자 93명이 서명한 "문명세계여 들어라(An die Kulturwelt!)"라는 선언이 나오면서 산산조각 나고 말았다. 여기 서명한 독일의 엘리트 지식인들은 당시 강대국의 약소국 핍박으로 국제사회의 공분을 사고 있던 독일의 벨기에 침공이 정당한 것이라고

1914년 10월 4일 독일의 주요 일간지에 실려 유럽 전역에 전파된 "문명세계여 들어라" 선언의 첫 페이지. 선언문에 이름을 올린 93명의 지식인 중 상당수는 구체적인 문안을 보지 못한 채 서명했고, 전쟁이 끝난 후에는 이런 입장에 거리를 두었다.

강변했고, 독일의 군국주의는 문명의 첨병이며 이에 대한 과학자와 지식인의 참여는 숭고한 의무에 해당한다고 못을 박았다. 선언문에는 독일 과학자 13명도 서명에 참여했는데, 프리츠 하버, 에른스트 해켈, 발터 네른스트, 빌헬름 오스트발트, 막스 플랑크, 빌헬름 뢴트겐, 빌헬름 빈 등이 망라된 서명자 명단은 독일 과학계의 명사 인명록을 방불케 했다. 서명자 중 한 사람이었던 하버는 "과학은 평화시에는 인류에 속하며 전시에는 조국에 속한다"는 유명한 경구로 자신의 입장을 정당화하기도 했다.[11]

---

11   Mendelsohn, "Science, Scientists, and the Military," p. 181.

이에 대해 영국과 프랑스 과학계는 경악했고 즉각 보복 조치에 나섰다. 영국 왕립학회에는 동맹국인 독일과 오스트리아 국적 회원들을 모두 제명하자는 제안이 올라왔고(투표에서 부결되었다), 프랑스 과학아카데미는 선언에 서명한 회원들을 모두 제명하는 강경 대응을 천명했다. 그러나 독일의 모든 과학자들이 군국주의적 흐름과 입장을 같이한 것은 아니었다. 비록 소수였지만 전쟁에 반대하는 독일 과학자들 몇몇은 아인슈타인의 주도 하에 영토 병합 없는 정의로운 평화를 요구하는 대항 선언문을 발표했고, 아인슈타인은 1914년 말에 9명의 다른 과학자들과 함께 평화운동 단체 신조국동맹(Bund Neues Vaterland)을 결성했다(이 단체는 이후 독일인권연맹으로 발전하게 된다).

전쟁이 연합국의 승리로 끝나면서 전후 국제 과학계는 영국, 프랑스, 미국 등 연합국을 중심으로 재편되었다. 전쟁 전에 존재했던 IAA가 사실상 기능을 멈추자 영국과 프랑스 과학자들은 이를 대신할 새로운 기구를 만들기로 뜻을 모았다. 이에 따라 새로운 국제 과학 단체인 국제연구협의회(International Research Council, IRC)가 1919년에 설립되었는데(IRC는 나중에 국제과학연맹협의회[ICSU]로 명칭을 바꿔 현재에 이르고 있다), 이를 주도한 연합국 과학자들은 독일과 오스트리아 등 동맹국에 속한 과학자와 과학 단체들의 참여를 허락하지 않았다. 아울러 연합국 과학자들은 1919년 프리츠 하버가 노벨상 수상자로 선정되자 '전범'에 대해 노벨상을 시상하는 것은 옳지 않다며 강력하게 항의했고, 함께 수상자로 선정된 과학자들 중 일부는 시상식을 보이콧하기도 했다. IRC는 1926년 동맹국 과학자들에 대한 제재를 풀었지만, 이번에는 독일 등 동맹국 과학자들이 참여를 거부했고 이러한 긴장관계는 2차대전까지 지속되었다.

1차대전이 과학에 미친 또 다른 영향은 과학 연구의 제도적 기반에서 나타났다. 먼저 1차대전은 특히 미국의 산업연구가 크게 부상하는 데 기여했다. 이는 전시의 교역 단절과 해상 봉쇄로 인해 독일산 제품의 수입이 중단되면서 대체재 생산 노력이 커진 데 따른 결과였다. 특히 광학, 염료, 제약산업 등 전쟁 이전에 독일이 선도하던 분야들에서 그러한 노력이 두드러졌다. 아울러 미국이 1차대전에 참전하면서 독일이 적국으로 분류된 것도 이와 같은 노력에 중요한 계기를 제공했다. 미국 정부는 적국자산관리국(Alien Property Custodian)을 설립해 독일의 화학물질 특허를 몰수하고 미국 회사들에 이에 대한 사용 허가를 헐값에 내주었는데, 이로써 전쟁 이전까지 부담이 되었던 특허 사용료가 사실상 사라져 기업들의 연구개발 지출이 더욱 가속화될 수 있었기 때문이다. 아울러 1차대전 말미에 생겨난 화학전 부대의 독가스 연구 및 대량생산 역시 미국 화학산업의 부상에 도움을 주었다.

1차대전기의 군사 연구는 대학의 과학자들이 이전에 경험하지 못했던 조직화된 연구의 선례를 제공했다는 점에서도 중요했다. 비록 전쟁이 끝난 후에는 관련 조직들이 대부분 해소되어 전쟁 이전 상태로 돌아갔고, 전쟁 초기에 과학자들의 참여는 대부분 자발적인 것으로 그리 신속하지도 전면적이지도 못했지만, 그럼에도 1차대전기의 경험은 과학을 동원해 전시 노력에 통합한 선례를 확립했고, 이러한 교훈은 20여 년 후에 터진 2차대전에서 곧바로 위력을 발휘하게 된다. (앞서 NCB와 NRC의 사례를 통해 본 것처럼) 1차대전기에는 과학자들이 대학이나 연구소를 떠나 별도의 연구 시설에서 군사 연구에 종사하는 것이 일반적이었지만, 전쟁 막판에는 육군과 해군이 40여 개 대학의 실험실에 연구자금을 제공하는 등 군대

101

1915년 설립된 미국 국가항공자문위원회(NACA)의 공식 인장. 라이트 형제의 최초 동력비행을 모티브로 삼고 있다. NACA는 1957년 스푸트니크 충격 이후 미국 항공우주국(NASA)으로 확대 개편된다.

가 대학에서 이뤄지는 연구를 직접 지원하는 사례가 일부 나타나기도 했다. 아울러 이처럼 군의 지원을 받는 연구의 경우 과학 연구의 결과물에 대한 보안 규제가 처음으로 나타났다는 점도 주목할 만하다.

앞서 적은 것처럼 1차대전기에 생겨난 전시 연구 조직들은 대부분 전쟁 이후 해소되었지만 일부 예외도 있었다. 미국의 경우 NRC는 전쟁이 끝난 후 영구 인가를 얻어 미국과학원 산하에 존속하며 정부에 대한 자문 역할을 계속 맡게 되었다. 또 항공학 연구의 활성화를 위해 1915년에 설립된 미 국가항공자문위원회(National Advisory Committee on Aeronautics, NACA)도 전쟁 이후에 계속 유지되면서 대학과 민간의 과학자들에 대한 연구 지원의 전통을 만들어나갔고, 화학전 부대 역시 전후에 살아남아 화학무기와 살충제 연구(이 둘은 종종 호환가능한 활동이었다)를 선도했다. 그러나 1차대전기의 성과를 발판으로 독일식 과학 체제를 미국의 연구 풍토에 안착시키려 했던 헤일과 밀리컨의 노력은 결국 실패로 돌아갔다. 전쟁이 끝나자 미국 정부와 의회 모두가 정치적 통제로부터 벗어나 자유롭게 이뤄지는 연구에 대한 지원을 거부했고, 대학의 과학자들 역시 정치적 간섭의 가능성을 이유로 정부로부터 연구비를 받는 데 그리 적극적이지 않았다. 정부의 지원을 얻어내는 데 실패한 후 기업들로부터 후원을 받아 2,000만 달러의 기금을 마련함으로써 전미연구재단을 만들려 했던 헤일과 밀리컨의 시도 역시 기업들이 소극적인 태도를 보이면서 좌절되었다. 1차대전은 전시 군사 연구의 측면에서 여러 이정표를 세웠지만, 이를 통해 나타난 대학(과학자)-산업체-정부(군대) 사이의 관계는 아직 전면적인 것도, 지속적인 것도 되지 못했다. 2차대전은 이 모든 것을 바꿔놓게 된다.

2

2차대전, 물리학자의 전쟁

당시에 그저 '대전쟁(Great War)'이라고 불렸던 1차 세계대전은 동시대 사람들이 보기에 역사상 그 유례를 찾아볼 수 없는 거대하고 참혹한 전쟁이었다. 그러나 2차 세계대전(1939~1945)은 전쟁의 규모, 범위, 참전국, 사상자 수 등 모든 면에서 1차대전을 훌쩍 뛰어넘었다. 과학기술 측면에서 보더라도 2차대전은 1차대전과 달랐다. 과학과 과학자들에 대한 전시 동원 연구가 이뤄졌고 전쟁 수행에 영향을 주었지만 전세를 뒤집을 만한 결정적 역할을 하지는 못했던 1차대전과 달리, 2차대전에서는 과학에 기반한 신기술이 숱하게 쏟아져 나와 전쟁의 양상과 전력의 우열을 완전히 바꿔놓았고, 그런 점에서 과학기술과 전쟁 혹은 과학기술과 정치의 관계에서 중대한 전환점이 되었다. 1차대전은 화학자들이 중요한 기여를 한 기술적 변화들이 많아 '화학자의 전쟁'으로 알려진 반면, 2차대전은 물리학자들의 역할이 여러 분야에서 두드러져 흔히 '물리학자의 전쟁(physicists' war)'으로 불렸다. 전쟁사가 월터 밀리스는 1차대전이 전쟁의

'기계화'를 가져왔다면 2차대전은 전쟁에 '과학혁명'을 일으켰다고 논평한 바 있는데, 이 역시 물리학자들이 전쟁 양상에 가져온 변화를 잘 담아내고 있다.[12] 1차대전 때 등장했던 과학자, 엔지니어, 기업가, 군인 사이의 전시 협력관계는 이제 전례없이 완전한 형태로 발전했다. 과학자들의 청원이나 자발적 동원에 따라 전시 연구가 시작되는 경우가 많았던 1차대전 때와 달리, 2차대전에서는 전쟁이 터지기도 전에 각국 정부가 먼저 과학자들을 조직해 군사 연구를 제도화하는 모습을 보였다. 독일은 1937년에 새로운 과학 연구 중앙기구인 제국연구협의회(Reichsforschungsrat)를 설립하고 군사적 연구개발을 확대했고, 프랑스 역시 전쟁을 대비해 1938년 국립과학연구센터(Centre national de la recherche scientifique, CNRS)를 설립했다. 영국은 새로운 중앙 기구를 설립하지는 않았지만 군대와 여러 연구회(research council)들이 전시 연구를 조율하는 모습을 보였다.

전후 세계의 과학 연구개발 체제에 가장 큰 영향을 미치게 되는 미국의 전시 연구 역시 미국이 2차대전에 참전하기 이전부터 시작되었다. 1939년 여름에 시작된 전쟁이 해를 넘기며 장기화되자 버니바 부시(카네기연구소[Carnegie Institution] 소장), 칼 콤프턴(MIT 총장), 프랭크 주잇(벨 연구소 소장 겸 미국과학원 원장), 제임스 코넌트(하버드대 총장) 등 미국의 엘리트 과학자들은 이에 점차 우려를 품게 되었다. 이에 따라 1940년 5월 부시가 루스벨트 대통령과 독대해 전시 대비 연구개발의 필요성을 역설했고, 대통령의 재가를 얻어 6월에 국방연구위원회(National Defense Research Committee, NDRC)가 조직되었다. NDRC는 코앞으로 다가온 전쟁을 위해

---

12 위의 글, p. 176.

2차대전 시기 미국의 전시 연구를 이끌게 되는 미국의 엘리트 과학자들이 1940년 3월 버클리에 모인 모습. 왼쪽부터 어니스트 로런스, 아서 콤프턴, 버니바 부시, 제임스 코넌트, 칼 콤프턴, 앨프리드 루미스이다.

민간 과학을 군사적으로 동원하는 임무를 맡았다. 그 첫걸음으로 NDRC 는 이 해 가을에 미국 내에 전시 동원이 가능한 과학 자원이 얼마나 있는 지를 조사하는 작업을 벌였고, 775개의 대학, 산업연구소, 비영리기관의 인력 및 시설 목록을 확보했다. 미국이 전쟁으로 빠져들기도 전에 실시된 NDRC의 조사 작업은 1차대전과 2차대전 사이에 전시 과학 연구에 대한 인식이 얼마나 크게 바뀌었는지를 단적으로 보여준다.

이듬해 봄에 NDRC는 훨씬 더 권한이 강화된 대통령 직속 과학연구 개발국(Office of Scientific Research and Development, OSRD)으로 확대 개편되었다. NDRC 위원장이던 부시는 상급 기구가 된 OSRD 국장으로 자리를 옮겼고, 부시의 오른팔격인 코넌트가 NDRC 위원장 자리를 이어서 맡았

모두를 위한 테크노사이언스 강의

다. OSRD는 양차대전 사이 NACA의 모델을 따라—부시는 OSRD 국장에 오르기 전에 잠시 NACA의 위원장을 맡은 적이 있었다—대학 및 산업체들과 연구 용역 계약을 맺어 연구비를 지원하고 군사 연구개발을 수행하게 했다. 다시 말해 대학과 산업체에 속한 과학자와 엔지니어들은 대체로 자신이 속한 기관에 머무르면서 전시 연구개발 업무에 종사하게 되었다는 것인데, 이는 과학자들을 별도로 마련한 연구 시설로 불러모아 연구개발 업무를 맡겼던 1차대전기의 양상과 중대한 차별점을 이룬다. 미국에서는 1941년 12월 일본의 진주만 공습으로 2차대전에 참전하기 전에 이미 1,700명의 물리학자가 전쟁 연구에 종사하고 있었다.

OSRD는 연구 용역 계약을 맺을 때 연구 능력이 검증된 소수의 엘리트 기관들을 집중적으로 지원하는 모습을 보였는데, 대학의 경우에는 전시 연구비의 90퍼센트가 8개 기관(MIT, 칼텍, 하버드, 컬럼비아, 캘리포니아대학 버클리 캠퍼스[UC 버클리] 등)에 주어졌고, 산업체 연구소는 웨스턴 일렉트릭(AT&T의 생산 자회사), 듀폰, RCA, GE 순으로 많은 연구비를 받았다. 대학과 연구소들은 행정적 부담 때문에 용역 연구를 맡는 데 소극적인 태도를 보였기 때문에, OSRD는 전시 연구를 수주한 기관들에 대한 일종의 인센티브로 해당 기관에 간접비(overhead)를 지급해 행정 부담을 덜게 했다. 전시에 시작된 간접비 지급의 관행은 오늘날까지도 과학 연구개발 체제의 중요한 요소로 남아 있다.

2차대전 시기 전시 연구의 성과는 살상 무기뿐 아니라 인명을 구하는 도구와 새로운 과학 연구의 수단에 이르기까지 전방위적으로 나타났다. 2차대전 때 새롭게 선을 보였거나 성능이 획기적으로 향상된 군사 무기로는 레이다, 원자폭탄, 제트기, 고체 및 액체로켓, 소이탄, 화염방사기 등이 있고, 전장에서 위력을 발휘한 새로운 의학적 도구에는 합성 말라리아약, 페니실린, 살충제 DDT 등이 있다. 또한 전시의 다양한 필요를 위해 디지털 컴퓨터(미국의 에니악[ENIAC]과 영국의 콜로서스[Colossus]), 사이버네틱스(cybernetics), 오퍼레이션 리서치 같은 새로운 과학 연구의 도구와 방법들이 등장해 전후의 세계에 영향을 미쳤다. 다음에는 이 중 네 가지—레이다, 원자폭탄, 오퍼레이션 리서치, 페니실린—사례를 통해 전시 연구개발과 테크노사이언스의 양상이 어떻게 드러났고 그것이 전후의 과학에 어떻게 영향을 미치게 되는지를 살펴보도록 하자.

| 레이다 |

레이다(radar)는 '무선 탐지 및 조준(Radio Detection And Ranging)'의 줄임말로, 전자기파를 이용해 이것이 목표물에 반사돼 돌아오는 시간을 계산함으로써 목표물(비행기, 잠수함, 차량 등)의 위치와 이동 방향 및 속도를 알아내는 장치이다. 레이다의 기본 원리는 전파가 무선통신에 쓰이기 시작한 20세기 초부터 이미 널리 알려져 있었다. 무선 송수신탑 주위로 비행기가 날아갈 때 전파 교란이 발생한다는 사실이 관련 업계에서 인지되어 있었기 때문이다. 이러한 원리를 이용한 군사 장비의 개발이 시작된 것은 1930년대 중반의 일이었다. 나중에 2차대전의 주요 교전국이 되는 미국, 영국, 소련, 독일, 일본 등 여러 나라들이 이 시기를 즈음해 자체적인 연구 프로그램을 통해 레이다 개발에 착수했다.

이들 중에서 실용적인 레이다 시스템을 가장 먼저 개발한 나라는 영국

1930년 영국 남동부 켄트 주의 덴지 습지에 콘크리트로 건설된 사운드 미러. 가장 왼쪽의 휘어진 곡면 미러는 폭 60미터, 높이 8미터에 달하며, 오른쪽에 있는 반구형 미러들은 각각 지름이 6미터, 9미터로 거대한 외양을 자랑한다. 이러한 사운드 미러들은 마치 오목거울이 빛을 모으듯 소리를 모으는 기능을 했고, 1차대전 시기부터 1930년대까지 조기경보 시스템의 일부로 쓰였다.

이었다. 영국이 1930년대 중반에 레이다의 개발에 나선 것은 섬나라라는 지리적 환경이 크게 작용했다. 대륙으로부터 고립돼 있었던 영국은 앞으로 다가올 전쟁에서 독일이 공군력을 이용해 영국 본토에 대한 폭격을 감행하는 것이 가장 큰 걱정거리였다. 이에 대비하기 위해서는 대륙에서 영국 쪽으로 다가오는 비행기를 미리 탐지해 적절한 대응책을 마련할 수 있게 하는 조기경보 시스템이 필수적이었지만, 망원경을 통한 관측이나 사운드 미러(sound mirror)를 이용한 엔진 소리 청취는 비행기의 속도가 점점 더 빨라지면서 조기경보 효과를 기대하기 어려워졌기 때문에 새로운 방식이 필요했다.

　이러한 상황을 타개하기 위해 영국 정부는 1935년 초 화학자 헨리 티저드를 위원장으로 한 방공과학연구위원회(Committee for Scientific Study of Air Defence)를 구성했다. 위원회는 영국의 방공 체제를 강화할 수 있는 다양한 아이디어들을 검토했는데, 그중에는 이른바 '죽음의 광선(death ray)'이라는 아이디어도 있었다. 이는 전자기파를 강하게 집속해 발사함으로써 적을 제압하겠다는 아이디어로, 오늘날의 관점에서는 다소 황당무계해 보이지만 당시에는 제법 진지하게 받아들여졌다. 실제로 영국 공군은 100야드(약 91미터) 거리에서 양을 죽일 수 있는 '죽음의 광선'을 발명하는 사람에게 1,000파운드의 포상금을 내걸기도 했다. 티저드 위원회는 '죽음의 광선'이 실제로 가능한지 확인하는 작업을 물리학자이자 기상학자인 로버트 왓슨와트에게 맡겼다. 왓슨와트는 조수인 아널드 윌킨스와 함께 이러한 가능성을 계산해보았고, 이내 '죽음의 광선'은 불가능하다는 결론에 도달했다. 전자기파를 집속해서 쏘아도 양을 죽이기는커녕 양의 피부를 꿰뚫을 수 있는 수준의 에너지에도 미치지 못했기 때문이다. 그러나 왓슨와트는 '죽음의 광선'은 안 되지만 전자기파를 이용해 무선으로 비행기의 위치를 탐지하는 것은 가능하다는 역제안을 내놨다. 이러한 아이디어를 시험하기 위해 그와 윌킨스는 1935년 2월 노샘프턴셔 주 대번트리에서 실험에 나섰다. 그는 BBC 송신소를 빌리고 그 위로 비행기가 지나가게 한 후 이를 탐지해낼 수 있는지 확인했고, 13킬로미터 떨어져 있는 비행기를 탐지하는 데 성공을 거두었다. 시연에 성공한 후 왓슨와트는 "영국은 다시 한번 섬나라가 되었다"고 말했다고 전해진다.[13]

---

13   Robert Buderi, *The Invention that Changed the World: How a Small Group of Radio Engineers Won the Second World War and Launched a Technological Revolution* (New York: Touchstone, 1996), p. 58.

영국 남부 서섹스 주 폴링의 체인 홈 기지(1945). 왼쪽에 있는 110미터 높이 철탑 3개(원래는 4개였다)가 송신탑이고 오른쪽에 있는 70미터 높이의 목탑 4개가 수신탑이다. 이 사진을 통해 체인 홈 기지의 '안테나' 가 매우 거대했음을 엿볼 수 있다.

시연 결과에 만족한 영국 정부는 '무선을 이용한 방향 탐지(Radio Direction Finding, RDF)'—아직 '레이다'라는 명칭은 존재하지 않았다—를 개발하는 비밀 프로젝트에 자금을 지원하기 시작했다. 이는 독일의 영국 본토 공습에 대비하기 위한 조기경보 체제인 체인 홈(Chain Home) 시스템 의 건설로 이어졌다. 체인 홈 시스템은 영국의 동쪽과 남쪽 해안에 일련 의 송수신탑들을 세워 영국 본토로 다가오는 비행 물체를 탐지하는 기지 들의 네트워크로 구성돼 있었다. 1937년이 되면 이러한 기지들은 160킬 로미터 바깥의 비행기를 탐지할 수 있게 되었고, 2차대전이 터지기 직전 인 1939년 여름에 완성되어 본격 가동되기 시작했다. 체인 홈 시스템이

CHAIN HOME STATIONS—RADAR COVER
September 1939 (at 15,000 ft.)

Shetland Is.

Orkney Is.

NETHERBUTTON

SCHOOL HILL

DOUGLAS WOOD

140 Miles

Edinburgh

DRONE HILL

OTTERCOPS MOSS

Belfast

DANBY BEACON

STAXTON WOLD

Liverpool

STENIGOT

WEST BECKHAM

STOKE HOLY CROSS

HIGH STREET

GREAT BROMLEY

BAWDSEY

CANEWDON

London

DUNKIRK

170 Miles

Ostend

Portsmouth POLING

DOVER

PEVENSEY

RYE

VENTNOR

110 Miles

Cherbourg

■ = RADAR SITES

1939년 가을 완성된 체인 홈 시스템의 기지들과 레이다의 사정거리를 보여주는 지도.

그 진가를 발휘한 것은 1940년 늦여름부터 가을 사이에 진행된 일명 '브리튼 전투(Battle of Britain)'에서였다. 독일군은 1940년 봄에 서쪽으로 전격전을 펼쳐 6월에는 프랑스를 함락시켰고, 잔여 연합군 병력을 영불해협 너머로 쫓아 보내거나 포로로 잡았다. 이제 독일 입장에서 서유럽에 남은 적대세력은 영국뿐이었다. 그러나 영국을 굴복시키려면 그 전에 먼저 영국의 항공력을 궤멸시켜 본토의 방어를 무너뜨릴 필요가 있었고, 바로 그 시점에서 벌어진 것이 영국 본토 항공전, 즉 브리튼 전투였다.

브리튼 전투에서 영국 공군(RAF)의 전력은 독일 공군(Luftwaffe)에 비해 훨씬 열세였다. 독일 공군은 3,000대가 넘는 항공기를 보유하고 있었지만, 이에 맞설 수 있는 영국의 전투기는 고작 600대뿐이었다. 그러나 레이다로 독일의 공습을 20여 분 전에 파악해 이에 맞서는 전투기 편대를 적재적소에 띄우는 전술 덕분에 상대적으로 취약한 항공력을 보완할 수 있었다. 영국은 두 달여에 걸친 독일 공군의 집중적인 공세를 버텨내고 결국 브리튼 전투를 승리로 이끌었다. 체인 홈 시스템이 성공을 거둘 수 있

윌트셔에 있는 영국 공군 전투기 사령부의 10편대 본부에 위치한 작전실의 모습(1943). 여성공군지원부대(WAAF) 소속 필터 제도가들이 긴 장대를 이용해 대형 영국 지도 위에 레이다로 탐지한 비행 물체들을 표시하고 있다.

었던 것은 전파를 발신하고 반사된 전파를 수신하는 기지들의 물리적 네트워크 못지않게 여과실(filter room)이나 작전실(operations room) 같은 정보처리 공간의 역할이 컸다. 여과실에서는 체인 홈 기지뿐 아니라 다양한 원천에서 들어오는 정보들을 취합하고 선별해 지도 위에 비행 물체들을 표시하고 그중 적기를 가려냈고, 작전실에서는 적의 공격이 확인되면 신속하게 결단을 내려 대응 조치를 명령했다. 정보처리 과정에서는 최근에 징집된 과학자들로 구성된 일명 '필터 장교(filter officer)'들이 중요한 역할을 했는데, 나중에 이러한 정보처리 과정은 오퍼레이션 리서치라는 활동의 기원이 되었다.

체인 홈 시스템은 영국이 자국의 영공을 독일 공군으로부터 지켜내는 데 중요한 기여를 했지만, 여러 가지 측면에서 아직 한계가 많은 레이다 시스템이었다. 먼저 목표물까지의 거리만 알 수 있을 뿐 위치, 방향, 고

1940년 MIT에 생겨난 레이다 연구소인 래드랩에 모인 과학자들. 왼쪽부터 영국의 물리학자 에드윈 보웬, 래드랩 소장 리 두브리지, 미국의 물리학자 I. I. 라비이며, 라비가 손에 들고 있는 것이 공동 자전관의 초기 모델이다.

도의 예측이 종종 부정확했기 때문에, 작전실에서 내릴 수 있는 요격이나 대응을 위한 지시는 개략적인 수준을 넘지 못했다. 또 안테나 구실을 하는 송수신탑 등 장비의 규모가 너무 커서 가령 차량이나 비행기에 탑재하는 등의 다양한 용도로 활용하는 것이 불가능했다. 레이다의 정확도를 높이기 위해서는 기존에 사용하던 것보다 더 짧은 파장의 전파(고주파)를 사용하는 레이다를 만들어야 했고, 비행 물체까지의 거리뿐 아니라 위치와 방향도 표시할 수 있는 새로운 디스플레이 장치도 필요했다. 체인 홈 시스템이 운용되던 1940년경에 영국 과학자들은 이미 이러한 과제에 대한 해법을 갖고 있었다. 거리만 표시할 수 있는 에이스코프(A-Scope) 대신 오늘날 우리에게 익숙한 레이다 화면을 보여주는 평면 위치 지시기(plan position indicator)를 고안했고, 아직 그 원리를 이해하지는 못하고 있었지만 작고 강력한 고주파 발생 장치인 공동 자전관(cavity magnetron)도 이미 개발해둔 상황이었다. 특히 공동 자전관은 손바닥 위에 올려놓을 만큼 작은 장치이면서도 파장이 10센티미터 내외의 고주파를 기존 발신기보다 1,000배나 더 강력하게 발생시킬 수 있었다. 그러나 독일의 공습이 지속되는 상황에서는 이를 연구하거나 생산하기 위한 여건을 만들기가 어려웠다.

영국 총리 윈스턴 처칠은 이러한 정보를 미국과 공유하고 레이다를 공동으로 개발하기로 결정했다. 영국의 고위급 장교들은 중대한 군사 기밀을 조건 없이 공유하는 데 반대했지만, 처칠은 자국의 역량만으로는 역부족이라고 보고 이를 밀어붙였다. 처칠의 지시에 따라 아직 브리튼 전투가 한창이던 1940년 9월에 헨리 티저드가 공동 자전관을 가지고 미국으로 향했다. 그는 NDRC에서 레이다 연구를 담당하고 있던 마이크로파 위원회(Microwave Committee)의 책임자 앨프리드 루미스를 만나 공동 자전관을 보여주었다. 루미스와 미국 과학자들은 그것의 성능을 보고 깜짝 놀랐다. 2차대전의 공식 역사를 저술한 한 역사가는 이를 "일찍이 미국 땅을 밟은 가장 귀중한 화물"[14]로 칭하면서 공동 자전관이 미국의 레이다 연구를 단번에 2년이나 앞당겨놓았다고 평했다. NDRC는 공동 자전관을 중심으로 레이다 연구를 진행할 대규모 연구소를 MIT에 만들기로 결정하고 여기

---

14   Robert Buderi, *The Invention that Changed the World: How a Small Group of Radio Engineers Won the Second World War and Launched a Technological Revolution* (New York: Touchstone, 1996), p. 27.

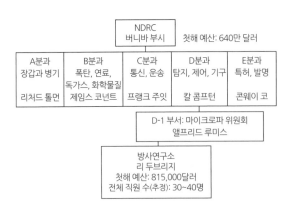

NDRC 설립 초기인 1940년 11월의 조직도. 앨프리드 루미스가 책임을 맡은 부서인 마이크로파 위원회는 D분과에 속해 있고, 그 아래 신설된 래드랩이 있다.

에 방사연구소(Radiation Laboratory, 흔히 래드랩[Rad Lab]으로 줄여 불렀다)라는 이름을 붙였다. 미국 서부의 버클리에서 사이클로트론 연구를 하던 연구소와 일부러 동일한 이름을 붙여 연구소의 진정한 임무가 무엇인지를 알기 어렵게 만들려는 일종의 연막작전이었다. 래드랩의 소장을 맡아 물리학자들을 이곳으로 끌어들이는 책임은 로체스터대학의 물리학자 리 두브리지가 맡았는데, 설립 직후의 직원 수는 30~40명 정도에 첫해 예산은 81만 5,000달러로 소박한 수준이었다.

영국은 공동 자전관을 미국에 전달하면서 이를 이용해 전투기에 탑재할 수 있는 소형 레이다 장치를 개발해줄 것을 요청했다. 이에 따라 마이크로파 위원회와 새로 설립된 래드랩의 최우선 과제는 항공기 탑재 요격 시스템을 개발하는 것이 되었다. AI-10이라는 이름이 붙은 항공기 탑재 레이다의 시제품은 1941년 봄에 완성되었다. 그러나 이때쯤이면 브리튼 전투가 끝나고 독일 공군의 위협이 감소하면서 항공기 탐지 레이다의 긴

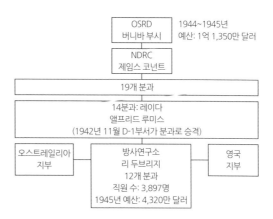

```
                    ┌─────────────┐   1944~1945년
                    │   OSRD      │   예산: 1억 1,350만 달러
                    │  버니바 부시   │
                    └─────────────┘
                    ┌─────────────┐
                    │   NDRC      │
                    │ 제임스 코넌트  │
                    └─────────────┘
        ┌─────────────────────────────────────┐
        │            19개 분과                  │
        └─────────────────────────────────────┘
        ┌─────────────────────────────────────┐
        │         14분과: 레이다                 │
        │          앨프리드 루미스                │
        │   (1942년 11월 D-1부서가 분과로 승격)    │
        └─────────────────────────────────────┘
  ┌──────────┐      ┌─────────────┐      ┌──────────┐
  │오스트레일리아 │      │   방사연구소   │      │   영국    │
  │   지부    │──────│   리 두브리지   │──────│   지부    │
  └──────────┘      │   12개 분과    │      └──────────┘
                    │ 직원 수: 3,897명 │
                    │1945년 예산: 4,320만 달러│
                    └─────────────┘
```

종전 직전인 1945년 여름 OSRD와 NDRC의 조직도. 초기에 5개였던 분과가 19개로 늘어났고, 레이다 분과가 부서에서 승격되어 이제 거대 연구조직이 된 래드랩을 그 아래 거느리고 있다.

급성이 떨어진 뒤였다. 이에 래드랩은 레이다를 이용해 잠수함을 탐지하는 쪽으로 연구의 방향을 바꾸었다. 연합군의 해상 보급로를 위협하는 독일군 잠수함이 수면 위로 부상했을 때 항공기에 탑재한 레이다로 이를 탐지하겠다는 것이었다. 1941년 8월에 완성된 래드랩 ASV는 선박의 경우 30~50킬로미터, 수면 위로 살짝 부상한 잠수함의 경우 3~8킬로미터 바깥에서 탐지할 수 있었고, 1942년에는 이를 B-18 폭격기에 탑재해 독일 잠수함을 대서양 연안에서 500킬로미터 바깥까지 추방하는 데 성공함으로써 독일의 잠수함 공격으로 인한 물자 손실을 방어해낼 수 있었다.

진주만 공습과 래드랩 ASV의 성공 후 군과 래드랩의 관계는 대단히 밀착된 것으로 변모했다. 수십 명의 육군과 해군 장교들이 연구소에 상주하며 정보를 쌍방향으로 실어나름으로써 군과 과학자들 사이의 가교 역할을 했다. 그들은 래드랩의 과학자들이 알아낸 고주파 시스템의 군사적 가능성을 군 상층부에 전달해 그것의 활용 방안을 모색하게 했고, 반대로

1942년 래드랩에서 개발한 이동식 지대공 레이다 장치 SCR-584. 대공포 및 조준 산정기(gun predictor)와 결합해 상공에 있는 항공기를 자동으로 조준해 격추시킬 수 있었다.

현재의 전황에 따른 군의 요구를 물리학자들에게 전달해 물리학자들의 새로운 장치 개발을 자극하기도 했다. 래드랩에서 개발한 새로운 장치는 시제품으로 만들어져 현장에서 시험되었고, 군사적 유용성이 확인되면 산업체들에게 장치의 대량생산을 맡겼다. 이러한 과학자(대학)-군대-산업체 간의 관계는 전후의 군산복합체를 많은 점에서 예견케 했다.

1942년 이후 래드랩은 규모가 커지고 활동이 다변화되었다. 1942년 말에 직원이 2,000명으로 늘어난 래드랩은 매월 100만 달러가 넘는 예산을 쓰게 되었고, 종전 직전인 1945년에는 직원 수가 4,000명에 육박하고 (이 중 대학의 학자는 1,000명 정도였고, 물리학자는 500명쯤 되었다) 연간 예산이 4,320만 달러에 달할 정도로 규모가 커졌다. 커진 규모만큼이나 조직도 복잡해져 래드랩은 10여 개의 분과로 세분화되었고, 전쟁 기간 동안 화기 제어, 위치 송신, 장거리 항행, 지상 폭격 등을 담당하는 150여 가지의 레이다 시스템을 개발해냈다. 이곳에서 파생되어 나온 조직도 많았는데, 래드랩의 업무가 폭증하면서 레이다 시제품 모델을 제작하는 작업은 일종의 자회사격인 리서치 컨스트럭션(Research Construction Corporation)이 새로 설립돼 전담하게 되었고, 1942년에는 인접한 하버드대학에 레이다 교란 장치를 연구하는 무선연구소(Radio Research Laboratory)가 생겨나 업무를 일부 넘겨받았다. 또 소형 레이다 장치를 이용해 포탄의 명중 정확도를 높이는 근접폭발신관(proximity fuse)은 존스홉킨스대학에 만들어진 응용물리연구소(Applied Physics Laboratory)에서 개발을 담당하게 됐다. OSRD 국장 버니바 부시에 따르면 근접폭발신관은 특히 태평양 전선에서 미 해군 함정들이 일본의 가미가제 전투기를 격추시키는 데서 예전보다 7배나 높은 명중률을 기록할 수 있게 해주었다. 2차대전 시기의 레이다 장치 연구개발 및 생산에는 도합 15억 달러라는 막대한 돈이 지출되었다.

2차대전 시기에 널리 쓰인 근접폭발 신관의 단면 모델. 포탄 앞부분에 꼭 들어맞게 만들어져 목표물과 일정한 거리 이내로 가까워지면 폭발하도록 설계됐다.

2차대전기의 레이다 연구는 전쟁 말기에 원자폭탄 연구가 물리학자들을 대거 끌어들이기 전까지 전시 물리학 연구의 대명사로 여겨졌고, 2차대전의 성패에도 결정적인 기여를 했다. 두브리지는 대중과 언론이 일본의 항복을 유도한 원자폭탄의 위력에만 주목하는 것을 못마땅하게 여겼고, "전쟁에 종지부를 찍은 것은 원자폭탄이지만, 이를 승전으로 이끈 것은 레이다"라는 유명한 말을 남기기도 했다.[15] 래드랩에서의 레이다 연구는 다양한 분야의 과학자와 엔지니어들이 모여 주어진 시간 내에 요구되는 성능을 갖춘 레이다 장치를 만들어내는 임무지향적 학제 연구(interdisciplinary research)의 전통을 만들어냈다. 레이다 연구의 성과는 전쟁 이후 민간 연구로도 이어져 전파천문학(radio astronomy)의 발전을 이끌었고, 이로부터 얻어진 우연한 발명의 산물로 오늘날 널리 쓰이는 주방 가전기구인 전자레인지(microwave oven)가 전쟁 직후에 첫선을 보이기도 했다.

| 원자폭탄[16] |

원자폭탄은 2차대전 시기 군사 연구의 성과물 중 가장 널리 알려져 있지만, 그것이 미친 영향은 전쟁 그 자체보다는 전후 세계의 질서에 더 크게 작용했다. 또한 원자폭탄은 이른바 '기초연구'가 갖는 힘을 전후의 사람들에게 각인시키는 데에도 중요한 역할을 했다. 이는 나중에 원자폭탄

---

15 David Cassidy, *A Short History of Physics in the American Century* (Cambridge, MA: Harvard University Press, 2011), p. 81.

16 이 절의 내용 중 일부는 김명진, 『20세기 기술의 문화사』(궁리, 2018), pp. 35~43에서 가져왔다.

우라늄 핵분열의 공동 발견자인 리제 마이트너와 오토 한(왼쪽), 프리츠 슈트라스만(오른쪽). 마이트너와 한은 1910년대부터 카이저 빌헬름 화학연구소에서 오랜 과학의 동반자로 일해왔고, 슈트라스만은 한의 조수로서 연구팀에 막 합류한 젊은 과학자였다.

개발로 이어지게 되는 연구가 처음에는 당장의 실용적 응용과 무관하게 사물의 근본을 탐구하는 물리학자들의 호기심 충족을 위해 이뤄진 연구였다는 사실과 무관하지 않다.

　원자핵 속에 막대한 에너지가 숨어 있으며 이를 이용하면 좋은 쪽으로든 나쁜 쪽으로든 엄청난 변화를 일으킬 수 있다는 주장은 이미 20세기 초에 제기된 바 있다. 그러나 이러한 에너지를 실제로 *끄*집어내는 물리 반응이 규명된 것은 그로부터 수십 년 뒤의 일이었다. 그것의 가장 중요한 계기는 2차대전이 발발하기 직전인 1938년 말, 독일의 베를린에 있던 물리학자 오토 한과 분석화학자 프리츠 슈트라스만의 실험으로 거슬러 올라간다. 당시 물리학자들은 원자핵의 구조를 이해하기 위해 새롭게 발견된 아원자 입자인 중성자를 원자핵에 쏘아넣고 그 결과를 관찰하는 실험(일명 중성자 포격 실험)을 하고 있었다.

한과 슈트라스만이 특히 주목했던 것은 원자번호 92로 당시까지 주기율표상에서 가장 무거운 원소였던 우라늄에 대한 중성자 포격 실험이었다. 그들은 여기서 나온 반응 생성물에 대해 정밀한 화학 분석을 통해 우라늄의 중성자 포격에서 원자번호 56인 바륨이 생성된다는 믿을 수 없는 결과를 얻었다. 한은 이 사실을 당시 나치의 유대인 박해 때문에 스웨덴으로 피신해 있던 동료 물리학자 리제 마이트너에게 알리고 이론적인 설명을 요청했다. 마이트너는 조카인 물리학자 오토 프리쉬와 함께 이 문제를 곰곰이 생각해본 후, 우라늄 원자핵이 중성자 포격을 받고 바륨과 크립톤으로 쪼개지며 이때 생기는 질량 결손이 막대한 에너지로 방출된다는 결론을 내리고 여기에 핵분열(nuclear fission)이라는 이름을 붙여주었다. 여기에 더해 1939년 초에 미국과 프랑스에 있던 과학자들은 핵분열 반응 자체에서 나오는 여분의 중성자('2차 중성자')로 인해 핵분열 연쇄반응(chain reaction)이 가능하다는 실험 결과를 얻어냈다. 이는 곧 우라늄 핵분열을 이용한 엄청난 위력의 군사 무기가 가능함을 시사하는 듯 보였다. 이러한 상황에서 1939년 8월에 독일이 폴란드를 침공하면서 제2차 세계대전이 발발하자, 영국, 미국, 독일, 소련, 일본 등 주요 교전국에 속한 물리학자들은 원자 무기의 개발에 착수했다.

이 중 원자 무기의 개발에 가장 적극적이었던 것은 미국이었다. 전쟁이 터지자 미국과 영국의 망명 과학자들은 핵분열 현상이 발견된 곳이 나치 독일의 심장부인 베를린이었다는 점에 대해 주목했고, 만약 핵분열 연쇄반응을 이용한 폭탄이 히틀러의 수중에 들어간다면 전 세계에 돌이킬 수 없는 재앙이 빚어질 거라고 걱정했다. 이 중 레오 실라르드와 유진 위그

S E C R E T

Report by M.A.U.D. Committee
on the use of Uranium for a Bomb

PART I

1. General Statement

Work to investigate the possibilities of utilising the atomic energy of uranium for military purposes has been in progress since 1939, and a stage has now been reached when it seems desirable to report progress.

We should like to emphasize at the beginning of this report that we entered the project with more scepticism than belief, though we felt it was a matter which had to be investigated. As we proceeded we became more and more convinced that release of atomic energy on a large scale is possible and that conditions can be chosen which would make it a very powerful weapon of war. We have now reached the conclusion that it will be possible to make an effective uranium bomb which, containing some 25 lbs. of active material, would be equivalent as regards destructive effect to 1,800 tons of T.N.T. and would also release large quantities of radioactive substances, which would make places near to where the bomb exploded dangerous to human life for a long period. The bomb would be composed of an active constituent (referred to in what follows as U.235) present to the extent of about 1 part in 140 in ordinary Uranium. Owing to the very small difference in properties (other than explosive) between this

1941년 봄 영국의 모드 위원회가 작성한 우라늄 폭탄에 관한 극비 보고서. 이후 미국에 전달되어 맨해튼 프로젝트를 발족시키는 기폭제 역할을 했다.

너 같은 일부 과학자들은 역시 미국으로 망명와 있던 아인슈타인을 설득해 루스벨트 대통령에게 이러한 사실을 경고하는 편지를 쓰게 했고, 이에 대응해 미국 정부는 소규모의 우라늄 연구 프로그램을 발족시켰다. 그러나 과학자들이 핵분열 폭탄의 실현가능성을 낮게 판단하면서 첫 2년 동안 연구의 진행은 지지부진했다. 이러한 상황에 결정적인 변화를 가져온 것은 1941년 봄 영국에서 미국 정부로 전달된 일명 '모드 보고서(MAUD report)'였다. 영국의 과학자들이 작성한 이 보고서는 "우라늄 폭탄이 실현가능하며 전쟁에서 결정적인 결과를 가져올 가능성이 있다"는 내용을 담고 있었다. 이에 자극받은 미국 정부는 진주만 습격이 있기 하루 전인 1941년 12월 6일에 원자탄 개발 계획을 추진하기로 결정했다.

1942년 6월부터 원자탄 개발 계획은 미 육군이 관장하게 되었고 '맨해

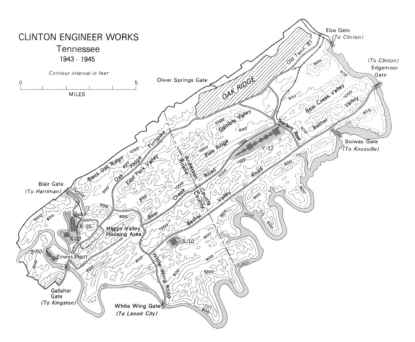

테네시 주 오크리지의 거대한 우라늄 농축 공장 단지(위)와 이 중 기체확산법(gas diffusion)을 이용하는 K-25 공장의 전경(아래). K-25 공장은 4층 높이에 길이가 800미터에 달했고, 완공 당시인 1944년에 펜타곤을 제치고 세계에서 가장 큰 건물이 되었다.

튼 공병 지구(Manhattan Engineering District)'라는 암호명이 붙었다. 프로젝트 전체의 책임은 미 공병대 출신의 레슬리 그로브스 준장이 맡게 되었다. 그는 폭탄의 '원료'가 될 천연 우라늄 광석을 충분히 확보하려 노력하는 한편으로, 핵분열 물질인 우라늄 235와 플루토늄을 수집하기 위한 대규모 설비 마련에 착수했다. 극비리에 엄청난 자금을 들여 테네시 주 오크리지에 우라늄 235를 분리해 '농축'하는 거대한 공장들을 여럿 지었고, 워싱턴 주 핸퍼드에는 우라늄 핵반응을 일으키는 원자로와 핵반응 생성물에서 플루토늄을 분리해내기 위한 엄청나게 큰 공장들이 들어섰다. 아울러 그는 최종 폭탄 설계 및 조립을 책임질 인물로 이론물리학자 J. 로버트 오펜하이머를 선정했고, 1943년 3월부터는 오펜하이머의 조언에 따라 폭탄 설계 연구를 수행할 외딴 연구소를 뉴멕시코 주의 황량한 고지대인 로스앨러모스에 건설했다. 로스앨러모스에는 여러 명의 노벨상 수상자들을 포함한 3,000여 명의 과학자와 엔지니어들이 모여 폭탄의 내부 구조를 설계하고 핵분열 물질의 임계질량을 계산하는 연구에 밤낮없이 몰두했다.

모두 22억 달러에 달하는 막대한 예산을 소모한 맨해튼 프로젝트는 1945년 7월 16일에 뉴멕시코 주 사막 한가운데의 트리니티(Trinity) 실험장에서 인류 역사상 최초의 원자폭탄 실험에 성공함으로써 결실을 맺었다. 그러나 이때쯤에는 애초 폭탄 개발의 동인을 제공했던 독일이 이미 항복한 뒤였고, 이에 따라 폭탄의 투하 목표는 태평양전선에서 아직 완강하게 버티고 있던 일본으로 돌려졌다. 일본에 대한 원자탄 투하 계획의 추진은 일부 과학자들 사이에서 상당한 반감을 불러일으켰지만, 이미 엄청나게 거대해진 프로젝트의 모멘텀을 다른 방향으로 돌리기는 어려웠다. 결국 1945년 8월 6일 히로시마에 '리틀 보이(Little Boy)'라는 이름의 우

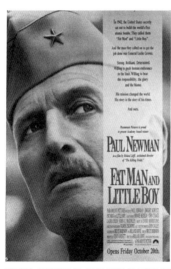

맨해튼 프로젝트의 진행 과정을 다룬 영화 〈멸망의 창조Fat Man and Little Boy〉(1989)의 포스터. 오펜하이머를 비롯한 로스앨러모스의 물리학자들을 극의 중심에 두고 그로브스를 위시한 군인들과의 충돌과 억압을 강조한 전형적 서사에 기대고 있다.

라늄폭탄이, 8월 9일 나가사키에 '팻 맨(Fat Man)'이라는 이름의 플루토늄 폭탄이 각각 투하되었다. 두 도시에서 그해 말까지 20만 명이 넘는 사람들이 목숨을 잃었고, 이후에도 수많은 사람들이 방사능 후유증으로 고통받았다. 8월 15일 일본이 무조건 항복함으로써 2차대전은 종말을 고했다.

레이다 개발의 역사와 달리, 맨해튼 프로젝트의 역사는 수많은 책, 영화, 다큐멘터리 등으로 만들어져 대중적으로 널리 알려져 있지만, 테크노사이언스라는 측면에서 보면 이러한 서술에는 짚고 넘어가야 할 점들이 많다.

먼저 맨해튼 프로젝트에 대한 대중적 이해가 흔히 로스앨러모스와 그곳에서 활동한 영민한 물리학자들(여러 명의 노벨상 수상자들을 포함한)에 주목한다는 점을 지적할 수 있다. 이는 그리 놀랄 만한 대목은 아니다. 똑똑하고 개성 넘치는 물리학자들이 폐쇄된 곳에 갇혀 생활하면서 군인들과의 문화적 차이로 잦은 충돌을 일으켰던 로스앨러모스라는 공간 자체가 지극히 매력적으로 보였기 때문이다. 문제는 물리학자들의 노력에 초점을 맞추면서 종종 프로젝트에 중대하게 기여한 다른 집단들(엔지니어, 도급회사, 군인 등)의 기여가 경시 내지 무시되는 경향이 나타난다는 것이다. 이러한 다른 집단들은 자유롭고 창의적이며 문제 해결 방식에 개방적인 과학자들과 달리, 보수적이고 기존 관행을 고수하며 비밀주의를 견지해 프로젝트에 도움을 주기는커녕 오히려 방해가 된 것처럼 인식되는 경우가 많다.

그러나 이러한 이해 틀은 맨해튼 프로젝트의 전체적 상을 심대하게 왜곡한 것이며, 왜 2차대전기의 다른 나라들이 아닌 미국이 가장 먼저 원자폭탄 개발에 성공했는가 하는 질문에도 제대로 답하지 못한다. 널리 퍼진 통념과 달리, 2차대전 시기 미국의 원자폭탄 개발은 다양한 분야의 전문성과 자원(과학 연구, 공정 개발, 공장 건설 등)이 결합해 이뤄낸 성과였고, 과학자들이 실험실에서 얻어낸 결과의 규모를 키워 대규모 공정과 설비로 바꿔낸 스톤 앤 웹스터(Stone & Webster), 켈로그(M. W. Kellogg), 유니언 카바이드 앤 카본(Union Carbide and Carbon), 듀폰 등 도급회사들의 기여가 결코 적지 않았음을 잊어서는 안 된다. 또한 1944년 말 핸퍼드의 원자로 건설 및 가동 사례에서 볼 수 있는 것처럼 때로는 과학자들의 정확한 계산이 아니라 충분한 안전 여유(redundancy)를 두는 엔지니어들의 보수성이 프로젝트를 구해내기도 했다. 이를 염두에 두면 원자폭탄이 순수 물리학의 성과라는 (과학자들의) 주장은 전후에 만들어진 '신화'에 가깝다.

또 하나 강조해야 할 점은 원자폭탄 제조가 처음부터 미 육군 공병대가 책임을 맡은 군사 프로젝트였다는 사실이다. 이는 맨해튼 프로젝트를 과학 프로젝트의 연장으로 생각한 엘리트 과학자들과 때로 충돌을 낳은 원인 중 하나가 되었다. 과학자들은 자신들이 프로젝트의 결과물이나 그것이 어떻게 쓰일지에 대해 일정한 발언권을 갖는다고 생각한 반면, 프로젝트를 총괄한 그로브스 같은 군인이나 정치인들은 그렇게 생각하지 않았다.[17] 원자폭탄 시험을 코앞에 둔 1945년 늦봄과 초여름에 시카고의 과학자들이 일본에 대한 원자폭탄 투하를 재고해줄 것을 요청하며 대통령과 전쟁부 장관에게 보낸 탄원서들은 자신들의 작업에 대해 과학자들이 통제권을 '회복'하려는 마지막 시도였다고 할 수 있겠지만, 잘 알려진 것처럼 이는 실패로 돌아갔다. 일본에 대한 원자폭탄 투하 임무를 담당하게 된 509혼성비행전대(509th Composite Group)가 이미 1944년 말에 구성을 마치고 투하 훈련을 계속해왔다는 사실은 과학자들의 노력이 다분히 뒤늦은 것이었음을 말해주고 있다.

| 오퍼레이션 리서치 |

오퍼레이션 리서치(operations research, OR, 전쟁 시기 영국에서는 'operational research'라는 용어를 썼지만, 이것이 미국으로 건너오면서 'operations research'라는 명칭이 자리를 잡게 되었다)는 오늘날 형식적 분석 기법을 활용해 복잡한 문제를 연구하고 그에 대한 해법을 제공하는 학제적(수학, 경제학, 공학, 경영학의 결합) 분야를 가리키는 말이다. 전쟁 직후에 나온 OR의 정의는 "대규모의 복잡한 조직 혹은 활동에 대한 연구에 (…) 과학적 방법을 응용해 (…) 의사결정에 대한 정량적 근거를 제공하는" 학문임을 강조하고 있

---

17 이러한 인식의 차이는 프로젝트의 목적에 대한 과학자들과 군대의 이해 차이와도 연관돼 있었다. 시카고에 있던 실라드 같은 과학자들은 맨해튼 프로젝트가 한두 발 정도의 원자폭탄을 만들어 적국에 대해 무력시위를 함으로써 항복을 유도하는 일종의 시범 생산 프로젝트로 생각한 반면, 그로브스 같은 군인들은 엄청난 자금을 프로젝트에 쏟아부은 만큼 전후에도 원자폭탄을 계속해서 뽑아낼 수 있는 일종의 '생산라인' 같은 것을 갖추어야 한다고 생각했다.

다.[18] 이는 2차대전기 영국에서 시작되어 전쟁 기간 동안 영어권의 연합국들(캐나다, 인도, 미국 등)로 확산되었는데, 이미 지적한 바와 같이 그 기원은 영국의 초기 레이다 연구에서 유래했다.

레이다 연구에서 OR이 나오게 된 배경을 이해하려면 영국의 초기 레이다 연구가 어떤 맥락에서 진행됐는지를 다시 한번 되짚어볼 필요가 있다. 앞서 티저드 위원회가 왓슨와트의 아이디어를 받아들여 체인 홈 레이다 시스템 개발에 나서게 되는 과정을 살펴봤지만, 사실 레이다를 이용한 방공망 개발은 영국 정부나 공군 주류의 요구였다기보다 민간 과학자들의 요구를 따른 것에 가까웠다. 영국 공군은 1930년대 내내 영토 방공에 회의적인 태도를 보였고, 영국을 지켜내는 방법은 대규모 전략 폭격 능력을 보유함으로써 억지력을 갖추는 것뿐이라고 믿었다. 이러한 인식은 1932년 영국 총리 스탠리 볼드윈이 "(우리가 어떻게 대비하더라도) 적의 폭격기는 항상 그것을 뚫고 들어올 것"이라고 발언한 데서도 잘 드러난다.[19] 이처럼 영국 정부와 공군의 주류가 소극적인 태도를 견지했기 때문에 레이다 개발 프로그램에서는 티저드를 위시한 민간인 과학자들의 역할이 대단히 컸고, 그에 비례해 레이다의 개발과 운용에서 더 큰 발언권을 가질 수 있었다.

또한 앞서 살펴본 것처럼 초기의 레이다는 낮은 해상도, 표시 장치의

---

18 M. Fortun and S. S. Schweber, "Scientists and the Legacy of World War II: The Case of Operations Research(OR)," *Social Studies of Science*, 23:4 (1993), p. 611.

19 Erik P. Rau, "Technological Systems, Expertise, and Policy Making: The British Origins of Operational Research," in Michael Thad Allen and Gabrielle Hecht (eds.), *Technologies of Power: Essays in Honor of Thomas Parke Hughes and Agatha Chipley Hughes* (Cambridge, MA: The MIT Press, 2001), p. 220.

부정확성, 크고 거추장스러운 장치 등 여러 한계를 지니고 있었기 때문에, 이것이 제대로 기능하기 위해서는 이를 보완할 수 있는 시스템에 통합시킬 필요가 있었다. 이에 따라 체인 홈 시스템을 개발하고 배치할 때 영국 공군의 비긴 힐 기지에서 1년여에 걸쳐 비공식 방공 시험이 진행되었고, 이때 과학자들과 뜻이 맞는 공군 장교들 사이에 자유로운 정보 공유와 협력 작업이 이뤄졌다. 그 결과는 중앙집중적이고 수작업에 의존하는 정보 처리 및 통제 시스템의 구체적 세부 절차로 나타났는데, 당시 이러한 장치의 실제 '운용'('개발'과는 대비되는 의미에서)을 담당했던 엔지니어들을 '오퍼레이셔널 리서치 부서(Operational Research Section)'라고 처음 부르기 시작했다. 이 단계에서 아직 OR은 어떤 공인된 기법이나 구체적 실천이 아니라 임기응변식의 문제 해결에 가까웠다.

아직은 그 정체성이 모호했던 OR의 성격이 변화하기 시작한 것은 브리튼 전투에서 승리를 거두고 OR이 공군에서 육군과 해군으로 퍼져나가기 시작한 1940~1941년의 일이었다. 이 시기를 전후해 자신들의 전시 기여를 늘리고자 하는 엘리트 과학자들(티저드, 아치볼드 힐 등)의 야심이 작용하면서, OR은 점차 군 사령부 내에서 이뤄지는, 방법론적으로 좀 더 엄격한 과학 활동으로 이해되기 시작했다. 이 과정에서 가장 큰 역할을 했던 인물이 바로 실험물리학자인 패트릭 블래킷이었다. 블래킷은 1930년대에 J. D. 버널, 조지프 니덤, J. B. S. 홀데인 등과 함께 '과학 좌파'의 일원을 이뤘던 인물로 티저드 위원회에서도 활동한 전력이 있었다. 그는 1940년 8월부터 육군 방공 사령부의 자문을 맡아 방공관제연구그룹(Anti-Aircraft Command Research Group)이라는 민간인 과학자 팀을 운용하기 시작했는데, 군 조직 안에 과학자 팀이 활동하는 것을 이채롭게 여긴

주변 사람들은 반쯤 비꼬는 의미에서 이 조직을 '블래킷 서커스단(Blackett's Circus)'이라고 불렀다. 이 그룹에 속한 과학자들은 과학적 분석을 통해 특정한 군사 작전의 효과를 정량적으로 측정할 수 있고 계획된 작전의 성공가능성도 예측할 수 있다고 주장했다. 가령 이 그룹은 "제한된 수의 대공포와 레이다 장치들을 어떻게 배치하면 런던시에 최대한의 보호를 제공할 수 있는가?"와 같은 질문을 받았고, 이에 대해 과학적 분석에 입각해 정량적 근거를

2차대전 시기 오퍼레이션 리서치의 정체성 확립에 결정적 기여를 한 영국의 물리학자 패트릭 블래킷(1942).

갖춘 '해답'을 제시했다. 블래킷이 이끌던 과학자 팀이 성공을 거둘 수 있었던 것은 블래킷이 군 고위 장교들의 신뢰를 얻어 일급비밀로 분류되던 전투 및 첩보 자료에 접근할 수 있었다는 점이 중요하게 작용했는데, 이는 초기 레이다 연구에서 과학자들과 일부 군 장교들이 긴밀한 협력 작업을 통해 신뢰를 쌓은 데 힘입은 바가 컸다. 블래킷은 1941년 3월에 공군 연안 사령부로 이동해 독일 잠수함의 위협에 맞서는 데 OR을 응용하는 작업을 이끌었고, 그해 가을에는 해군을 위한 OR 자문을 맡았다.

이러한 활동이 성과를 거두면서 1942년 이후 영국에서는 모든 군 부서에 OR이 보급되어 해당 군의 특수한 상황에 맞는 과학적 자문을 제공하기 시작했다. 각급 군부대들은 수학자와 물리학자를 고용해 OR 업무를 맡겼고, 과학자들은 표준적 방법론 없이 해당 부대의 실정에 맞는 국소적

2차대전 시기 유럽에 대한 연합군의 전략 폭격 모습. 보통 수천 대의 폭격기가 한꺼번에 이륙해 특정 목표물을 단기간에 집중적으로 폭격했다. 이러한 전략 폭격은 종종 다수의 민간인 사상자를 낳았고, 그것이 갖는 군사적 가치를 놓고 크게 논쟁을 불러일으켰다.

형태의 OR를 수행했다. 이처럼 파편화된 형태의 OR 실천은 1943년 이후 서유럽의 전세가 역전되어 여러 군부대들이 합동 작전을 펼치게 되면서 OR 그룹들 간의 갈등 양상으로 번지기도 했다. 이를 가장 잘 보여준 대표적인 사례가 연합군 공군이 독일에 대한 전략 폭격을 어떻게 할 것인지를 둘러싼 논쟁이었다. 각 부대에 속한 OR 그룹들은 전략 폭격의 정당하고 효과적인 목표물은 무엇인지(군 기지나 산업 단지를 겨냥해 적의 전쟁 수행 능력을 제거할 것인지, 아니면 노동자 거주지를 폭격해 적 국민들의 사기를 떨어뜨릴 것인지), 공격 방법은 어떤 것이 효과적인지(낮 시간에 육안으로 정밀 폭격을 할 것인지, 아니면 특정 지역 전체에 대한 무차별 폭격을 할 것인지), 사

모두를 위한 테크노사이언스 강의

용 무기는 무엇이 적합한지(고폭약인지, 소이탄인지, 고속 신관과 저속 신관 중 무엇을 쓸 것인지) 등을 놓고 열띤 논쟁을 벌였다. 가령 처칠의 과학 자문역이었던 프레더릭 린더만 같은 과학자는 대대적 지역 폭격이 비록 부정확하지만 독일 국민들의 사기를 꺾는 데는 효과적이라고 주장한 반면, 티저드와 블래킷은 독일의 공습 피해에 대한 예측이 지나치게 낙관적이라며 폭격 대상을 독일군 연안 사령부에 집중하는 것이 더 효과적이라고 주장했다. 이러한 OR 그룹들 간의 견해차이는 전쟁 말미까지 해소되지 못했다.

전시에 성과를 거둔 OR은 전후 세계에 확산되기 시작했다. 전시 OR의 주역이었던 과학자들은 OR을 민간에 도입하는 것을 추구했지만, 영국에서는 정부와 기업이 이를 받아들이는 속도가 기대만큼 빠르지 않았다. 민간에서 OR이 성공을 거둔 것은 오히려 전시에 OR 도입에 소극적이었던 미국이었다. 미국에서는 1942년에 영국으로부터 OR 방법론이 수입되어 육군 항공대와 해군 대잠수함 부대 등에서 과학자들로 이뤄진 OR 그룹이 결성되었지만, 영국과 달리 과학자들을 불신하거나 귀찮은 존재로 여겼던 군 장교들이 정보 공유를 거부함으로써 제대로 된 활동이 이뤄지지 못했고 NDRC와 OSRD 등도 OR의 도입과 지원에 소극적이었다. 반면 전쟁이 끝난 다음에는 냉전적 필요에 따라 미국의 군 기구, 대학, 산업체, 싱크탱크 등이 OR을 적극적으로 도입했고, 1950년대에는 대학의 강좌, 관련 학회, 컨설팅 회사 등이 등장했다. 1960년대 들어 OR은 일본, 북대서양조약기구(NATO) 국가, 개발도상국으로 보급되며 정책결정 과정에서 기술 전문가들에게 특별한 역할과 지위를 부여하는 '정책 과학'으로 발전해나갔다.

레이다, 원자폭탄, 오퍼레이션 리서치는 모두 군사무기이거나 그것의 개발 과정에서 도출된 방법론 내지 기법에 해당하며, 주로 수학자와 물리학자들이 개발에 참여했다. 하지만 2차대전 시기의 전시 연구에 물리학자들만 중요한 역할을 한 것은 아니었다. 2차대전은 의학적 측면에서도 획기적 변화가 있었던 사건이었고, 특히 최초의 광범위 항생제인 페니실린을 대량생산해 이를 필요로 하는 군인과 민간인들에게 저렴하게 공급할 수 있게 된 데는 2차대전이라는 계기가 결정적이었다. 페니실린의 발견은 훨씬 더 일찍 이뤄졌지만, 전쟁 이전에는 아직 유효 성분의 분리에도 성공을 거두지 못하고 있었다. 페니실린 개발을 위해서는 다양한 과학 및 엔지니어링 분야(세균학, 균류학, 생화학, 농학 등)의 통합이 요구되었고, 생명과학에서 전례를 찾아볼 수 없는 규모의 협력적 연구팀이 전시의 대량생산 과정에서 선을 보였다. 전시에 개발된 이러한 배양 및 발효 기술은 이후 대량의 미생물을 배양하고 처리하는 새로운 기술 분야, 즉 생화학공학(biochemical engineering)의 밑거름이 되었다.

대중적으로 널리 알려진 바와 같이, 페니실린의 최초 발견은 우연의 산물이었다. 영국 세인트메리 병원 의과대학의 병리학 연구소에 근무하던 세균학자 알렉산더 플레밍은 1928년 9월에 한 달간의 휴가를 마치고 돌아온 후 실험실 구석에 씻지 않은 채로 방치해둔 시험접시에서 짙은 녹색의 곰팡이가 두툼하게 슬어 있는 것을 발견했다. 흥미로운 점은 이 곰팡이가 주변에 있던 포도상구균 군락을 죽인 것처럼 보인다는 사실이었다. 플레밍은 1920년대 초에 사람의 눈물에 존재하며 세균을 죽이는 리소자

알렉산더 플레밍이 실험실에서 곰팡이 배양접시를 들고 포즈를 취한 모습. 이 사진을 찍은 것은 1943년으로 플레밍이 우연한 발견을 한 지 15년이 지난 후였다.

임(lysozyme)이라는 효소를 발견한 적이 있었는데, 리소자임은 인체에 주요 질병을 일으키는 세균들은 죽이지 못했기 때문에 의학적으로는 별로 쓸모가 없는 것으로 판명되었지만 이때의 경험은 계속 플레밍의 기억 속에 남아서 그가 1928년 여름에 있었던 우연한 사건을 활용하는 데 결정적 역할을 하게 되었다. 플레밍은 이 곰팡이를 배양해 실험을 시작했고, 곰팡이가 여러 종류의 세균을 죽인다는 사실을 확인했다. 그는 이듬해에 자신의 발견을 《영국실험병리학회지British Journal of Experimental Pathology》에 발표했고, 균류학자를 통해 알아낸 곰팡이의 명칭 페니실리움 노타툼(Penicillium notatum)을 따서 세균을 죽이는 유효 성분에 페니실린(penicillin)이라는 이름을 붙여주었다. 그러나 갖은 노력을 기울였음에도 불구하고, 그는 곰팡이에서 유효 성분을 분리해내는 데는 실패했다. 이러한 플레밍의 발표는 학계에서 상당한 주목을 끌었으나, 세균학, 생화학, 병리학 등

옥스퍼드대학의 페니실린 연구팀. 뒷줄 왼쪽에서 두 번째가 하워드 플로리, 네 번째가 언스트 체인이며, 뒷줄 맨 왼쪽이 나중에 스트렙토마이신을 발견한 세균학자 셀먼 왁스먼이다.

과학의 여러 분과들이 교류 없이 별도로 활동하던 당시 과학계의 분위기 때문에 추가적인 학술 성과가 나타나는 데는 제법 시간이 걸렸다.

한동안 지지부진하던 페니실린 연구는 1930년대 중반 옥스퍼드대학에서 병리학 교수 하워드 플로리가 다양한 분야(임상병리학, 실험병리학, 세균학 등)의 과학자들을 모아 학제적 연구팀을 결성하면서 전환의 계기를 맞았다. 플로리는 이 연구팀에 독일 출신의 생화학자 언스트 체인을 끌어들였다. 그는 독일에서 박사학위를 마치고 연구를 위해 영국에 왔다가 유럽 대륙에 점차 전운이 드리우기 시작하자 영국에 눌러앉기로 결심하고 두 번째 박사학위를 받은 후 일자리를 찾던 중이었다. 플로리 연구팀에 합류한 체인은 연구 주제를 탐색하다가 10여 년 전에 발표된 플레밍의 논

모두를 위한 테크노사이언스 강의

문을 우연히 발견하고 페니실리움 곰팡이로부터 유효 성분인 페니실린을 분리하는 과제에 도전해보기로 했다. 체인이 관심을 가졌던 문제는 페니실린이 환자 치료에서 어떤 가치를 갖는가와 같은 의학적 질문이 아니라 페니실린이 어떤 물질이며 이를 처음으로 분리해내는 데 성공할 수 있을까와 같은 생화학적인 질문이었다. 2차대전이 막 발발해 영국 정부는 연구를 지원할 여력이 없었기 때문에, 체인은 1939년 11월 미국의 록펠러재단에 연구비 지원을 신청했다. 이를 본 록펠러재단의 과학 지원 책임자 워런 위버는 (체인의 의도와 달리) 이것이 앞으로 미국에도 닥칠 전쟁에 대비하여 의학적 가치가 있는 프로젝트라고 생각해 연구비를 지원했다.

곰팡이에서 유효 성분을 분리해내는 일은 결코 쉽지 않았다. 페니실린은 극히 변덕스러운 물질이어서 화학물질을 서로 분리하는 데 흔히 쓰이는 여러 방법들이 잘 통하지 않았다. 그러나 체인은 끈질기게 이 문제에 달라붙었고, 결국 동결건조법을 이용해 생활성을 갖는 분말을 추출해내는 데 성공을 거뒀다(이 분말은 아직 불순물이 다량 함유된 것이었고 순수한 페니실린은 1퍼센트밖에 안 되었다). 1940년 3월, 그는 이렇게 얻어낸 분말 40밀리그램을 두 마리의 쥐에 주입하는 실험을 했다. 이는 페니실린 분말이 생체에 독성을 갖는지, 또 면역 거부반응을 일으키는지를 보기 위한 것이었는데, 실험 결과 페니실린은 쥐에게 별다른 독성을 갖거나 염증을 일으키지 않는 것으로 밝혀졌다. 체인에게 이는 대단히 실망스러운 소식이었다. 어렵사리 분리해낸 페니실린이 생화학적으로 흥미로운 분자인 단백질(효소)이 아님이 밝혀졌기 때문이다. 그러나 다른 관점에서 보면 이는 희소식이기도 했다. 페니실린이 쥐에게 아무런 해를 끼치지 않았다는 사실은 이 물질이 쥐의 몸속에 있는 유해 세균만 죽이는 '마법의 탄환(magic bullet)'이 될 수 있음을 입증했기 때문이다. 이 시점에서 체인의 페니실린 연구는 과학 프로젝트에서 의학 프로젝트로 성격이 전환되었다. 하지만 이것이 의학적으로 유용한 물질이 되려면 분리된 페니실린의 양과 순도를 높이는 어려운 과제를 계속 수행해야 했다. 옥스퍼드 연구팀의 또 다른 생화학자 노먼 히틀리는 역추출(back extraction) 기법을 써서 불순물을 제거하고 추출의 효율을 향상시키는 데 중요한 기여를 했다. 또한 히틀리는 곰팡이를 배양할 때도 이전에 쓰이던 플라스크 대신 바닥이 넓적하고 빛이 차단된 요강형 발효기(bedpan fermenter)를 고안해 쓰기 시작했다. 이렇게 배양해 추출해낸 페니실린으로 1941년 초까지 6명의 환자들에 대한 치료가 시도되었지만, 의학적 유용성을 입증하기까지는 아직 갈 길이 멀었다.

결국 앞서 서술한 레이다나 원자폭탄의 경우와 마찬가지로 페니실린 역시 미국의 도움을 빌리게 되었고, 이는 전후 과학계에서 힘의 균형이 유럽에서 미국으로 넘어갔음을 보여주는 또 하나의 사례가 되었다. 1941년 6월에 위버는 페니실린 생산에서의 협력 방안을 논의하고자 플로리와 히틀리를 미국으로 초청했다. 두 사람은 미국에서 여러 연구소 및 제약회사들과 접촉하며 협력 의사를 타진했지만, 당시 미국은 아직 참전 상태가 아니었기 때문에 제약회사들은 특허 독점을 위해 협력에 소극적인 태도를 보였다. 결과적으로 미국에서 페니실린의 대량생산으로 가는 길에 가장 큰 기여를 한 것은 미 농무부 산하의 북부지역연구소(Northern Regional Research Laboratory, 연구소가 위치한 지역 이름을 따서 피오리아 연구소[Peoria Lab]로 흔히 지칭됐다)였다. 피오리아의 연구자들은 이전까지 쓰이던 배양액을 대신해 저렴한 농가공 부산물인 옥수수 침지액(cornsteep liquor)

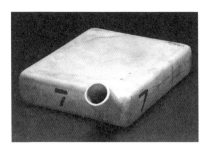

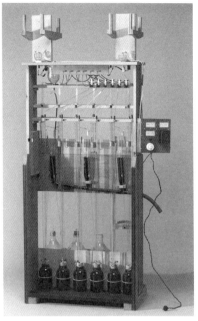

히틀리가 페니실린 추출을 위해 사용한 실험 장치의
복제품(오른쪽)과 페니실리움 곰팡이 배양을 위해
고안한 요강형 발효기(왼쪽). 히틀리는 페니실린의
순도를 높이는 데 중대한 기여를 했지만 동일 업적
에 대해 3명까지만 수상자를 정하는 노벨상의 운영
규정 때문에 노벨상을 받지 못했다.

을 사용해 배양의 효율을 높였고, 용기에 담긴 배양액 표면에서 곰팡이
를 배양하는 대신 큰 탱크에 배양액을 넣고 이를 계속 휘저어 액체 내부
까지 산소를 공급함으로써 그 속에서도 곰팡이를 키울 수 있는 액내배양
(submerged fermentation) 기법을 개발해냈다. 더 나아가 그들은 더 많은 페
니실린을 생산하는 곰팡이 균주를 전 세계적으로 탐색했고, 플레밍이 실
험한 곰팡이보다 6배 많은 페니실린을 생산하는 균주를 지역의 슈퍼마켓
에서 찾아냈다.[20] 흥미로운 대목은 피오리아 연구소의 연구자들이 자신들

---

20   나중에 미네소타대학, 위스콘신대학, 콜드스프링 하버 연구소의 공동 연구팀은 곰팡이에 X
      선을 쬐어 유전적으로 변형시킴으로써 더 많은 페니실린을 생산하는 곰팡이 균주를 만들어냈
      다. 전후에 X선과 자외선을 쬐어 변형시킨 Q-176 균주는 배양액 1밀리리터당 1000단위의

피오리아 연구소의 연구팀이 페니실린에 대해 논의하는 모습(1944). 당시 대학에서는 찾아보기 어려웠던 산업연구소의 협동적 연구 스타일을 잘 보여준다.

의 기여가 개인의 기여가 아닌 팀 작업의 산물임을 강조했다는 사실이다. 이 연구소는 20세기 초에 생겨난 산업연구소를 모델로 삼아 활동했고, 연구자들은 전후의 논공행상에서 전시 기여에 대한 개인적 공로 인정을 스스로 거부했다. 20세기 전반기 대학의 과학자들과는 크게 다른 새로운 과학 문화가 산업체 연구소로부터 자라나고 있었던 것이다.

이렇게 개발된 새로운 기법들을 써서 페니실린을 대량생산하는 데는 미국 제약회사들의 역할이 컸다. 여기에는 미국이 전시로 돌입하면서 정

페니실린을 생산했는데, 이는 옥스퍼드 연구팀의 밀리리터당 2단위에 비해 비약적으로 증가한 수치였다.

2차대전 시기 제약회사와 전쟁부의 페니실린 광고와 선전 포스터. '기적의 약'으로서의 페니실린의 이미지를 전달하고 있다.

부가 제약회사들의 개별 특허에 따른 독점을 인정하지 않고 특허 풀을 만들도록 강제한 것이 주요한 배경으로 작용했다. 1943년 여름까지 미국 내에서는 펜실베이니아 주에 있는 체스터 카운티 머시룸 연구소(Chester County Mushroom Laboratories)가 페니실린 생산량의 대부분을 만들어냈는데, 이곳에서는 재활용 수거한 우유병에 배양액을 넣어 곰팡이를 배양하는 방식을 썼기 때문에 생산량이 많지 않았다. 미국의 대형 제약회사들 중 페니실린의 대량생산에 가장 먼저 관심을 보인 곳은 화이자(Pfizer)였다. 제약업계에서 3위로 처져 있었던 화이자는 페니실린 시장을 선점하기 위해 과감하고 공세적인 전략을 추구했고, 1943년 8월에 대규모 액내배양 시험공장을 건설한 데 이어 1944년 2월에는 최초의 상업적 공장을 건

1944년 5월 15일자 《타임》 표지에 등장한 플레밍. 그가 전시에 누리게 된 유명세를 단적으로 보여준다.

설해 미국 내에서 으뜸가는 페니실린 생산회사로 발돋움했다. 곧이어 전시 페니실린 공장 건설에 대한 미국 정부의 지원을 등에 업고 머크(Merck), 스큅(Squibb) 등 다른 대형 제약회사들도 그 뒤를 따랐다. 제약회사들이 뛰어들면서 페니실린의 생산량은 급증했고 가격은 급락했다. 1943년 전반기에 10억 단위에 못 미쳤던 미국의 페니실린 생산량은 그해 하반기에 200억 단위, 이듬해에는 1조 6,630억 단위로 크게 늘어났고, 1회 접종에 드는 비용도 1943년에는 20달러였던 것이 1945년에는 6.5센트까지 100분의 1 이하로 떨어졌다. 1945년에는 순수 페니실린 생산량이 4톤에 달했는데, 이는 불과 2년 전 생산량의 300배나 되었다.

대량생산된 페니실린은 폐렴이나 가스괴저 같은 세균감염증뿐 아니라 전쟁에 으레 따라붙는 매독, 임질 등 성병에도 놀라운 효능을 발휘했다. 초기에 미국과 영국의 육군은 페니실린을 전장에 보급하는 데 보수적인 태도를 보였지만, 일련의 대중적 시연을 통해 페니실린의 효과를 확인한 이후에는 이를 전장에 적극적으로 보급했고, 1944년 여름 노르망디 상륙을 전후해서는 작전에 참여하는 병사들에게 페니실린이 넉넉하게 공급될 수 있었다. 페니실린이 전장의 병사들을 살리는 데 중요한 기여를 하고 있음이 알려지면서, 페니실린은 이제 실험적 치료법이 아닌 전시 과학 연구의 상징과도 같은 존재로 부상했다. 그러한 공로를 인정받아 플레밍,

플로리, 체인은 1945년 노벨 생리의학상을 공동으로 수상했다.

전시의 페니실린 개발은 널리 퍼진 대중적 신화와 달리, 플레밍의 우연적 발견이 아니라 학제 연구와 거대하고 산업화된 과학이 이뤄낸 개가였다. 전쟁 말기에 플레밍이 뒤늦게 페니실린의 영웅으로 부상한 것은 페니실린이 거둔 놀라운 전시의 성과와 그에 대한 선전, 그리고 매혹적인 기삿거리를 찾는 언론의 성향이 합쳐져 빚어낸 결과였다고 보아야 할 것이다. 플로리나 체인, 히틀리도 아닌 플레밍이 페니실린 개발에서 가장 중요한 인물로 부각되면서, 정작 페니실린의 '대량생산'에 혁혁한 공헌을 한 피오리아 연구소의 농업 과학자들이나 화이자 공장의 엔지니어들은 제대로 된 공로를 인정받지 못한 채 역사의 각주로만 남게 되었다.

IV

냉전과
정부/군대의 역할

1945~1980

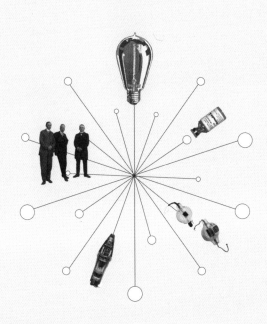

21세기 초를 살아가는 많은 사람들에게 '냉전'이라는 단어는 다분히 고색창연한 옛 시절을 연상시킬 것이다. 미국과 (지금은 사라진) 소련이라는 초강대국이 수만 발의 핵무기를 서로 겨누고 대치하며 전면 핵전쟁과 인류 절멸의 공포감을 불러일으켰고, 정치, 경제, 사회, 문화 등 모든 면에서 사사건건 대립하면서 국제무대에서 제3세계를 자기편으로 끌어들이기 위해 노심초사했던 반세기 남짓한 기간은, 냉전이 끝난 후 30년 넘게 지난 지금의 시점에서 보면 그런 때가 있었나 싶을 정도로 오래된 과거처럼 여겨질 수 있다. 그러나 2차대전과 곧바로 이어진 냉전은 우리와 별반 상관이 없는, 빛바랜 역사책의 한구석에 넣어두면 족한 사건이 아니라 우리가 살아가는 현대사회의 기틀을 만든 계기였으며, 과학의 역사에서도 이는 예외가 아니다. 오늘날 우리가 당연한 것으로 받아들이는 과학에 대한 태도, 인식, 제도, 이데올로기 등은 2차대전기에 처음 등장해 냉전 초기에 그 틀이 만들어졌고 이후 시대적 환경이 바뀌었음에도 불구하고 아직도 많은 부분 우리 곁에 남아 있다. 이 장에서는 냉전 시기의 환경이 당대의 과학 실천 및 이데올로기와 어떤 상호작용을 주고받았는지에 대해 살펴보도록 하자.

1

원자 시대

전후 과학의 역사를 다루면서 2차대전 때 처음 개발된 핵무기가 전후 세계 질서에 어떤 영향을 미쳤는지를 건너뛰고 가기는 어렵다. 히로시마와 나가사키에 투하돼 일본의 항복을 유도한 원자폭탄은 전후 세계에서 그것을 만들어내는 데 가장 큰 기여를 한 (것으로 널리 인식됐던) 물리학자들의 지위를 엄청나게 높여놓았고, 역으로 대중과 정치인들의 시각에서 볼 때 물리학자들을 대단히 위협적이고 감시해야 할 대상으로 바꿔놓기도 했다. 또한 핵무기와 원자핵 반응의 다른 응용들은 군사 무기의 개발에서 그치지 않고 전후에 다양한 과학 분야들에 영향을 미쳤다.

| 냉전의 시작과 핵무기의 국제적 통제 시도 |

미국과 영국, 소련은 2차대전 때 연합군을 이뤄 독일과 일본에 맞서 싸

웠고, 여러 차례의 국제회담을 거쳐 전후 질서의 틀을 함께 만든 동맹국이기도 했다. 그러나 전쟁이 끝난 후 불과 2년도 채 안 되어 동맹국들 사이에는 엄청난 간극이 벌어졌다. 이제 미국과 소련은 2차대전 말미에 독일 영토에서 병사들끼리 악수를 주고받던 동맹국이 아니라 자국의 안위를 위해서는 반드시 상대방을 견제하고 제거해야 하는 불구대천의 적으로 서로를 간주하기 시작했다. 왜 이처럼 엄청난 인식의 변화가 단시간 내에 나타났을까? 사실 연합국들 사이에 불신의 뿌리가 자라난 것은 2차대전 때였다. 소련이 유럽의 동부전선에서 유일하게 독일과 맞서 싸우며 엄청난 피해를 감수하고 있던 1942~1943년 즈음에, 소련은 여러 차례에 걸쳐 미국과 영국에 유럽 서부 연안에 대한 상륙작전을 통해 제2전선을 열어 독일군을 분산시켜줄 것을 요청했다. 그러나 미국과 영국은 자국 내의 사정과 태평양 전쟁의 진행 등 여러 가지 이유를 들어 이를 지연시켰고, 결국 노르망디 상륙으로 제2전선이 열린 것은 이미 소련이 동부전선에서 독일군을 패퇴시킨 후인 1944년 여름의 일이었다. 소련 지도자 이오시프 스탈린은 미국과 영국의 이러한 태도가 지구상의 유일한 사회주의 국가인 소련을 독일과의 소모전을 통해 고사시키려는 음모의 발로라고 생각했고, 이때부터 연합국들 사이의 불신이 커지기 시작했다. 여기에 결정적인 쐐기를 박은 것은 미국과 영국이 원자폭탄 개발을 위해 공동으로 추진하던 맨해튼 프로젝트를 전쟁이 거의 끝날 때까지 소련에 비밀로 했다는 사실이었다(스탈린은 소련 스파이의 전언을 통해 이미 이 사실을 파악하고 있었다). 소련 입장에서 더 나빴던 점은 미국이 이를 일본에 실제로 사용했다는 것이었다. 일단 한번 사용한 무기라면 앞으로 다른 상황에서 다른 국가를 상대로 또 사용할 수도 있었고, 그 국가는 소련이 될 수도 있을

터였다. 이에 따라 독일이 패망의 길로 접어들던 전쟁 말기에 미국과 소련은 이미 서유럽에서 독자행동을 하기 시작했고, 전후에 굳어지게 되는 동서 진영 간의 경계선도 서서히 그려지기 시작했다. 소련은 자국을 '제국주의 국가'들의 위협에서 방어하기 위한 위성 국가들을 동유럽에 확립하는 한편으로, 사력을 다해 원자폭탄 개발을 추진했다.

소련이 원자폭탄 개발을 위해 안간힘을 쓰는 동안 미국에서는 전시에 비밀리에 추진된 맨해튼 프로젝트의 유산을 정리하는 작업에 나섰다. 전쟁 이후 드러난 핵 연구와 관련 시설들은 어떻게 해야 할까? 이 질문에 답하기 위한 군대와 의회의 노력은 1945년 10월 메이-존슨 법안으로 나타났다. 이는 군 주도의 기구를 새로 창설해 맨해튼 프로젝트의 시설들을 넘겨받은 후 무기 개발에 역점을 두고 이를 운영해나가며 비밀 엄수를 강조한다는 점이 특징이었다. 그러나 그로브스 같은 군인과 매파 정치인들이 선호했던 이 법안에 대해 전후에 생겨난 원자과학자 운동은 강력한 반대 의사를 표시했다. 그들은 자신들이 만드는 데 기여한 군사 무기가 수많은 인명을 살상했다는 데 책임과 죄의식을 느끼고 있었고, 전쟁이 끝난 후에는 핵에너지가 민간의 통제 하에 다른 방향으로 활용되어야 한다고 생각했다. 이에 따라 메이-존슨 법안은 사실상 폐기되었고, 그에 대한 대안으로 1945년 12월에 맥마혼 법안이 의회에 제출되어 이듬해 6월 의회 표결을 거쳐 원자에너지법(Atomic Energy Act)이 되었다.

1947년 1월 발효된 원자에너지법의 골자는 핵에너지 개발을 담당할 민간 기구로 원자에너지위원회(Atomic Energy Commission, AEC)를 설립해 맨해튼 프로젝트의 여러 시설들(오크리지, 핸퍼드, 로스앨러모스, 아르곤 등)을 그 산하로 편입한다는 것이었다. AEC는 대통령이 임명하는 위원장을

원자에너지위원회의 초대 민간 위원들이 1947년 로스앨러모스를 방문한 모습. 왼쪽부터 로버트 바커, 데이비드 릴리엔솔, 섬너 파이크, 윌리엄 웨이맥, 루이스 스트로스이다. 이 중 과학자로는 맨해튼 프로젝트에 참여했던 핵물리학자 바커가 유일하게 선임됐다.

필두로 5명의 민간 위원으로 구성되고, 초대 위원장은 테네시강유역개발공사(TVA)의 이사장을 역임한 법률가 데이비드 릴리엔솔이 맡았다. 위원회의 논의 과정에는 일반자문위원회(General Advisory Committee, GAC)와 군사관계위원회(Military Liaision Committee)가 도움을 주었는데, 전자는 오펜하이머가 의장을 맡고 코넌트, 두브리지, 엔리코 페르미, I. I. 라비, 글렌 시보그 등이 위원으로 활동하는 과학자 중심의 자문기구였다. 이는 전쟁 이후 물리학자들의 높아진 사회적 위상을 반영한 것이었다. 그러나 원자에너지법은 법 제정 과정에서 군대의 입김이 많이 작용해 애초 제출된 맥마흔 법안에 비하면 무기 생산과 비밀 유지를 훨씬 더 강조하는 내용으로 변질되었고, AEC 역시 핵무기 개발과 생산을 주로 담당하는 사실상의 준군사기구로 기능하게 되었다.

이로써 맨해튼 프로젝트의 유산을 평화시로 이전시키는 문제는 어느 정도 해결되었지만, 당시 전 세계에서 미국만 보유하고 있던 핵무기를 어떻게 할 것인가의 문제는 여전히 남아 있었다. 이 문제에 대한 '해결'의 단초는 이미 전쟁 중에 나타났다. 특히 1943년 나치 치하의 덴마크를 탈출해 미국 방문 길에 로스앨러모스에도 여러 차례 들렀던 물리학자 닐스 보어의 국제주의적 전망이 당시 과학자들에게 큰 영향력을 발휘했다. 보어는 만약 원자폭탄이 현실화된다면 이는 국제 정치의 현실을 완전히 바꿔놓을 것으로 예견했다. 이전까지의 모든 무기들은 그에 대한 방어 수단을 강구할 수 있었고, 따라서 공격과 방어가 번갈아 발전하는 군비경쟁이 가능했지만(기관총에 대해서는 탱크, 탱크에 대해서는 대전차포 하는 식으로), 엄청난 위력을 갖춘 원자폭탄의 경우에는 그에 대한 유효한 방어 수단이 존재할 수 없었다. 원자폭탄을 가진 나라로부터 자기 나라를 지키기 위해서는 스스로 원자폭탄을 개발해 핵무장을 한 후에 상대방이 공격하면 그와 동일한 무기로 보복하겠다고 위협하는 방법밖에 없었다. 나중에 핵억지 (nuclear deterrence)로 알려지게 된 이 논리는, 그러나 위험천만한 핵 군비경쟁을 불러올 터였고, 그렇게 되면 조만간 지구상의 모든 나라들이 핵무기를 갖게 되어 핵전쟁으로 인한 인류 절멸의 위험이 엄청나게 커질 것이었다. 이를 피하기 위해서는 모든 나라가 원자폭탄을 개발하지 않겠다고 선언하고 국제적 사찰을 통해 각국의 핵무기 야망을 서로 감시하는 것만이 유일한 방책이라는 것이 보어의 생각이었다. 보어는 유일하게 안전한 세계는 '개방된 세계'라는 자신의 전망을 로스앨러모스의 과학자들에게 전달했고, 이는 전후의 과학자운동에 크게 영향을 미쳤다.

이러한 아이디어는 전쟁 이후 유엔 산하의 원자에너지 기구를 논의하는 과정에서도 영향력을 발휘했다. 트루먼 대통령은 전쟁 직후 국무부 차관 딘 애치슨에게 유엔에 제출할 미국의 입장을 담은 보고서를 작성하도록 지시했고, 애치슨은 AEC 위원장으로 내정된 릴리엔솔과 함께 보고서를 작성했는데, 릴리엔솔은 다시 오펜하이머에게 의견을 물어 적극 반영했다. 애치슨-릴리엔솔 보고서에는 핵문제에 관한 한 각국이 주권을 포기하고 이를 국제 원자에너지 기구에 위탁하며, 우라늄 광산과 핵 연구소를 공동으로 관리

1945년 1월 로스앨러모스를 방문해 '소여스 힐'에서 스키를 타고 있는 닐스 보어. 보어의 존재는 로스앨러모스의 젊은 과학자들에게 마치 '과학의 아버지'와 같이 여겨졌다.

하고, 핵에너지의 평화적 이용을 촉진하자는 내용이 담겨 있었다. 그러나 이는 곧 미국이 전쟁 시기에 엄청난 비용을 들여 개발한 원자폭탄을 스스로 포기해야 한다는 것을 의미했고, 미국의 군인과 매파 정치인들은 이것이 애써 얻은 군사적 우위를 내팽개치는 말도 안 되는 발상이라고 생각했다. 트루먼은 버나드 바루크를 유엔에 특사로 파견해 애치슨-릴리엔솔 보고서에 입각한 일명 '바루크 계획(Baruch Plan)'을 제출하게 했는데, 이때 소련이 도저히 받아들일 수 없는 조항—소련을 비롯한 다른 나라들이 원자폭탄 개발을 하지 않겠다고 서약하고 사찰에 동의한다는 조건 하에 미

국이 핵무기를 폐기하겠다는—을 삽입해 의사 진행을 방해했다. 이에 소련은 미국의 선제적 원자폭탄 포기와 핵무기의 전면 금지를 주장하며 맞섰고, 결국 유엔에서는 아무런 결론도 내려지지 못했다.

│ 군비경쟁의 도래와 매카시즘 선풍 │

전후의 과학자운동은 바루크 계획이 핵무기의 국제적 통제를 위한 마지막 기회라고 생각했기 때문에 이것의 실패를 애석해했지만, 앞서 본 것처럼 핵 군비경쟁은 이미 전쟁이 끝난 직후부터 시작돼 있었다. 2차대전 중에 스탈린은 모드 보고서의 존재도 이미 알고 있었고 여러 경로를 통해 미국의 원자폭탄 프로젝트에 대해 제법 소상히 알고 있었지만 이를 그다지 신뢰하지 않았다. 이에 따라 1943년 시작된 소련의 원자폭탄 프로젝트는 진척 정도가 지지부진했다. 그러나 히로시마와 나가사키에 원자폭탄이 실제로 사용되는 것을 본 스탈린은 원자폭탄 프로젝트에 사활을 걸고 전력으로 추진할 것을 지시했다. 비밀경찰 수장인 라브렌티 베리야가 책임을 맡고 물리학자 이고리 쿠르차토프가 과학 부문을 이끌었던 소련의 원자폭탄 개발 계획은 미국과 흡사하게 거대한 플루토늄 분리 공장과 비밀 핵무기 연구소를 만들어 진행됐고, 1949년 8월 미국의 '팻 맨'과 거의 동일한 구조의 플루토늄폭탄 시험에 성공했다. 스탈린은 핵개발에 성공했다는 사실을 대외적으로 공표하지 않았지만, 이 해 9월에 우연히 카자흐스탄 인근 상공을 비행하던 미군 정찰기가 수집한 공기 속에서 핵실험에서 나오는 방사성 동위원소가 발견됨으로써 소련의 원자폭탄 개발 소

1949년 8월 29일 카자흐스탄에서 폭발한 소련 최초의 원자폭탄 RDS-1.

식이 서방 측에 알려졌다.

　이 소식은 미국 사회에 엄청난 심리적 공황상태를 야기했고, 소련은 미국보다 기술적으로 한참 뒤쳐진 국가로 여겨졌기에 충격은 한층 더했다. 이 때문에 미국 내에서는 소련의 핵개발이 자체 역량에 의거한 것이 아니라 미국 내에 암약하던 소련 스파이들이 제공한 정보에 의한 것이라는 인식이 널리 퍼졌다. 1944년에 영국에서 미국으로 파견되어 로스앨러모스에서 연구를 도왔던 물리학자 클라우스 푹스가 소련 측에 극비 정보를 넘겨준 사실이 확인되자 이러한 생각은 더욱 굳어졌다. 그러나 과학사가 데이비드 홀러웨이에 따르면, 미국에서 전달된 정보가 소련의 핵개발 과정에서 불필요한 낭비와 막다른 골목을 피할 수 있게 해준 것은 맞지만, 그런 정보가 없었다고 하더라도 소련의 핵개발이 크게 지장을 받았을 거라고 보기는 어려우며, 기껏해야 한두 해 정도 늦어지는 정도에 그쳤을 것이다. 또한 스파이 정보가 갖는 미묘한 성격 때문에—스파이가 수집한 모

독일 출신의 영국 물리학자 클라우스 푹스의 로스앨러모스 시절 신분증. 그는 맨해튼 프로젝트에서 소련 스파이로 활동했고 내파형 원자폭탄 설계와 수소폭탄의 초기 개념 등 기밀 정보를 소련에 넘겼다.

든 정보에는 이중 스파이에 의한 교란 정보는 아닐까 하는 의심이 따라붙었다—이 정보를 곧이곧대로 받아들이기 어려웠다는 점도 염두에 두어야 한다.[1]

소련의 원자폭탄 개발은 이제 미국 본토가 핵공격에서 결코 안전하지 않음을 암시했고, 언론은 미국 땅에 원자폭탄이 투하됐을 경우를 상정해 가상의 시나리오를 그려내며 대중적 공황 상태를 부추겼다. 이에 미국 내에서는 소련에 맞서기 위해 원자폭탄보다 수백에서 수천 배 더 강력한 수소폭탄을 개발해야 한다는 주장이 힘을 얻게 되었다. 수소폭탄은 핵분열이 아니라 중수소의 열핵융합 반응(태양의 중심부에서 일어나는 것과 동일한)에서 방출되는 에너지를 이용하는 것으로, 이론적으로는 거의 무제한의 위력을 가진 폭탄을 만들 수 있었다. 이러한 폭탄의 가능성은 맨해튼 프로젝트에 참여했던 물리학자 에드워드 텔러가 이미 1942년부터 제기한 바 있지만, 이를 기폭시키기 위해서는 원자폭탄이 먼저 만들어져야 했으므로 수소폭탄 연구는 전쟁 동안 우선순위에서 밀려나 있었다. 전쟁 이후 1946년

1   김명진, 「검은 태양이 뜨자 인류에 저주가 내렸다」, 《프레시안》 (2016. 5. 3). [http://www.pressian.com/news/article.html?no=136171]

에 열린 GAC 회의에서도 실현가능성이 불확실한 수소폭탄을 만드는 것
보다는 기존의 원자폭탄 보유고를 확충하는 것이 더 중요하다고 결론 내
렸다. 그러나 소련의 핵개발로 인한 국제 정세의 변화는 수소폭탄 개발이
필요하다는 주장을 다시금 수면 위로 끌어올렸다. 이에 GAC는 1949년
10월에 회의를 열어 이 문제를 논의했고, 심사숙고 끝에 만장일치로 수
소폭탄 개발에 반대하기로 의견을 모았다. GAC의 검토 보고서는 수소폭
탄의 실현 가능성이 반반이라고 판단했지만, 기술적 가능성과 별개로 그
처럼 엄청난 무기는 오직 민간인들을 학살하는 데만 쓰일 수 있다고 적었
다. 수소폭탄 개발에 나서는 것은 미국의 이미지를 깎아내릴 터이며, 소
련으로 하여금 유사한 폭탄 개발에 나서게 해서 세상을 더 위험한 곳으
로 만들 뿐이라는 것이었다. 그러나 1948년 소련의 베를린 봉쇄와 1949
년 중국의 공산화로 반공주의의 경각심이 높아지고, 설사 미국이 도덕적
인 이유에서 수소폭탄 개발에 나서지 않는다 해도 당시 '절대악'으로 간주
된 소련은 어차피 수소폭탄을 개발할 거라는 현실론이 부상하면서, 미국
도 수소폭탄 개발을 시급하게 추진해야 한다는 주장에 힘이 실리게 되었
다. 이에 트루먼 대통령은 1950년 1월 다수 과학자들의 반대 의견을 무시
하고 수소폭탄 개발을 위한 긴급 프로그램을 추진하기로 결정했다.

수소폭탄 프로젝트에서는 텔러와 수학자 스타니스와프 울람의 아이디
어가 기본 설계에서 결정적 계기를 제공했다. 미국은 1952년 11월의 '마
이크 실험'에서 최초의 열핵융합 장치를 시험했다. 이 장치는 히로시마 원
자폭탄보다 800배나 더 강력한 10메가톤의 위력으로 폭발했다. 얼마 후
소련은 물리학자 안드레이 사하로프의 주도 하에 이와는 다른 방식의 수
소폭탄 실험에 성공했다. 이는 미국의 장치보다 폭발력은 떨어졌지만, 바

IV. 냉전과 정부/군대의 역할

소련에서 원자폭탄 개발과 수소폭탄 개발 프로젝트를 각각 이끌었던 물리학자 이고리 쿠르차토프(오른쪽)와 안드레이 사하로프.

로 실전에 활용할 수 있는 장치라는 장점이 있었다. 미국은 1954년 3월의 '캐슬-브라보 실험'에서 비행기에 탑재가능한 15메가톤 규모의 폭탄을 선보였고, 소련도 이듬해 11월 같은 방식의 메가톤급 수소폭탄 개발에 성공함으로써 본격적인 핵 군비경쟁의 막이 올랐다.

미국과 소련 양대 열강은 1980년대 말까지 인류 문명을 몇 번이고 종식시키고도 남을 6만여 기의 핵무기를 경쟁적으로 만들어냈는데, 이 기간 동안 미국이 핵무기 생산에 지출한 돈만 5조 5,000억 달러에 달할 정도로 엄청난 비용이 들어갔다.

소련의 핵무기 개발과 조지프 매카시 상원의원의 '폭로'에 뒤이은 1950년대 초의 매카시즘 선풍은 미국 내의 공산주의 동조자를 색출해야 한다는 광적인 운동으로 번지면서 당대 과학계에도 엄청난 영향을 미쳤다. 하원 반미행위특별위원회(House Un-American Committee, HUAC)는 '사상이 의심스러운' 인물들을 청문회에 소환해 다른 동조자들의 이름을 댈 것을 강요했고, 이를 거부하는 사람은 블랙리스트에 올라 일자리를 잃고 여행이 제한되었다. 특히 원자폭탄이 대중문화 속에서 신화적인 위치를 점하게 되면서 이를 개발하는 데 기여한 이론물리학자들은 원자 '비밀'의 누설가능성이 가장 높은 집단으로 집중적인 감시의 대상이 되었다. 일례로 2차대전 때 레이다 연구와 원자폭탄 프로그램에 참여했고 전후에는 미 국립표준국(National Bureau of Standards) 국장을 지냈던 물리학자 에

《타임》 1948년 11월 8일자와 1954년 6월 14일자 표지에 등장한 오펜하이머. 정부의 고위 정책자문위원으로 영향력을 발휘하던 전자와 기밀취급 허가 말소로 공직에서 쫓겨나는 굴욕을 겪은 후자 사이의 대비가 두드러진다.

드워드 콘던은 원자에너지의 민간 통제와 과학의 국제주의를 지지했다는 이유로 의회와 언론의 집중적인 공격 대상이 되었고, 결국 기밀취급 허가를 상실하면서 공직에서 물러나야 했다.

이처럼 고초를 겪은 과학자들 중 대표적인 인물로 로버트 오펜하이머를 빼놓을 수 없다. 전쟁 이후 오펜하이머는 맨해튼 프로젝트를 성공으로 이끈 '원자폭탄의 아버지'이자 전쟁 영웅으로 떠받들어졌고, 수많은 정부 위원회에서 자문을 맡으며 정치적 영향력을 행사했다. 그러나 오펜하이머는 맨해튼 프로젝트에 참여하기 전인 1930~1940년대의 좌익 활동 경력으로 인해 이미 1941년부터 FBI의 감시 대상에 올라 있었고, 로스앨러모스에서는 자신이 사상적으로 건전함을 입증하기 위해 지인과 제자들의 공산주의 활동을 밀고하기도 했다. 전쟁이 끝난 후에도 그는 계속 감시를 받았고, 1949년 6월 HUAC 청문회에 출석해 예전 제자에게 불리한 증언을 함으로써 동료 과학자들의 질타를 받은 일도 있었다. 오펜하이머의 경력을 망가뜨린 결정타는 1949년 가을에 그가 의장을 맡고 있던 GAC가 수소폭탄 개발에 반대하는 입장을 낸 것이었다. 그는 이러한 입장을 견지하면서 미국의 안위를 위해 수소폭탄이 필요하다고 믿었던 수많은 사람들—물리학자 에드워드 텔러, AEC 위원 루이스 스트로스, 전 FBI 직원 윌리엄 보든 등—을 적으로 돌리게 되었다. 1954년에 스트로스가 AEC의 새 위원장으로 취임하자 눈엣가시 같던 오펜하이머를 공직에서 몰아내기 위한 음모가 진행되었다. 오펜하이머는 1954년 봄 AEC의 보안 청문회를 거쳐 과거 좌익 경력과 수소폭탄 개발 반대를 이유로 기밀취급 허가를 박탈당하고 공직에서 물러나게 되었다. 오펜하이머가 겪은 '굴욕'은 미국 전역에 널리 알려졌고, 심지어 국가적 '전쟁 영웅'이라 하더라도 미국의 공식 정책에 공개적으로 반기를 들 경우 직위와 권한을 잃을 수 있음을 웅변적으로 보여주었다. 오펜하이머 청문회는 냉전 초기의 반공주의 열풍을 단적으로 보여준 사례이자, 냉전 시기 과학자가 '공공적 지식인'으로서 할 수 있는 역할의 한계를 극명하게 드러낸 사건이었다. 과학자는 정책 수립의 가장 높은 단계에서 결정을 내리는 위치에 있는('on top') 것이 아니라 정책결정자가 필요로 하는 정보만을 그때그때 제공하고 결정은 정치인들에게 맡기는('on tap') '협소한 전문가'로 자리매김됐다.

| 원자 시대의 파생 과학: 방사생물학, 골수이식, 줄기세포 |

냉전 초 미국과 소련의 핵무기 경쟁과 이로 인해 빚어진 핵전쟁에 대한 공포는 당대의 과학기술 연구개발에도 직간접적으로 엄청난 영향을 미쳤다. 많은 과학 분야가 이러한 시대상에 영향을 받았고, 어떤 분야는 아예 새롭게 생겨나기도 했다. 그중 일부에 대해서는 앞으로 차차 다룰 터이므로, 여기서는 원자 시대가 낳은 산물 중 가장 있을 법해 보이지 않는 사례 하나를 조금 자세히 들여다보자. 바로 냉전 초기에 방사능 공포에 편승해 급성장한 방사생물학 분야가 오늘날 백혈병 치료에 널리 쓰이는 골수이식 기법과 1990년대 말 이후 생의학의 새로운 첨단 분과로 각광받게 된 줄기세포 생물학으로 이어지게 된 사연이다.

  방사생물학(radiobiology) 분야의 역사는 멀리 20세기 초로 거슬러 올라간다. 방사생물학은 이온화 방사선(ionizing radiation)의 위험을 이해하고 그로부터 생명을 지키는 것을 추구하는 학문으로, 1차대전이 끝난 직후인 1919년에 처음 명명되어 쓰이기 시작했다. 이 시기 들어 X선이나 라듐, 라돈 등 강한 방사선을 내는 물질을 가지고 십수 년간 실험을 해온 과학자들 사이에 백혈병이 자주 발병했고, 이 사건은 과학자들 사이에서 방사선에 대한 경각심을 높여주었다. 여기에 더해 방사선이 생명체에 미치는 위험을 알려주는 새로운 증거들이 대중적으로 알려지기 시작했다. 미국에서는 시계의 야광 표시용으로 라듐 용액을 붓으로 칠하는 일을 하던 젊은 여성 채색공들(일명 '라듐 걸') 사이에 각종 희귀암이 빈발하는 직업병 사건이 터졌고, 방사능이 생명에 '활력'을 불어넣을 수 있다는 당시의 믿음에 편승해 라듐을 함유한 일종의 강장제인 '라디토르(Radithor)'를 장기 음용한 피츠버그의 기업가 에벤 바이어스가 암으로 사망한 사건이 언론에 널리 보도되기도 했다. 이러한 방사능의 위험성은 1927년 미국의 생물학자 허먼 멀러가 방사선이 생명체에 돌연변이를 유발할 수 있음을 밝

《아메리칸 위클리》 1948년 7월 18일자에 실린 기사. 방사선병을 "인류의 신종 질병"으로 소개하고 있다.

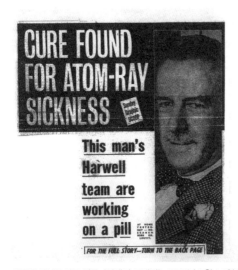

영국의 타블로이드 신문 《선데이 그래픽》 1957년 5월 19일자에 실린 기사. 영국 연구팀의 '항방사선 알약' 개발 소식을 전하고 있다.

히면서 과학적 뒷받침을 얻었고, 결국 1930년대 들어 방사능 안전을 담당하는 국제기구가 만들어지고 조악하나마 허용선량(tolerance dose) 기준치가 정해지는 등 방사능에 대한 제도적 규제가 시작되었다.

양차대전 사이에 첫걸음을 내디딘 방사생물학은 2차대전기의 맨해튼 프로젝트를 거치며 극적 전환기를 맞이했다. 원자폭탄 개발을 위해서는 원자로를 건설해 우라늄의 핵분열 연쇄반응을 일으키고 이로부터 플루토늄과 같은 핵분열 물질을 대량으로 생산하는 절차가 필요했는데, 이 과정에서 사고 등으로 인해 극히 단시간에 치명적인 전신피폭을 당할 위험이 생겨났기 때문이다. 이는 적은 양의 방사선에 장시간 노출되어 생기는 위험을 주로 다루었던 전쟁 이전 방사생물학과는 판이하게 다른 문제였다. 이에 따라 맨해튼 프로젝트에는 방사생물학에 관한 연구를 활성화하고 주제를 확대하는 것이 연구 계획의 일부로 포함되었다. 시카고대학의 레온 오리스 제이콥슨과 미국암협회(National Cancer Institute)의 에곤 로렌츠 등이 이러한 연구를 이끌었다.

2차대전이 끝나고 곧바로 냉전 시기로 접어들면서 방사생물학의 전략적 중요성은 더욱 커졌다. 최초의 원자폭탄이 투하된 히로시마와 나가사키에서 어떤 일이 있었는지에 대한 이해가 과학계를 넘어 일반대중에게도 서서히 알려지기 시작했기 때문이다. 1946년《뉴요커》에 연재된 후 단행본으로 출간되어 센세이션을 일으킨 탐사보도 기자 존 허시의 책 『히로시마Hiroshima』는 '방사선병(radiation sickness)'의 심각성을 널리 알린 최초의 계기였다. 허시의 경고는 이후 원자폭탄 희생자들에 대한 장기 연구를 진행한 원자폭탄희생자위원회(Atomic Bomb Casualty Commission)의 보고를 통해 다시금 확인되었다. 히로시마와 나가사키 주민들이 겪었던 일은, 냉전 치하에서 미국과 소련이 핵전쟁을 벌일 경우 미국 대중이 조만간 맞게 될 운명을 예견케 해주었다. 이로 인해 방사생물학 분야를 포함한 과학계에는 '항방사선 요법(anti-radiation therapy)'을 개발하라는 요구가 많아졌다. 말하자면 일반대중이 상비약으로 가정에 보관해두었다가 핵전쟁이 터져 대량의 방사능 노출이 불가피할 때 복용해 피해를 줄일 수 있는 알약 같은 것을 기대하는 목소리가 커졌다는 뜻이다. 2차대전기는 설파제나 페니실린 등 항생제가 처음 등장해 놀라운 위력을 발휘했던 시기였고, 이러한 의학의 기적을 보면서 방사능 피해에 대해서도 비슷한 대응이 가능하리라는 믿음이 존재했던 것이 그리 놀랄 일은 아니었다.

　방사생물학자들은 이러한 사회적 요구에 적극적으로 응답했다. 그들은 크게 두 가지 방향에서 이 문제에 접근했다. 하나는 방사선 손상을 막아주는 특정 화합물을 섭취해 인체에 미칠 수 있는 피해를 줄이자는 것이었다. 이러한 후보 물질로는 시스틴, 글루타티온, S,2-아미노에틸이소티오우로늄(AET) 등이 거론되었다. 그러나 이 물질들은 독성이 너무 강했고, 화학적으로 불안정해 보존 기간이 짧았기 때문에 상비약의 주성분이 되기에는 적절치 않았다. 또 하나의 방향은 제이콥슨이 2차대전 때 동물 실험에서 우연히 발견한 '비장 방호(spleen protection)'의 원리를 응용하는 것이었다. 그는 1949년 '비장 차폐(spleen-shielding)' 실험을 통해 비장이 방사선 피폭으로 파괴된 골수를 복원시키는 역할을 한다는 사실을 확인했고, 비장에 항방사선 요법의 기반이 될 수 있는 '회복 인자(recovery factor)'가 존재한다는 희망을 품었다.

　문제는 그 회복 인자의 정체가 무엇인가 하는 것이었는데, 여기서 과학자들의 입장은 둘로 나뉘었다. 먼저 제이콥슨 등 미국 과학자들은 '호르몬

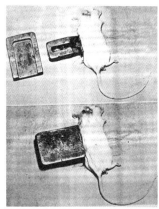

제이콥슨이 수행한 생쥐의 비장 차폐 실험(1949). 생쥐를 치명적 방사선에 노출시키기 전에 혈관 연결이 유지된 비장을 적출해 납으로 된 상자 안에 넣어 차폐한다. 이 생쥐들은 피폭 이후에도 살아남은 반면, 비장이 함께 피폭된 생쥐들은 살아남지 못했다.

가설'을 내세웠다. 그들은 비장이 호르몬 같은 특정 물질을 분비해 골수에서 파괴된 혈액 시스템의 복원을 촉진하는 것이라고 보았다.[2] 반면 영국 원자에너지연구단지(Atomic Energy Research Establishment)에 속한 과학자 존 루팃과 그 동료들은 '세포 가설'을 제시했다. 그들은 비장에서 살아 있는 세포가 이전해서 골수를 복원하는 것이 틀림없다고 생각했다. 둘 중 어느 쪽이 옳은지를 확인하려면 실험적 증거가 필요했다. 그러나 비장 차폐 실험은 번거롭고 재연이 쉽지 않았기 때문에, 에곤 로렌츠는 골수이식이라는 새로운 실험 기법을 고안해냈다. 대량의 방사선을 쬐어 골수 세포를

---

2   제이콥슨이 이러한 주장을 한 것은 부분적으로 그가 항방사선 알약의 조속한 실현가능성에 비상한 관심을 가지고 있었기 때문이었다. 호르몬 같은 물질은 살아 있는 세포와 달리 상비약으로 만들기가 훨씬 더 용이했기 때문이다.

파괴한 후 건강한 골수를 이식해 재생 과정을 지켜보는 방법이었다. 이는 실험이 용이하다는 장점 덕분에 이내 비장을 대신해 '회복 인자' 연구에서 핵심적인 기법으로 부상했다. 결국 1956년경에 이르러 세포 집락형성(cell colonization), 생착(engraftment), 재증식(repopulation)이 방사선 회복의 과정임이 밝혀짐으로써 두 입장의 대립에서 세포 가설이 승리를 거두었다.

세포 가설의 승리는 알약 형태로 만들어진 항방사선 요법의 희망이 사실상 사라졌음을 의미했다. 아울러 골수이식 역시 방사선사고 환자에게는 치료 효과가 제한적이라는 사실이 밝혀졌다. 이는 핵전쟁에서 미국 대중이 살아남을 수 있는 방법을 기대했던 방사생물학자들과 미국의 군인, 정치인, 일반대중에게 실망스러운 소식이었다. 그러나 골수이식은 이후 의외의 방향에서 새로운 유용성을 찾게 된다. 대량의 방사선 국소 피폭과 골수이식을 결합해 백혈병을 치료하려는 실험적 치료법이 등장했기 때문이다. 인간에 대한 골수이식은 1957년 미국의 의사이자 암 연구자인 에드워드 도널 토머스에 의해 처음으로 시도됐다. 초기에 이러한 시도는 성과 측면에서 참담한 수준이었고, 1968년까지 골수이식이 시도된 203명의 백혈병 환자 중 생존한 사람은 3명에 불과했다. 그러나 이후 세균감염에 대한 대처와 면역 거부반응에 대한 이해 향상에 힘입어 골수이식 치료법은 점차 개선됐고, 1980년대가 되면 백혈병에 대한 치료법으로 확립될 수 있었다. 토머스는 이러한 공로를 인정받아 1990년 노벨 생리의학상을 공동 수상했다.

냉전 초기의 '실패한' 항방사선 요법 연구가 낳은 또 다른 의외의 성과는 줄기세포 생물학이다. 이는 세포 가설에서 가정된, 방사선 회복의 열쇠가 되는 세포의 유형과 특성에 대한 관심에서 시작되었다. 19세기 말 독일 과학자들은 혈액 시스템의 기원을 이루는 세포의 존재를 가정하고 여기에 'Stammzelle'이라는 이름을 붙인 바 있었는데(그들은 이러한 세포를 실제로 확인하지는 못했다), 이 용어가 전후 방사생물학의 맥락에서 골수이식 기법을 실험적 수단으로 삼아 되살아난 것이다. 물론 인간 줄기세포가 실제로 분리되고 그 치료적 잠재력에 대한 기대가 폭증한 것은 한참 뒤인 1990년대 말의 일이지만, 그것을 거슬러 올라가보면 우리가 까맣게 잊은 1950년대 냉전 시기 핵전쟁의 공포에서 그 뿌리를 찾을 수 있다.

2

전후 연구개발의 전망과 과학의 영구동원

2차대전기의 군사적 연구개발이 만들어낸 원자폭탄이라는 새로운 무기는 뒤이은 냉전 시기의 정치, 외교, 군사, 과학 등에 엄청난 영향을 미쳤다. 그러면 이제 분석의 렌즈를 넓혀 2차대전 시기의 연구개발 전반이 전후의 세계에 미친 영향을 좀 더 폭넓게 살펴보도록 하자. 전시 과학 연구에 투입된 엄청난 자금과 인력은 전후의 과학 연구개발을 어떻게 바꿔놓았으며, 이는 오늘날 우리가 살고 있는 21세기 초의 세상에 어떤 흔적을 남겼는가?

| 전시 과학 체제의 연장 |

2차대전이 전후의 연구개발에 미친 영향을 살펴보려면 이를 1차대전이 미친 영향과 비교해보면 이해하기 쉽다. 미국의 경우를 예로 들면, 1차대전기에 국가연구위원회(NRC)의 과학 동원은 '대학의 과학자들'을 전시 연구로 끌어들였지만, 전쟁 말기의 몇몇 예외적 사례를 빼면 '대학'은 동원하지 않았다. 대학의 과학자들은 개인 자격으로 동원에 응해 자신이 속한 대학이 아닌 다른 연구 공간에 합류해 전시 연구를 수행했다. 또한 1차 대전기의 과학 연구개발은 전시물자 생산, 화학전, 잠수함 탐지, 항공학 연구 등에서 전쟁 수행에 중대한 영향을 주었지만, 전쟁이 끝난 후에는 동원이 해제되어 인력, 물자, 조직 등이 대개 원위치로 돌아갔다. 대학의 과학자와 엔지니어들은 정부와 상관없이 개인 독지가나 민간재단에서 연구비를 얻거나 지역의 회사와 산학협동을 하는 원래의 모습으로 회귀했고, 대기업은 대학에 대한 지원을 기피하고 사내 연구소 운영에 집중했으며, 군대는 미국 국가항공자문위원회(NACA)를 제외하면 대학이나 연구소에 별다른 관심을 보이지 않았다.

그러나 2차대전기의 과학 동원은 양상이 크게 달랐다. 우선 대학 그 자체가 연구개발 자금의 수혜에서 큰 몫을 차지했다. 레이다 연구의 본산이 된 방사연구소('래드랩')를 유치한 MIT는 전쟁 기간 동안 1억 1,700만 달러라는 엄청난 연구비를 받았고, 제트추진연구소(Jet Propulsion Laboratory)를 설립해 고체로켓 연구를 담당한 캘리포니아공과대학(칼텍)은 8,300만 달러의 연구비를 끌어들였다. 레이다 대응장치 연구를 맡았던 하버드대학이나 원자폭탄 연구에 참여한 컬럼비아대학 등도 각각 3,000만 달러의 연구비 수혜를 입었다. 반면 산업체들은 연구보다 '양산'과 '건설'에 치우친 역할을 담당했고, 수혜 연구비 규모에서는 대학들에 크게 못 미쳤다. 산업체들 중 가장 많은 연구비를 받은 웨스턴 일렉트릭은 1,700만 달러, GE는 800만 달러, 그 외 RCA, 듀폰, 웨스팅하우스 등은 600만 달러 미만

IV. 냉전과 정부/군대의 역할

의 연구비를 유치하는 데 그쳤다. 이는 군대-대학-산업체가 전시에 긴밀한 관계를 맺으면서 군대는 수요와 방향 제시, 대학은 연구개발과 시제품 제작, 산업체는 대규모 양산을 각각 담당하는 식으로 일정한 역할분담을 확립했음을 의미했다.

2차대전기의 과학 동원이 또 하나 달랐던 점은, 전쟁이 끝난 후에 과학 동원 체제가 원위치로 회귀하지 않았다는 것이다. 정부(군대)는 계속해서 과학 연구 지원에 관심을 보였고, 전시에 확립된 군대-대학-산업체 관계도 끈끈하게 유지됐다. 왜 그랬을까? 왜 2차대전이 끝난 후에는 과학의 동원이 해제되지 않은 것일까? 이에 대한 답은 물론 어떤 의미에서는 전쟁이 '끝난' 것이 아니라 열전(hot war)이 냉전(cold war)으로 대체된 것에 가까웠다는 점에서 찾을 수 있지만, 이를 좀 더 세밀하게 들여다보면 크게 과학의 공급과 수요, 그리고 핵무기의 존재가 전시 동원 체제의 유지에 중요하게 작용했음을 알 수 있다. 먼저 전시 지원의 직접 수혜자이자 과학 연구의 공급자인 대학의 과학자들은 이처럼 팽창한 연구 재원을 전후에도 계속 확보할 수 있는 방안을 고민하기 시작했다. 이러한 문제의식에 군사 연구의 수요자인 군대도 화답했다. 군사 지도자들은 전시의 과학 연구개발을 지켜보며 과학기술의 산물이 전쟁의 성패를 판가름할 수 있다는 새로운 인식을 갖게 되었고, 전시의 협력 연구 패턴을 전쟁 이후로 연장하는 데 관심을 보였다.

여기에 더해 핵무기의 존재로 인해 전쟁 자체의 성격이 변화했다는 것도 과학 동원 체제의 변화에 중대한 영향을 미쳤다. 지난 전쟁들에서는 전쟁에 소요된 기간이 1차대전은 4년 반, 2차대전은 6년에 달할 정도로 길었기 때문에, 전쟁이 터지고 나서 군사적 수요를 파악하고 과학자들을 동원해 연구개발에 나서도 충분히 전쟁에 영향을 미칠 만한 결과를 만들어낼 수 있었다. 반면 2차대전기와 냉전 초기에 개발된 핵폭탄들은 이러한 과거의 전망을 무색케 하리만큼 미래 전쟁의 양상을 바꿔놓았다. 만약 3차대전이 터진다면—2차대전 이후 양식 있는 대부분의 사람들은 머지않아 그런 일이 생기리라고 내다봤다—이는 분명 핵전쟁이 될 터였고, 미국과 소련을 비롯한 핵보유국들이 가지고 있는 핵무기 전부를 개전 직후 적국에 쏟아붓는 형태로 전쟁 양상이 전개될 것이었다. 그런 전쟁은 얼마나 긴 기간 동안 계속될까? 아마도 하루나 이틀, 잘해봐야 사흘 정도면 전쟁이 끝나고 승자와 패자—그렇게 부를 만한 것이 아직 남아 있다면—가 가려질 것이었다. 이러한 전쟁 양상에서는 개전 '이후'에 과학을 동원한다는 생각 자체가 전혀 무의미했다. 이제 앞으로 일어날 대규모 전쟁에 필요한 모든 물자, 장비, 무기 등은 바로 개전 첫날 완벽하게 준비돼 있어야 했다. 이는 곧 전쟁에 대한 항시적 준비 태세가 갖춰져야 하며, 전시 연구가 전쟁 '이전'에 이뤄져야 함을 의미했다.

　이러한 세 가지 요인이 맞아떨어지면서 2차대전 이후 정부의 과학 연구개발 예산은 원상회복이 되지 않고 오히려 큰 폭으로 늘어났다. 1940년부터 1970년까지 30년간 미국의 연구개발 예산 규모의 추이를 보면 이러한 변화가 얼마나 급격하게 일어났는지를 알 수 있다. 2차대전 직전인 1939년에 미국 연방정부가 지출한 연구개발 예산은 5,000만 달러로, 미국 전체 연구개발비의 18퍼센트를 차지했다(나머지 82퍼센트는 기업과 민간재단, 지방정부의 몫이었지만, 그 대부분은 기업이 지출했다). 이 액수는 전시 연구개발비 증가에 힘입어 1945년에는 10배로 증가한 5억 달러가 되었다(이는 이 해 미국 전체 연구개발비의 83퍼센트에 달했다). 전쟁이 끝나고 군

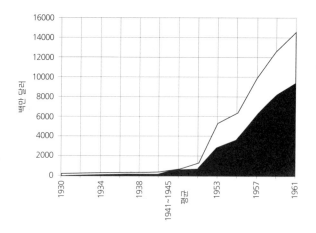

연방정부 자금

그 외 자금원

미국 연구개발비의 자금원에 따른 변천 과정, 1930~1961. 2차대전 기간(1941~1945)에 연방정부의 지출(검은색 부분)이 크게 늘고 한국전쟁을 거치며 다시 급격하게 증가하기 시작하는 것을 볼 수 있다.

사 연구개발 수요가 일시적으로 감소했지만, 냉전 초 소련과의 긴장이 커지면서 이는 금세 증가세로 돌아섰고, 한국전쟁은 군사 연구개발비 증가에 불을 붙이는 결정적 계기가 되었다. 이에 따라 10년 후인 1955년에는 정부 연구개발 예산이 31억 달러까지 늘어났고, 1957년 스푸트니크 충격이 또 다른 계기를 제공해 1961년에는 이 액수가 100억 달러를 돌파했으며, 아폴로 계획이 정점에 달했던 1969년에는 170억 달러에 이르렀다. 2차대전 직전부터 냉전 초기를 포함하는 1940년부터 1960년 사이에 미국 연방정부의 전체 예산은 11배로 증가했는데, 같은 기간 동안 연구개발 예산은 200배로 증가했다. 이처럼 늘어난 연구개발 자금의 절반 이상은 국방 관련 지출에서 나왔다. 일례로 1969년 연구개발 예산 170억 달러 중 국방부가 82억 달러, 냉전 시기 소련과의 상징적 체제경쟁에서 선봉에 서 있던 미국 항공우주국(NASA)이 45억 달러를 차지해 두 기관의 지출이 전체 예산의 70퍼센트를 넘었다.[3] 이러한 수치에서 볼 수 있듯, 냉전 초기의 사반세기 기간은 2차대전기의 성공에서 영향을 받아 과학 연구개발 체제가 양적·질적으로 근본적인 변화를 경험한 시기였고, 그 배경에는 냉전 시기의 정치사회적·군사적 긴장과 갈등에 뿌리를 둔 '영구동원(permanent mobilization)' 체제가 가로놓여 있었다.

| 버니바 부시의 전후 연구개발 전망과 그 한계 |

그렇다면 전후 연방정부의 과학 연구개발 지원은 어떠한 원칙과 철학에 따라 이뤄졌을까? 전후의 연구개발 지원은 과거에 대한 어떤 반성과 미래에 대한 어떤 전망에 입각하고 있었는가? 이 점에서 가장 큰 영향력을 발휘했던 문서가 미국의 전시 연구를 총괄했던 OSRD 국장 버니바 부시가 작성한 보고서 「과학, 그 끝없는 프런티어 *Science, the Endless Frontier*」였다. 이 보고서의 작성은 전쟁이 막바지로 치닫던 1944년 11월, 루스벨트 대통령이 부시에게 자문을 요청한 데 따른 것이었다. 루스벨트는 전례를 찾아볼 수 없는 전시의 협력연구 실험이 전쟁이 끝나고 평화가 도래한 시대에 어떤 교훈을 주는가, 또 전후에 과학과 연방정부가 맺어야 할 적절한 관계는 어떤 것인가 하는 질문을 던졌고, 이에 답하는 보고서 제출

---

3 Michael Egan, *Barry Commoner and the Science of Survival* (Cambridge, MA: The MIT Press, 2007), p. 25.

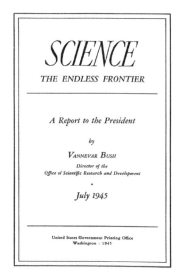

SCIENCE
THE ENDLESS FRONTIER

A Report to the President

by

VANNEVAR BUSH
Director of the
Office of Scientific Research and Development

·

July 1945

United States Government Printing Office
Washington : 1945

버니바 부시가 미국 대통령에게 제출한 보고서
「과학, 그 끝없는 프런티어」(1945)의 표지.

을 요청했다. 부시는 다시 주변에 있는 과학자들의 견해를 청취한 후, 1945년 7월 25일 요청받은 자문에 답하는 보고서를 트루먼 대통령—루스벨트는 1945년 4월 고혈압으로 사망한 뒤였다—에게 제출했다.

「과학, 그 끝없는 프런티어」는 전후 과학정책의 방향에 매우 큰 영향을 미친 문서이기 때문에 그 내용과 논리 전개를 조금 꼼꼼하게 따라가볼 필요가 있다. 보고서에서 부시는 미국이 전시에 상대적으로 짧은 기간 동안 놀라운 성과를 거둘 수 있었던 이유를 전쟁 이전에 기초연구(basic research)를 통해 축적돼 있었던 새로운 과학지식 덕분으로 돌렸다. 가령 전시의 원자폭탄 개발은 20세기 초부터 30여 년간 축적된 핵물리학의 성과 위에서 가능했고, 페니실린 양산은 플레밍의 우연한 발견과 그 후속 연구에 기반하고 있다는 것이었다. 이러한 기초연구는 실용적 목표를 염두에 두지 않고 수행된 연구라는 점에서 전쟁 이전에 과학자들이 추구했던 순수연구와 비슷했지만, 동시에 그것이 "민간 및 공공사업에 동력을 제공하는 새로운 과학지식의 흐름"이자 "과학 자본"이 될 수 있다는 점에서 실용적 응용의 기반을 이루기도 했다.[4] 그런데 부시는 전쟁이 끝난 시점에서 이러한 기

---

4 Jon Agar, *Science in the Twentieth Century and Beyond* (Cambridge: Polity, 2012), p. 305.

초연구에 중대한 문제점이 드러나고 있다고 보았다. 전시의 긴급한 필요 때문에 기초연구가 중단되면서 그간 쌓아둔 지식기반이 고갈되었기 때문이다. 여기에 더해 미국이 전통적으로 기초연구의 원천으로 의존해온 유럽 여러 국가들이 전쟁으로 쇠폐해졌다는 것도 문제였다. 이제 이는 미국 내에서의 연구로 다시 채워 넣어야 했지만, 민간재단의 지원은 하락세였고, 산업체들은 상업적 압력을 받고 있어 기초연구에 집중하기 어려운 형편이었다. 그렇다면 누가 기초연구를 통한 지식기반 확충을 책임져야 할까? 지금까지의 논리 전개는 그에 대한 답이 자명함을 보여주었다. 바로 정부가 기초연구 지원을 담당해야 한다는 것이었다. 기초연구는 지식의 최첨단에 있는 앎과 무지의 경계선상에서 작업한다는 점에서 새로운 '프런티어'로 지칭할 수 있으며, 이를 개척하는 것은 건국 이후 미국 정부가 줄곧 담당해온 사명의 연장선상에 있다고 부시는 주장했다.

이러한 기초연구에 대한 지원은 아무런 조건 없이 이뤄져야 했다. 부시는 전시에 과학자들에게 부과되었던 연구주제 선정의 제약이나 연구결과에 대한 비밀유지 같은 통제를 제거하고 과학 연구의 자유를 회복해야 한다고 보았다. 과학자들은 미지의 영역에 대한 호기심에 의해 스스로 선택한 주제를 연구할 자유가 있으며, 이렇게 될 때 미래 언젠가 필요할지 모를 지식기반의 확충이 원활하게 이뤄질 수 있었다. 더 나아가 부시는 과학 연구에 대한 지원을 담당할 새로운 기구로 (가칭) 국립연구재단(National Research Foundation)의 설립을 제안했다. 이 재단은 대학과 연구소에 자금을 지원하되 그 지원 대상은 재단에서 자율적으로 결정하게 했고, 기초연구 외에 "군사적 문제에 관한 장기적 연구"도 지원할 수 있게 했다.[5]

부시의 보고서는 전시에 출현한 정부 지시 프로젝트의 놀라운 성공 모

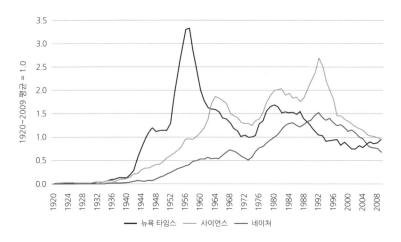

《뉴욕 타임스》, 《사이언스》, 《네이처》에 '기초연구'라는 용어가 얼마나 쓰였는지를 시계열로 나타낸 그래프. 2차대전 이전에는 이 개념이 거의 쓰이지 않다가 전쟁과 부시의 보고서를 계기로 관련 논의가 크게 활성화되었음을 엿볼 수 있다.

델을 평화시로 이전하면서, 동시에 과학의 자율성을 지키는, 말하자면 두 마리 토끼를 모두 잡으려는 시도였다. 이를 위해 부시는 오늘날 널리 쓰이는 '기초연구'의 개념을 사실상 '발명'했다. 이전까지 널리 쓰이던 순수연구(pure research)나 기반연구(fundamental research) 같은 개념은 과학자들의 지적 호기심을 좇는 연구이자 한마디로 "오직 과학자들에게만 이득이 되는" 연구를 의미했다.[6] 반면 기초연구의 개념은 과학자가 실용성에 구애받지 않고 스스로 정한 주제에 관해 연구를 하면서도, 이것이 축적되면 나중에 전쟁 수행, 질병 치료, 복지 증진 등에서 사회 전반에 도움을 주는

5   위의 책, p. 306.
6   Roger Pielke Jr., "In Retrospect: Science—The Endless Frontier," *Nature* 466 (19 August 2010): 923.

응용연구의 '기초'가 될 수 있음을 시사했다. 이러한 수사는 정부가 왜 대학에 속한 과학자들의 호기심을 채우는 연구에 국민의 세금으로 지원을 해야 하는가 하는 질문에 답변을 제시해주었다.

그러나 부시의 보고서에는 논리적 비약과 결함들이 내포돼 있었고, 이는 나중에 두고두고 비판의 대상이 되었다. 먼저 2차대전기의 군사적 성과를 기초연구 덕분으로 돌린 것은 전시 연구개발의 성격과 성공 '비결'을 다분히 왜곡해 제시한 소치였다. 이미 살펴본 바와 같이 전시에 원자폭탄과 페니실린 생산이 단시간 내에 성공을 거둔 것은 과학자들의 기여 못지않게 엔지니어나 도급회사들의 공로가 컸다. 따라서 부시의 보고서는 과학과 기술, 과학과 실용 세계의 관계를 다분히 일면적으로 제시해 현실 세계의 복잡다단함을 담아내지 못했다는 비판이 제기되었다. 아울러 정부지원의 정당성을 확보하기 위한 부시의 기초연구 개념은 자가당착에 빠질 위험이 있었다. 미래 언젠가 나타날 기술개발의 성과를 근거로 기초연구를 정당화함으로써 그런 성과가 쉬 나타나지 않았을 때에는 정부지원의 정당성 자체가 위협받을 수 있었기 때문이다. 나중에 V장에서 살펴보겠지만, 20여 년이 지난 1960년대 중반부터 미국 정부, 군대, 산업체들은 기초연구 지원에서 도출된 실용적 성과의 평가를 놓고 깊은 고민에 빠지게 된다.

| 국립과학재단 설립 논쟁과 국방연구의 부상 |

부시는 「과학, 그 끝없는 프런티어」를 내놓은 직후, 자신이 보고서에서 제안한 (가칭) 국립연구재단의 설립을 추진했다. 이는 부시가 보고서에서 주장했던 연방정부의 기초연구 지원을 담당할 제도적 창구가 되어줄 터였다. 그러나 재단 설립을 위한 입법 과정은 결코 순탄치 않았다. 전시의 경험에도 불구하고 국민의 세금에 기반한 정부 예산으로 과학자들 스스로 결정한 주제의 연구를 지원한다는 생각이 아직 널리 받아들여진 것은 아니었다. 또한 재단의 조직과 운영 방식을 둘러싸고도 다양한 이견이 드러났다. 입법 과정에서의 논쟁은 크게 두 개의 법안을 놓고 전개되었다. 이두 개의 법안은 정부 주도로 재단을 만들어 과학 연구를 지원한다는 생각은 공유했지만, 재단이 어떻게 조직, 운영되어야 하고 어떤 연구를 지원해야 하는지에 대해서는 크게 다른 입장을 대변하고 있었다.

먼저 뉴딜 정책의 옹호자였던 상원의원 할리 킬고어가 내놓은 킬고어 법안은 새로 생겨날 재단을 뉴딜의 연장으로 사고했다. 그는 대통령이 임명한 총재와 각계 대표들(기업, 노동, 농업, 군대 등)로 구성된 이사회에서 재단을 관리해야 한다고 보았고, 재단은 기초연구뿐 아니라 사회적으로 유용한 결과를 낳을 응용연구도 지원해야 한다고 생각했다. 지원 대상은 민간에서 이뤄지는 군사 연구를 포함해 모든 과학, 의학, 사회과학 분야의 연구와 교육까지 폭넓게 규정했고, 정부 지원 연구의 결과로 얻어진 특허는 정부에 귀속되며 비독점적(non-exclusive) 기반으로 민간에 사용허가를 내줄 수 있다고 정했다. 그러나 부시를 비롯한 엘리트 과학자들은 이러한 입장에 반대했고, 상원의원 워런 매그너슨을 끌어들여 부시의 입장을 거의 그대로 반영한 매그너슨 법안을 제출했다. 매그너슨 법안에서는 대통령이 재단 이사들에 대한 임명권만 가지고 있었고, 이후 이사회에서 총재와 이사장을 자체적으로 선임했다. 실질적인 운영을 담당할 분과별 위원회는 미국과학원(NAS)에서 추천한 위원들로 이뤄졌고, 지원 대상의 결정은 과학자들이 제출한 연구비 신청서를 독립적 과학자 위원회가 동료심사를 통해 평가, 지원하게 했다. 이는 민간인 과학자들이 재단 운영에서 사실상 주도권을 갖게 됨을 의미했다. 또한 이 법안에서는 기초연구에 대한 지원을 강조하기 위해 민간의 군사 연구나 사회과학 연구 등을 지원 대상에서 배제했다.

두 법안의 대립은 네 차례의 의회 회기를 지나 5년 가까이 이어졌고, 그동안 서로 조금씩 다른 법안들이 여러 차례 상정되었으나 의회의 문턱을 넘지 못하거나 대통령의 거부권 행사로 인해 입법이 좌절되었다. 결국 최종적으로 법안이 통과된 것은 1950년의 일이었다. 이 해 5월 트루먼 대통령이 국립과학재단법에 서명함으로써 미국 국립과학재단(National Science Foundation, NSF)이 공식적으로 발족했다. 최종적으로 통과된 법에서는 대통령이 총재와 위원들에 대한 임명권을 가졌지만, 그 외에는 과학자들이 재단 운영에서 주도권을 갖는다는 부시-매그너슨 법안의 주요 내용이 관철되었다. 이는 정부의 기초연구 지원을 담당하는 연방기구가 설립되었다는 점에서 대단히 의미가 큰 사건이었다.

그러나 이 법의 통과는 과학 연구 지원의 측면에서 너무나 뒤늦게 이뤄졌고, 그 결과로 만들어진 재단의 위상도 초기에는 극히 미미했다. 전쟁이 끝난 후 서로 이해관계가 부합한다는 사실을 확인한 과학자들과 군대는 다양한 기구들을 통해 이미 국방연구의 지원을 제도화했다. 전쟁 직후에는 해군연구국(Office of Naval Research, ONR)이 기초연구를 포함해 다양한 분야의 과학 연구 지원에서 중요한 역할을 했다. 일례로 1948년에 열린 미국물리학회 학술대회에서는 발표된 논문의 80퍼센트가 ONR의 지

179

국립과학재단법에 따라 1950년 여름에 조직된 미국과학위원회(National Science Board). 저명한 과학자들로 구성돼 재단의 실질적 운영을 담당했다. 앞줄 왼쪽에서 네 번째가 제임스 코넌트, 다섯 번째가 초대 총재에 오른 물리학자 앨런 워터먼, 뒷줄 왼쪽에서 아홉 번째가 리 두브리지이다.

원을 받은 연구였다. 그리고 1940년대 말부터는 새롭게 생겨난 국방부 (Department of Defense)와 원자에너지위원회(AEC), 그리고 그 위상이 강화된 국립보건원(National Institutes of Health, NIH)이 과학 연구개발 지원을 주도하며 신생 기관인 NSF를 압도했다. 한국전쟁 발발 이듬해인 1951년에 미 국방부는 연방정부 연구개발 예산의 70퍼센트에 해당하는 13억 달러를 지출한 반면, 첫해 예산을 배정받은 NSF가 지출한 연구비는 겨우 15만 달러에 불과했다. 이처럼 설립 이후 첫 7~8년간 NSF는 미국의 과학 연구개발에서 '보잘것없는 파트너'일 뿐이었다.

이러한 상황은 1957년 10월 소련의 인공위성 스푸트니크 발사를 계기로 해서 바뀌기 시작했다. 이 사건은 미국이 아직 해내지 못한 인공위성 발사라는 기술적 위업을 소련이 먼저 달성했다는 점에서 미국인들의 자

부처 혹은 기관	1940	1948	1956	1964	1966
농무부	29.1	42.4	87.7	183.4	257.7
상무부	3.3	8.2	20.4	84.5	93.0
국방부	26.4	492.2	2,639.0	7,517.0	6,880.7
육군	3.8	116.4	702.4	1,413.6	1,452.1
해군	13.9	287.5	635.8	1,724.2	1,540.0
공군	8.7	188.3	1,278.9	3,951.1	3,384.4
국방 기구	—	—	—	406.9	464.5
부처 전체에 걸친 자금	—	—	21.9	21.1	39.7
보건교육복지부	2.8	22.8	86.2	793.4	963.9
내무부	7.9	31.4	35.7	102.0	138.7
원자에너지위원회(AEC)	—	107.5	474.0	1,505.0	1,559.7
연방항공청(FAA)	—	—	—	74.0	73.4
미국 항공우주국(NASA)	2.2	37.5	71.1	4,171.0	5,100.0
국립과학재단(NSF)	—	—	15.4	189.8	258.7
과학연구개발국(OSRD)	—	0.9	—	—	—
보훈부	—	—	6.1	34.1	45.9
그 외 다른 부처	2.4	11.8	10.4	39.7	66.1

미국 연방정부 연구개발비의 부처별 변천 과정, 1940~1966. 냉전 초기에 국방부(특히 공군), AEC, NASA의 약진이 가장 두드러진다. (단위: 백만 달러)

존심에 크게 상처를 입혔다. 그러나 이보다 더 중요한 것은 소련이 위성을 달아 쏘아올린 로켓 역시 미국이 아직 보유하지 못한 대륙간탄도미사일(ICBM)이라는 사실이었다. 앞서 미국은 소련의 원자폭탄 개발을 스파이 활동의 결과로 폄하한 바 있었지만, 이 경우에는 미국이 아직 ICBM을 갖고 있지 못했기 때문에 그런 식의 자기 위안이 불가능했다. 미국은 실추된 위신을 회복하기 위해 1958년 7월 민간 우주개발을 담당할 새로운 연방기구로 국가항공자문위원회(NACA)의 뒤를 이은 미국 항공우주국(National Aeronautics and Space Administration, NASA)을 설립했고, 이는 기존의 국방부, 원자에너지위원회와 함께 새로운 과학 연구개발의 자금원이 되었다. 아울러 미국이 소련보다 과학기술 역량에서 앞서 있다는 '신화'가 무너지면서 미국은 기초과학에 대한 지원을 크게 증가시켰고, NSF의 예산은 1966년까지 매년 20퍼센트씩 늘어나는 폭발적 증가세를 이어가며 2억 달러가 넘는 연구비를 관리하게 되었다. 그러나 이처럼 의미 있는 변화들에도 불구하고, 국방과 직간접적으로 관련된 기구들이 연구개발 지원의 대부분을 차지하는 기존의 양상은 거의 변하지 않았다.

| 과학의 영구동원: 지구과학 분야의 사례 |

이제 다시 앞서의 문제의식으로 돌아가보자. 2차대전이 끝난 후 과학에 대한 지원이 계속되면서 과학자들에 대한 동원이 해제되지 않았다는 말이 구체적으로 의미하는 바는 무엇인가? 여기서는 전후 지구과학의 여러 분과 학문들에 대한 연방정부(군대)의 지원이 어떤 양상으로 전개되었는지를 살펴보면서 과학의 '영구동원'이 갖는 의미를 좀 더 자세히 들여다보려 한다.[7]

얼른 생각하면 지구과학을 구성하는 분과 학문들(지질학, 해양학, 기상학, 지진학, 수문학 등)은 과학의 여러 분야 중에서도 전쟁이나 군사적 응용과는 가장 거리가 멀어 보인다. 물리학, 화학, 심지어 생물학 분야도 군사무기 개발에서 일정한 유용성을 갖는 반면, 지구의 물리적 구조와 변화를

---

[7] 냉전 시기의 지구과학에 대한 역사적 연구는 냉전이 끝난 후인 1990년대 말부터 관련 자료들이 기밀해제되면서 본격적으로 탄력을 받기 시작했다. 이 책에서 제시할 사례연구들 역시 지난 20여 년간 축적된 과학사학계의 연구성과에 기반한 것임을 여기서 밝혀둔다.

연구하는 지구과학 분야는 그렇지 못한 것처럼 보이기 때문이다. 물론 지구과학의 유용성이 전무한 것은 아니어서 지하에 묻힌 석유 등 광물자원 탐사(지질학), 해양의 어족자원 탐사(해양생물학), 날씨 예보(기상학), 정밀 지도제작(지도학과 측지학) 등에서는 다소 '쓸모'가 있었고, 2차대전 이전에 이뤄진 지구과학 연구에 대한 지원 역시 이러한 분야들에 집중되었다. 미국 지질조사국(U.S. Geological Survey) 같은 일부 연방 관청들은 지질조사나 해안선 측정을 위한 연구를 자체적으로 수행했고, 대학에 몸담은 지질학자들은 방학 때 석유회사들의 후원을 받아 광물자원 탐사에 나서기도 했다.

이러한 상황은 2차대전 시기에 지구물리학 분야에 대한 군대의 지원이 대대적으로 이뤄지면서 급격한 변화를 겪었다. 2차대전은 유럽 대륙은 물론이고 대서양, 태평양, 동남아시아, 북아프리카 등 지구 곳곳을 그 전역(戰域)으로 삼았기 때문에 전투가 벌어지는 해당 지역의 지리, 생물상(相), 기후 등에 대한 다양한 정보들을 필요로 했다. 지구과학자들은 자신들의 전문성을 활용해 이러한 전시의 필요에 응답할 수 있었다. 소나(sonar, 수중 음파탐지기)를 이용한 잠수함 탐지에 중요한 해수의 특성을 연구했고, 일본이 점령한 태평양의 섬들을 공략할 때 반드시 알아야 했던 해안선의 형태, 파도나 너울의 높이 등을 예측했으며, 해당 전역의 날씨를 예보하고 정밀 지도를 제작해 배포하기도 했다. 이 모든 계기들은 지구과학의 유용성에 대한 군대의 시각을 바꿔놓았고, 냉전 초기에 군대의 지구물리학 지원은 극적으로 증가했다. 이는 새롭게 등장한 무기 시스템의 요구에 따른 것이기도 했고(잠수함 작전, 장거리 미사일 유도 등), 냉전 시기의 지정학적 관심사에 따라 이른바 전략적 요충지(가령 북극과 남극)에 대한 지식이 요구되었기 때문이기도 했다. 일례로 1957년 여름부터 이듬해 말까지 18개월간 67개국이 참가해 진행된 국제지구물리관측년(International Geophysical Year, IGY) 프로젝트는 겉보기에 평화로운 국제 협력의 사례처럼 보였지만, 그 이면에는 지구 곳곳에 대해 군사적으로 유용한 정보를 얻어내려는 군대의 욕망이 꿈틀거리고 있었다.

2차대전 이후 이러한 인식 변화는 제도적인 형태로 이어졌다. 전시에 미 합동참모본부 밑에 설치, 운영됐던 육해군합동신무기장비위원회(Joint New Weapons and Equipment Committee)가 해체되면서 이를 대신하는 조직으로 국방부 산하에 연구개발위원회(Research and Development Board, RDB)가 생겨났는데, 이 조직은 설립 직후부터 지구과학 분야의 중요성을 인식하고 관련 연구를 담당할 하부 조직인 지구물리과학위원회(Committee on the Geophysical Sciences)를 구성했다. 이 위원회는 산하에 세부분야별 패널(해양학, 기상학, 지구 전자기학, 지진학, 화산학 등)을 두었고, 각각의 패널은 군 장교와 민간인 과학자를 동수로 구성했는데, 이를 통해 군대는 해결해야 할 과제를 과학자들에게 전달하고, 과학자들은 연구자금, 대학원생 훈련 지원, 기밀분류 자료 접근을 요청할 수 있었다.

지구물리과학위원회가 활동 첫해인 1948년에 발간한 연차보고서는 전후 "지구과학의 변모 방향을 해독하는 데 쓰일 수 있는 로제타석"과도 같다. 이 보고서는 지구물리과학이 "근본적 성격을 갖는 (…) 미해결 문제들"을 다룰 기초연구 자금을 필요로 하며, 이러한 문제들을 풀었을 때 각각의 세부분야들은 냉전기의 특정한 군사적 목표들에 기여할 수 있다고 기술했다.[8] 보고서의 저자들이 보기에 그러한 기초연구(fundamental research)의 추구와 군사적 기여라는 두 가지 목표는 상호배제적이지 않았

(R)   5. The field of the geophysical sciences is broad and the military applications of these sciences are numerous. The unsolved problems in such general areas as oceanography, meteorology, geology are of a fundamental nature. The panels of the Committee have formulated the boundaries of the unknown in their respective fields and have rated the importance of the solution of unsolved problems from a scientific and military viewpoint. This was done in order to help in the formulation of a master plan of research and development in the geophysical sciences. This task, for a fundamental field of science, is complicated by the multitudinous military applications. The following table shows a few significant examples of the general relations of scientific fields to military objectives.

a. Carrography & Goodesy - - - Missile ranging and guidance problems; military mapping; terrain models.

b. Geology - - - - - - - - - Strategic minerals; terrain intelligence.

c. Hydrology - - - - - - - - Water supplies; floods; military construction on ice and permafrost.

d. Meteorology - - - - - - - Weather forecasting for air operations; weather control in land and air operations.

e. Upper Atmosphere- - - - - Guided missile design; long range communications.

f. Atmospheric Electricity - - Protection of aircraft radio communications.

g. Oceanography - - - - - - Underseas warfare.

h. Seismology - - - - - - - Shock protection of surface and subsurface installations; hurricane detection.

i. Soil Mechanics - - - - - Vehicle trafficability.

j. Terrestrial Magnetism   Mine and submarine detection;
   and Electricity - - - - - guidance system for missiles; degaussing

미 국방부 연구개발위원회 산하 지구물리과학위원회의 첫해(1947. 7~1948. 6) 연차보고서에서 발췌한 내용. 1998년에 기밀해제되어 공개되었다. 지구과학의 분과 학문 분야들이 어떻게 냉전 시기의 군사적 목표에 기여할 수 있는지에 대한 아이디어들을 기술하고 있다.

고, 대다수의 연구자들 또한 두 가지 모두를 달성할 수 있는 방법을 고민했다. 그렇다면 그러한 두 가지 목표는 지구과학을 구성하는 세부 분야들에서 어떻게 서로 얽혀 있었을까? 최근 과학사학계의 연구성과가 축적된 지진학, 기상학, 해양학이라는 세 개의 분과 학문을 예로 들어 이를 좀 더 심도있게 들여다보도록 하자.

지진학

지진학(seismology)은 지진 및 그와 연관된 현상을 연구하는 학문 분야로, 여기서 다룰 세 개의 세부분야 중에서는 그 군사적 유용성이 가장 늦게 파악되었다. 지진학의 역사를 간단히 살펴보면, 현대적 지진학의 출발점은 기구를 이용한 지진파 기록이 시작된 19세기 말로 거슬러 올라간다. 이렇게 기록된 지진 진동도(seismogram)는 지진 현상을 체계적이고 수학적인 방식으로 분석할 수 있는 가능성을 처음으로 제시해주었다. 이어 1930년대에는 지구의 깊은 내부(맨틀, 외핵, 내핵)를 통해 지진파가 어떻게 전달되는지에 대한 관심이 커지면서 지진이 국지적 현상에서 전 지구적 현상으로 점차 이해되기 시작했다. 이 시기를 전후해 캘리포니아공과대학(칼텍), 캘리포니아대학 버클리 캠퍼스(UC 버클리), 컬럼비아대학(러몬트 지질연구소), 세인트루이스대학 등 몇몇 대학과 연구소에 지진학 연구 프로그램이 설치되었다. 하지만 지진학 분야는 뒤이어 터진 2차대전 시기에 별다른 기여를 하지 못했고, 그 결과 전후의 연구개발 확대 기조에서 주목받지 못하고 배제되었다. 1950년대 내내 지진학은 규모가 작은 학문

---

8 John Cloud, "Introduction," *Social Studies of Science*, Vol. 33, No. 5 (2003): 629~630.

분야로 남아 있었다. 1950년대 미국에서는 매년 지진학 분야에서 평균 6명의 박사학위 수여자를 배출했고, 미국 내에서 활동하는 지진학 연구자는 50명 정도에 불과했다. 이 분야에 대한 연방정부의 지원도 극히 제한적이어서 1950년대 중반에 매년 50만 달러 내외에 그쳤는데, 당

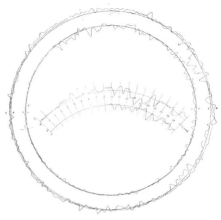

《네이처》 1884년 6월 19일자에 실린 현존 세계 최고(最古)의 지진 진동도.

시 미국에서 가장 규모가 컸던 칼텍 지진학 연구소의 경우 1957~1958 회계연도에 연간 예산이 18만 달러였고 그중에서 연구비로 지출된 돈은 3만 달러 정도였다.

지진학의 군사적·전략적 중요성이 '뒤늦게' 부상한 것은 1950년대 말 미국과 소련이 대중의 압력에 못 이겨 핵 군축협상에 나서면서부터였다. 미-소 양국은 포괄적 군축협상의 첫걸음으로 당시 논란이 되고 있던 핵 실험을 금지하는 조약을 논의하기 시작했다. 여기서 주목할 점은 당시 핵 실험 금지조약의 논의 방식을 두고 미국과 소련이 중요한 입장차이를 보이고 있었다는 사실이다. 소련은 조약 체결을 위해 중요한 것은 양국 고위 당국자들의 정치적 의지이며, 일단 정치적 합의가 이뤄지면 조약 체결은 일사천리로 진행될 수 있다고 보았다. 반면 소련의 진의를 의심했던 미국은 정치적 합의에 앞서 과학자들 간의 합의가 선행되어야 한다고 고집했다. 핵실험 금지조약을 체결한 이후에 양국이 이를 실제로 이행하는

1958년 7월에서 8월까지 제네바에서 열린 동서 핵실험 전문가 회의. 한반도의 판문점 회의를 연상시키는 냉전 시기의 전형적인 논의 테이블 구도를 볼 수 있다.

지 여부를 감시할 수 있는 수단과 방법에 대해 전문가들이 먼저 합의할 수 있어야 정치적 합의가 의미를 가질 수 있다고 본 것이다. 이러한 대립에서 결국 미국의 입장이 관철되어 1958년 7월 제네바에서 전문가 회의가 열렸다. 제네바 회의에 모인 양측 진영의 전문가들은 전 세계에 170곳의 관측소와 10개의 선상 관측장치를 설치하면 지구 어느 곳에서 시행되는 핵실험도—심지어 미국이 우려했던 지하 핵실험까지도—탐지해낼 수 있다는 데 합의를 보았다. 이러한 전문가 합의에 근거해 같은 해 10월에 핵실험 금지조약 체결을 위한 외교협상이 시작되었다.

　문제가 터진 것은 이 시점이었다. 핵실험 금지조약에 합의하는 것은 스

모두를 위한 테크노사이언스 강의

스로의 손을 옭아매어 국방력을 약화시키는 결과를 초래할 거라고 생각한 미국의 군인과 매파 과학자들이 핵실험 금지조약 체결에 반대 목소리를 내기 시작한 것이다. 그들은 특히 최신의 지하 핵실험에서 나온 새로운 지진 데이터를 제시하며 지하 핵폭발을 감출 수 있는 다른 방법이 있기 때문에 소련이 조약 체결 이후에도 몰래 핵실험을 계속할 가능성을 배제할 수 없다고 주장했다. 이러한 주장을 통해 앞서 이뤄진 전문가 합의에 의문이 제기되자 미국 정부와 외교관들은 난감한 처지에 놓였다. 상대방에 대한 막연한 불신에 근거해 외교협상을 중단하기도 어렵고, 그렇다고 새로운 지진 데이터를 무시한 채 외교협상을 그냥 해나가기도 꺼림칙한 상황이 된 것이다. 이에 대해 아이젠하워 행정부는 과학 행정가 로이드 버크너가 의장을 맡은 전문가 패널의 조언(일명 '버크너 보고서')을 받아들여, 지진학에 대한 대대적 연방정부 지원 프로그램을 통해 지진 탐지 능력의 향상을 추구하는 것으로 대응했다. '벨라 유니폼 프로젝트(Project Vela Uniform)'로 명명된 새로운 거대 지진학 연구 계획은 스푸트니크 충격 이후 국방부 산하에 설치된 고등연구계획국(Advanced Research Projects Agency, ARPA)이 책임을 맡아 1959년에 발족됐다.

벨라 유니폼 프로젝트는 1960년대에 미국의 거의 모든 지진학자들을 지원하면서 지진학 분야의 모습을 완전히 바꿔놓았다. 프로젝트가 시작된 첫 두 해 동안 지진학에 대한 지원은 30배로 증가했고, 1960년대 내내 이처럼 늘어난 지원 규모가 유지되었다. 1960~1971년 사이 미국 정부가 지진 탐지능력 향상에 지출한 금액은 2억 5,000만 달러에 달했고, 그러한 지원 중 일부는 기초 및 응용연구에 책정되어 지진 탐지 문제 이외의 학술 연구도 폭넓게 지원했다. 이는 지진학의 양적 성장으로 이어졌

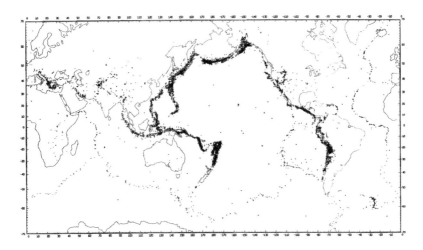

1961년부터 1967년까지 기록된 전 세계 지진의 모든 진앙지를 표시한 분포도(1968). 지각판의 경계를 선명하게 보여주어 판구조론에 결정적 근거를 제공한 이런 지도를 제작하는 데는 미국 정부가 핵실험 감시를 위해 구축한 WWSSN의 기여가 결정적이었다.

다. 1960년대에는 매년 평균 박사학위 수여자가 13명으로 두 배 이상 늘었고, 1972년에 39명으로 정점을 찍었다. 이 기간을 거치며 지진학 연구자 수는 5배, 이 분야의 대표적 학술지인《미국지진학회지*Bulletin of the Seismological Society of America*》의 수록 분량은 3배로 증가했다.

지진학의 변화는 이러한 양적 지표뿐 아니라 기기의 발전에서도 두드러졌다. 벨라 유니폼 프로젝트는 핵실험 감시를 목적으로 전세계표준지진관측망(World-Wide Standard Seismograph Network, WWSSN)을 구축했는데, 이를 위해 1960~1967년 사이에 950만 달러를 들여 60여 개국에 120곳의 표준화된 지진 관측소를 설치했고 매년 운영비로 100만 달러를 지원했다. 흥미로운 점은 이렇게 구축된 지진관측망에서 얻어진 표준화된 지진 데이터가 1960년대 말 판구조론을 뒷받침하는 지각판의 존재를 제

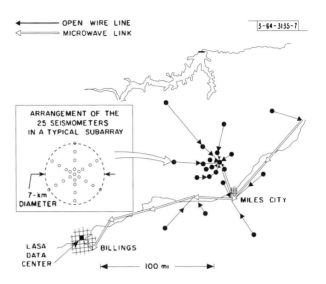

핵실험 감시를 위해 미국 몬태나 주 동부에 설치된 초원거리 배열식 지진 관측소(LASA)의 지진계 배치도. 왼쪽 아래에 지진 데이터를 분석해 진앙지를 찾는 데이터 센터가 보인다.

기함에 있어 결정적인 증거로 인용되었다는 사실이다. 소련의 핵실험 금지조약 준수 여부를 감시하기 위해 만들어진 지진 관측소들이 뜻밖에도 20세기 지구과학에서 가장 중요한 개념적 혁명을 일으키는 데 기여한 것이다. 원로 지구과학자들은 이런 점에 착안해 "판구조론 혁명과 현시대의 지구론은 냉전의 산물"이라는 평가를 내리기도 한다.[9]

WWSSN이 구축 목적과 별개로 지진학 분야의 기초연구에 기여할 수 있는 잠재력을 지니고 있었다면, 이와는 달리 오로지 핵실험 탐지를 위해서만 만들어지고 운용된 시설도 있었다. 1964년 지하핵실험 탐지를 목적으로 몬태나 주에 설치된 초원거리 배열식 지진 관측소(Large Aperture

---

9　레이먼드 시버, 「냉전시기의 지구과학 연구」, 노엄 촘스키 외, 『냉전과 대학』(당대, 2001), p. 346.

Seismic Array, LASA)가 그런 시설이었는데, 이는 525개의 지진계를 21개 그룹으로 나눠 설치한 후 지진파가 각각의 지진계에 미세한 시차를 두고 도달하는 것을 분석해 진앙지를 찾았다. 이를 위해 LASA는 극히 정교한 시간 계측 장치와 데이터 전송 장비, 그리고 신호 처리 및 디스플레이를 위한 디지털 컴퓨터를 필요로 했는데, 이는 단시간에 거대 군산학 기획으로 탈바꿈한 지진학의 면모를 잘 보여준다.

기상학

지진학이 2차대전 이후 의외의 맥락에서 뒤늦게 군사적 유용성이 발견된 분야라면, 기상학(meteorology)은 그 성립 초기부터 군대와 떼려야 뗄 수 없는 관계를 맺어온 분야라고 할 수 있다. 화약이 전장에 널리 보급된 근대 이후의 전쟁에서는 전투 당일의 날씨가 전쟁의 성패에 매우 큰 영향을 미쳤기 때문에, 기상에 대한 군사적 관심은 이에 대한 체계적·과학적 탐구보다 훨씬 더 앞서서 나타났다. 19세기 각국의 군대는 산하 부대에 날씨 예보를 담당하는 기능을 두었고, 이러한 기능은 민간에서의 날씨 예보보다 먼저 시작됐다. 미국에서는 날씨 예보를 담당하는 기상국(Weather Bureau)이 애초 육군 통신대의 일부로 1870년에 설립되었다가, 1891년에 군에서 독립해 민간의 날씨 예보 기능을 넘겨받았다. 그러나 이러한 '역할 분담'에도 불구하고 20세기 대부분의 기간 동안 민간 기상학과 군 기상학의 경계는 흐릿했다.

2차대전은 기상학이 폭발적으로 성장하는 계기가 되었다. 전역이 다양한 기후대를 포괄할 정도로 넓어지고 작전의 유형도 다양해지면서 기상 정보의 중요성이 커졌기 때문이다. 전쟁 기간 동안 육군 항공대와 해군은

8,000명에 달하는 기상 장교를 훈련시켰고, 전시에 신설된 육군의 항공 기상 부대(Air Weather Service)는 종전 시점에 1만 9,000명의 인력(이 중에서 장교는 4,500명)을 보유했을 정도로 규모가 컸다(항공 기상 부대는 냉전 시기에도 인력 규모를 1만 1,000명 선으로 유지했다). 기상학에 대한 군대의 지원은 냉전 시기에 접어든 이후에 더욱 늘어났고, 이는 기상학 분야의 성격을 중요한 방식으로 규정지었다. 1954년 NSF의 조사에 따르면 미국의 기상학자는 총 5,273명으로 파악되었는데, 그중에서 현역 군인이 43퍼센트, 공군 예비역이 25퍼센트, 해군 예비역이 12퍼센트로 전쟁이 끝난 지 10년이 넘었는데도 기상학자의 80퍼센트가 군대와 직접적인 연관이 있는 것으로 나타났다. 기상학 분야에 대한 정부 지원에서도 군대의 비중이 압도적이었다. 1965년에 군대는 기상국보다 기상학 관련 예산을 2배 가까이 쓰고 있었고(군대 1억 8,900만 달러, 기상국 1억 400만 달러) 관련 인력도 기상국의 3배에 달했다(군대 1만 4,300명, 기상국 4,500명).

냉전 시기 군대의 기상학 관련 지원은 크게 날씨예측과 기상조절의 두 방향으로 이뤄졌고, 양쪽 모두에서 전후 기상학의 발전에 중대한 영향을 미쳤다. 먼저 날씨예측에서는 군대의 지원이 수치 예보(numerical weather prediction) 모델의 발전에 크게 기여했다. 이를 처음 구상한 사람은 전시 연구에서 중요한 기여를 한 수학자 존 폰 노이만이었다. 그는 맨해튼 프로젝트에도 참여했으며, 전쟁 말기에 최초의 디지털 컴퓨터 에니악(ENIAC)을 보고 프로그램 내장형 컴퓨터의 개념을 제시한 것으로 잘 알려진 인물이다. 폰 노이만은 새로운 디지털 컴퓨터의 비군사적 용도를 구상하다가 대기와 해양에 대한 수학적 모델을 이용해 현재의 기상 조건으로부터 앞으로의 날씨를 확률적으로 예측할 수 있다는 아이디어를 떠올

수학자 존 폰 노이만과 그가 프린스턴대학 고등연구원에서 제작한 컴퓨터 IAS 머신. 디지털 컴퓨터의 선구자인 그는 컴퓨터를 이용한 날씨 예측 기법을 제안했다.

렸다. 그는 대기 모델을 이용한 시뮬레이션이 핵무기 설계시 핵폭발의 충격파를 분석하는 데 필요한 비선형 유체역학 방정식과 유사하다는 점에서 이런 아이디어를 얻었다. 이러한 구상은 10여 년의 연구개발을 거쳐 1955년에 오늘날 널리 쓰이고 있는 수치 예보 기법으로 실현되었고, 이 과정에서 해군과 공군의 지원이 중요한 역할을 했다. 이는 군대가 시행착오와 경험에 입각한 종전의 예보 방식보다 수치적·정량적으로 표현가능하고 컴퓨터 같은 첨단장비를 이용하는 예보 방식을 더 선호했기 때문으로 풀이할 수 있다.[10]

그러나 2차대전 이후 군대의 기상학 연구 지원에서 더 큰 비중을 차지했던 것은 날씨 및 기후 통제와 관련된 군사적 프로젝트였다. 이는 냉전 시기 군비경쟁의 일부를 이루는 사건이기 때문에 그 역사를 조금 더 거슬러 올라가서 자세히 살펴볼 필요가 있다. 근대 이전에 기상조절(weather control)은 항상 신화와 마법의 영역에 속해 있었지만, 19세기에 접어들면서 조악하나마 과학적 원리에 입각한 기상조절 시도가 시작되었다. 미국의 과학자 제임스 폴러드 에스피는 이른바 '폭풍 열이론(thermal theory of storms)'을 주장해 이 분야에서 선구적인 역할을 했다. 에스피에 따르면 모든 대기 요동은 뜨거워진 공기의 상승 기류에 의해 내부로 공기가 빠르게 유입되고 잠열이 방출되어 발생했고, 이런 조건이 갖춰질 때 폭풍과 함께 강우가 나타날 가능성이 높았다. 에스피는 자신의 이론에 근거해 인공적으로 큰 불을 내어 열에 의한 상승 기류를 만듦으로써 비를 내리게 하는 '인공강우(pluviculture)'를 추진했고, 실제로 가뭄에 시달리는 미국의 여러 지역을 다니면서 이를 실천에 옮기기도 했다. 아울러 19세기에는 이와 비슷한 발상에 기반해 대규모의 폭약 사용으로 대기를 진동시켜 강우를 촉발하려는 시도—인공강우의 '뇌진탕 이론(concussion theory)'에 따른—도 나타났다.

다분히 주먹구구식의 이론과 실천에 입각했던 이러한 시도들에서 벗

---

10 존 폰 노이만은 날씨예측의 시간 규모를 더 연장해 그가 "무한 예측(the infinite forecast)" 이라고 불렀던 것을 가능케 할 기후 모델에도 관심을 보였다. 기후 모델 역시 핵무기 설계에서 쓰이는 것과 흡사한 유체역학 방정식을 이용했고, 심지어 모델 제작자들끼리 동일한 교과서를 가지고 공부를 하기도 했다. 그는 프린스턴대학에 설립한 지구물리유체역학 연구소(Geophysical Fluid Dynamics Laboratory)에서 최초의 대기대순환 모델(general circulation model)을 개발했고, 이후 이곳은 기후변화 모델링의 주요 연구센터 중 하나로 발돋움하게 된다.

IV. 냉전과 정부/군대의 역할

GE의 연구원 빈센트 셰퍼가 과냉각된 냉동고 속으로 숨을 불어넣어 인공 구름을 만들고 있다. 그 뒤에서 이를 지켜보는 사람들은 동료 연구자인 어빙 랭뮤어(왼쪽)와 버나드 보니것이다.

어나 '현대적' 기상조절의 출발을 알린 것은 전쟁 직후인 1946년 GE 연구소에서 이뤄진 실험이었다. GE의 연구원 빈센트 셰퍼는 드라이아이스를 가정용 냉동고에 집어넣었을 때 이를 모립으로 해서 차가운 수증기에서 얼음 결정이 생기는 현상을 발견했다. 그는 임대한 비행기로 3킬로그램의 드라이아이스 조각을 구름에 투하해 눈이 내리게 하는 실험에도 성공을 거두었다. 이어 GE의 또 다른 연구원 버나드 보니것(유명한 소설가 커트 보니것의 형)은 취급이 번거로운 드라이아이스 대신 요오드화은이나 요오드화납을 이용해도 동일한 모립 역할을 할 수 있음을 알아냈다. 이제 GE 연구소의 원로 과학자가 된 어빙 랭뮤어는 젊은 연구원들의 성과에 고무되어 대규모 기상조절에 대한 웅대한 전망을 대중에게 설파하기 시작했다. 그러나 랭뮤어의 홍보 활동은 의외의 역효과를 일으켰다. GE의 기상조절 실험으로부터 작물이 냉해를 입었다거나 교통이 마비되어 피해를 보았다는 식의 민사소송이 GE를 상대로 제기되기 시작한 것이다. GE 경영진은 이를 우려해 실험을 중단시켰고, 기상조절의 가능성에 관심을 갖게 된 군대에 프로젝트를 이관했다.

군대는 기상조절 연구에 처음부터 열의를 보였다. RDB 산하의 지구물리과학위원회는 기상조절이 갖는 군사적 잠재력을 인정했지만 아직 많은 불확실성이 남아 있다고 보고 추가적인 연구를 권고했다. 이에 따라 1947년에 미 육군은 GE와 계약을 맺고 시러스 프로젝트(Project Cirrus)를 시작했다. 프로젝트의 목적은 강우 형성의 물리학과 화학에 대한 기본적 지식을 탐구하고 이를 군사적 목적으로 활용할 가능성을 탐색하는 것이었고, 랭뮤어와 셰퍼는 GE 경영진의 지시에 따라 직접 연구에 참여하지 않고 자문 역할을 맡았다. 시러스 프로젝트는 1947년부터 1952년까지 인공 모립을 구름에 살포하는 현장 실험을 180회에 걸쳐 실시했다. 이러한 실험은 강우 형성에 관해 일관된 결과를 얻어내지 못했지만, 군대는 이에 굴하지 않고 1952년 이후에도 여러 건의 후속 프로젝트를 계속 지원했다.

군대가 기상조절에 관심을 보이고 이에 막대한 지원을 아끼지 않은 것은 냉전의 맥락과 결코 무관하지 않다. 군 고위 장교들은 기상조절 연구를 소련과의 체제경쟁에서 중요한 요소로 파악했고, 이는 당시 그들의 발언을 통해서도 엿볼 수 있다. 가령 전략공군사령부의 조지 케니 장군은

197

《콜리어스》 1954년 5월 28일자 표지에 그려진 기상 엔지니어의 모습. 기계의 레버를 당겨 날씨를 개변시키는 미래의 모습을 그려냈다.

"기단의 경로를 정확하게 그려내고 강우의 시간과 장소를 통제하는 방법을 가장 먼저 알아내는 나라가 세상을 지배할 것"이라고 지적했고, 루이스 드 플로레즈 해군 소장은 "날씨를 통제하면 적의 작전과 경제를 교란시킬 수 있다. (…) 냉전에서 [그런 통제력은] 농업 생산을 감소시키고 상업을 방해하고 산업을 지연시키는 강력한 숨겨진 무기가 될 것이다"라며 기상조절의 군사적 가능성을 구체적으로 언급했다.[11]

이러한 인식은 대중매체의 과장된 보도로 이어졌다. 일례로 해군 장교이자 기상학자인 하워드 오빌이 1954년 대중지《콜리어스》에 기고한 글에서는 '주문형 날씨'의 실현에 따른 기상학전(戰)의 예상 시나리오를 제시하면서 머지않아 완벽하게 정확한 일기예보—비나 눈이 내리고 그칠 시간을 분초까지 정확히 예측하는—가 가능해질 거라고 주장했다. 1958년《뉴스위크》에 실린 「날씨 무기」라는 제목의 기사 역시 기상학전의 가능성을 기정사실화하면서 이를 둘러싼 군비경쟁이 이미 진행 중이라고 못박았다.

11 James Rodger Fleming, "The Pathological History of Weather and Climate Modification: Three Cycles of Promise and Hype," *Historical Studies in the Physical and Biological Sciences* 37:1 (2006): 10. 폭풍, 태풍, 허리케인 등 기상현상의 위력을 핵폭탄의 위력과 비교하는 대중매체의 클리셰가 처음 등장한 것도 이때였는데, 이 역시 기상조절의 군사화에 대한 문제의식과 무관하지 않다.

기상학전의 전망은 단순한 가능성으로 그치지 않고 실전에서의 활용으로 이어졌다. 이 중 가장 유명한 사례는 미군이 베트남전에서 벌인 '뽀빠이 작전(Operation Popeye)'이다. 당시 베트남에 파병된 미군은 북베트남이 일명 호치민 이동로(Ho Chi Minh Trail)를 통해 남베트남에서 활동하는 비정규군('베트콩')에 물자를 보급하는 문제로 골머리를 앓고 있었고, 이를 방해하기 위해 호치민 이동로

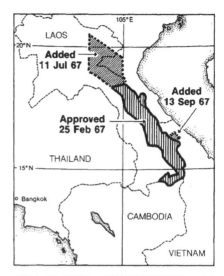

미군이 베트남전에서 수행한 '뽀빠이 작전'의 기상 폭탄 투하 구역(1967). 라오스와 캄보디아, 베트남 접경에 있는 작전 구역이 시간이 지나면서 점점 넓어지는 것을 볼 수 있다.

위에 폭우를 쏟아부어 이동성을 떨어뜨리는—작전 관계자의 표현을 빌리면 "전쟁을 하는 것이 아니라 진흙탕을 만드는(making mud, not war)"—인공강우 작전을 구상했다.[12] 1967년부터 1972년까지 지속된 이 작전은 육군의 항공 기상 부대가 책임을 졌고, 베트남 인근에 있는 태국의 미군 비행장에서 2,600회 이상 출격해 5만 개가 넘는 요오드화은/요오드화납 폭탄을 투하했다. 연간 360만 달러의 비용이 들어간 이 작전은 철저히 비밀에 부쳐졌고, 전모를 아는 사람은 고위급 장성 4명뿐으로 심지어 미 의회나 관련국의 미국 대사에게도 작전 사실을 알려주지 않았다.

12   위의 글, 14.

미국의 기상학전 활용은 1971년 탐사보도 기자 잭 앤더슨이 《워싱턴 포스트》에 뽀빠이 작전의 전모를 폭로하면서 종말을 고하기 시작했다. 이미 반전 여론이 우세하던 미국 사회는 베트남 같은 저개발국을 상대로 '더러운 전쟁'을 벌이는 미군의 부도덕성에 대한 성토로 가득찼고, 이 사건을 계기로 환경개변 기법을 군사적 목적으로 활용하는 것을 금지하는 국제조약이 1977년에 발효되었다. 아울러 기상학자들은 '더러운 전쟁'과 연결되어 오명을 뒤집어쓰는 데 거부감을 보이면서 군대의 재정적 후원을 받는 것을 점차 꺼리기 시작했다. 새로운 세대의 기상학자들은 NSF나 NASA 같은 후원 기관과 관계 맺는 것을 더 선호했고, 이에 따라 20세기 내내 유지돼온 기상학 공동체와 군대 사이의 친밀한 관계도 점차 약화되었다.

해양학

앞서 다룬 지진학, 기상학의 경우와 비교해보면, 해양학(oceanography)은 2차대전이 변화의 결정적 계기로 작용한 분야에 해당한다. 특히 물리해양학은 2차대전 이전까지 별다른 주목을 받지 못했으나, 전쟁 시기에 그 유용성이 '발견'되고 냉전 초기에 해군의 전략적 필요와 맞물리며 급성장했다. 해양학의 변모 과정을 알아보려면 먼저 2차대전 이전에 이 분야가 어떤 상황에 있었는지를 살펴볼 필요가 있다. 이 시기에 미국에는 두 곳의 연구 중심지가 존재했다. 1924년 캘리포니아 주 샌디에이고에 설립된 스크립스 해양학 연구소(Scripps Institution of Oceanography)와 1930년 매사추세츠 주 우즈홀에 설립된 우즈홀 해양학 연구소(Woods Hole Oceanographic Institution)가 그것이었다. 두 연구소는 모두 규모가 작고 고립되어 있었으며, 개인이나 민간재단의 후원에 주로 의존했다. 당시에는 아직 '해양학'의 정체성이 확고하게 정립되지 않아서, 이곳에서 연구하는 과학자들은 자신이 속한 분야를 폭넓게 정의하는 것이 보통이었다. 다시 말해 '해양학'이라는 별도의 분야가 존재한다기보다 생물학, 화학, 물리학, 지질학 등 다양한 배경을 지닌 과학자들이 해양이라는 특정한 '장소'에 대한 연구를 함께 해나가는 것에 가까웠다. 이에 따라 연구 주제도 다양해서 해양생물, 해양화학 과정, 해저지형, 해양기상, 수중 음파전달 등 여러 가지 연구가 진행됐는데, 이 중에서 특히 해양생물학이 연구의 중심을 이뤘다. 다양한 연구 주제들 가운데 거의 유일하게 실용적 가치를 찾을 수 있는 세부분야가 어업과 관련된 해양생물학이었고 외부의 연구 지원을 끌어들이기도 가장 용이했기 때문이다. 1930년대에는 해리 헤스, 모리스 유잉, 에드워드 불러드처럼 물리해양학, 지질학, 지구물리학 쪽을 지향하는 젊은 과학자들이 나타나기 시작했지만, 아직 이러한 경향은 상대적으로 미약했다.

2차대전 중 해군에서 복무한 해양학자 로저 레벨(1945). 그는 나중에 스크립스 해양학 연구소의 소장이 되었고, 이산화탄소가 지구온난화를 유발한다는 가설을 입증하는 데 결정적으로 기여했다.

　　2차대전은 이러한 상황에 근본적인 변화를 가져왔다. 1930년대까지 해양학에 별다른 관심을 보이지 않았던 해군이 전시의 경험을 통해 해양학의 유용성을 깨달은 것이다. 해양학자들은 해저 음향 전파, 항구의 기뢰 제거, 상륙작전 수행 등에 필요한 정보를 제공했으며, 작전이 이뤄지는 현지에서 실시간으로 정보를 제공해야 했기 때문에 많은 해양학자들이 군복을 입고 복무를 했다. 전시의 경험은 해군뿐 아니라 해양학자들의 인식도 바꿔놓았다. 해양학자들은 어업의 실용성을 넘어서는 물리해양학의 새로운 잠재력이 해군이라는 새로운 후원자를 끌어들이는 데 도움을 줄 수 있음을 알게 되었다. 이처럼 쌍방의 이해관계가 맞아떨어지면서 전쟁 말기에는 우즈홀과 스크립스 연구소에 대한 지속적 지원의 기반이 확립되었고, 전후에 두 연구소에서 해양생물학을 대신해 물리해양학과 해양 지구물리학을 지향하는 경향이 결정적으로 커지는 계기가 되었다.

해군과 과학자들의 밀월관계는 핵무기 개발이 몰고 온 전후 군 내부의 세력 판도 변화에 의해 다시 한번 강화되었다. 2차대전 때 얻어진 두 가지 경험, 즉 원자폭탄의 개발과 적국의 도시 및 목표물에 대한 전략 폭격은 냉전 초기에 새로운 군사 전략을 낳았다. 장거리 폭격기에 원자폭탄(나중에는 수소폭탄)을 싣고 날아가 적국의 목표물에 떨어뜨리는 전투 방식이 미래 전쟁의 모습으로 부상한 것이다. 이에 따라 군 내부에서는 기존에 있던 육군과 해군이 상대적으로 주변화되고 새로 창설된 공군(특히 전략 공군사령부)의 위상이 급격히 높아졌다. 여기에 더해 1949년 군 예산의 삭감으로 해군이 야심차게 추진 중이던 차세대 항공모함 건조 프로젝트가 무산되자 해군의 소외감은 절정에 달했다. 이 해 예산 삭감에 항의해 해군 제독들이 지휘계통을 무시한 채 의회 의원들에게 곧장 로비를 시도한 일명 '제독들의 반란(Revolt of the Admirals)' 사건은 당시 해군 내부의 분위기를 잘 보여준다.

해군은 이러한 상황에 맞서기 위해 MIT의 과학자들에게 하트웰 프로젝트(Project Hartwell)를 발주해 돌파구 마련을 위한 대응전략을 주문했다. 1950년 MIT 과학자들이 제출한 하트웰 보고서는 이후 해군의 과학기술 활동과 새로운 목표를 위한 청사진을 제공해 흔히 '잠수함전의 교본(bible of undersea warfare)'으로 불렸다. 하트웰 보고서는 핵무기가 지상에서 발사되는 장거리 미사일이나 비행기에서 떨어뜨리는 폭탄하고만 연결된다는 관점을 거

MIT 과학자들이 해군에 제출한 하트웰 보고서(1950)의 표지. 지금은 기밀해제되어 열람이 가능하다.

부하면서 잠수함과 전술핵무기를 결합한 새로운 전략을 주장했다. 다시 말해 잠수함이 물속에서 발사할 수 있는 중거리 미사일에 핵탄두를 장착하면 적국의 영해 바로 인근에서 핵공격이 가능하기 때문에 획기적인 이점을 지닌다는 것이었다. 이는 1950년대 이후 해군 내에서 주류 입장으로 받아들여졌고, 해군이 잠수함용 중거리 미사일 개발에 나서게 하는 데 기여했다. 아울러 이 보고서는 소련도 미국에 대해 동일한 전략으로 나설 수 있음을 지적하면서, 소련의 잠수함 위협에 맞서기 위해 미국 영해 인근에 있는 소련 잠수함에 대한 장거리 탐지능력을 강화할 것도 아울러 주문했다. 해군은 제저벨 프로젝트(Project Jezebel)와 시저 프로젝트(Project Carsar)를 통해 저주파 분석 및 기록(low frequency analysis and recording, LOFAR) 기법과 음향 감시 시스템(sound surveillance system, SOSUS) 등을 개

냉전 초 우즈홀 해양학 연구소의 과학자들이 수심수온기록계(왼쪽)와 음향 측심기(오른쪽)를 사용하는 모습. 이는 변온층 파악과 해저 지도 작성에 핵심적인 장비들이었다.

발함으로써 이에 호응했다.

잠수함의 전략적 중요성이 커지면서 해군은 해저의 물리적 환경에 더 많은 관심을 갖게 되었고, 이는 2차대전 때 시작된 해군의 해양학 연구 지원이 더욱 증가하는 결과를 낳았다. 해군은 냉전 시기에 새로운 전장으로 부각된 북대서양과 북태평양에 대한 해양학 원정(MIDPAC, TRANSPAC, NORPAC 등)을 지원했는데, 이는 이전까지 먼 바다에 나가기 위해 어선을 얻어 타는 것이 고작이었던 해양학자들에게 전례없이 새로운 연구 기회를 제공했다. 아울러 해군의 지원은 새로운 측정 장치의 개발과 운용에도 도움을 주었는데, 변온층(thermocline) 파악을 위한 수심수온기록계(bathythermograph)나 해저 지도 작성을 위한 음향 측심기(echo sounder)의 활용이 대표적인 사례이다.

해군의 지원은, 해양학자들이 원했던 기초연구를 뒷받침하면서 동시에 해군이 원했던 전술 정보도 제공하는 두 마리 토끼를 모두 잡은 것처럼 보였다. 그러나 이러한 밀월관계에는 비밀주의라는 함정이 도사리고 있었다. 과학자들은 자신들의 연구 결과를 앞으로의 해양학 연구를 위한 기초 자료로 간주했고, 논문 발표 등을 통해 이러한 자료를 국제적으로 공유하는 것을 추구했다. 그러나 해군은 해저 지형, 염도, 수온 등 연구 원정에서 얻어진 자료를 다른 나라와 공유하는 데 소극적이었다. 이러한 자료를 해군 작전을 위한 전술 정보로 여겼고, 이것이 적국에 넘어갔을 때 아군에 불리하게 쓰일 수 있다고 의심했기 때문이다. 이로 인해 해군과 해양학자들 사이에는 자료 공유를 놓고 충돌이 끊이지 않았다. 1954년 우즈홀 연구소 산하에 문을 연 해군 해양학 연구소의 개소식 자리에서 해양학자 해리 헤스가 해군의 비밀주의 정책에 대해 불만을 토로한 사건은 이를 잘 보여준다. 비밀주의 정책 탓에 1950년대 말까지 해양학 분야에서 새로 얻어진 모든 정보에 접근할 수 있는 기밀취급 허가를 받은 민간인 과학자—흔히 '숨은 실력자 그룹(invisible college)'으로 호칭되었던—는 20여 명에 불과했다. 1960년대 중반에도 해양지질학과 지구물리학 분야에서 관련 정보에 접근해 제대로 된 기여를 할 수 있는 연구기관은 전 세계를 통틀어 5개(우즈홀, 스크립스, 러몬트 지질연구소, 영국 국립해양학연구소, 케임브리지대학 측지학 및 지구물리학과) 정도밖에 안 되었다. 이러한 제약은 해양학 분야가 국제적인 협력 하에 발전해나가는 데 커다란 장애가 되었다.

앞서 해양학의 사례를 들어 비밀주의의 문제를 짚어보았지만, 사실 이는 냉전 시기 많은 과학 연구들에 공히 해당하는 문제였다. 군대의 지원을 받아 진행된 많은 연구들이 민감한 정보를 담고 있다는 이유 때문에 기밀로 분류되었고, 그 결과 수많은 기밀 정보들이 양산되었다. 이러한 양상은 학문의 전당인 대학에서도 예외가 아니었다. 이공계 대학원에서는 군대의 지원을 받는 기밀 프로젝트를 흔히 볼 수 있었고, 교수, 대학원생, 연구원이 여기에 참여하기 위해서는 해당 연구의 보안 수준에 맞는 기밀취급 허가를 얻어야 했다. 프로젝트의 일환으로 대학원 강의가 개설될 경우 이는 기밀취급 허가를 받은 사람만 수강할 수 있고, 방음 시설이 된 강의실에서 진행하며, 수강생 모두가 비밀엄수 조항이 담긴 동의서에 서명해야 하는 기밀 세미나가 되었다. 또한 대학원생이 기밀 프로젝트와 관련된 주제를 가지고 여기에 참여해 얻은 데이터로 학위논문을 쓸 경우, 이는 학위취득과 동시에 기밀로 분류되어 아무나 접근할 수 없는 기밀 논문이 되었다. 이처럼 냉전 시기의 과학 연구에 스며든 비밀주의는 쉽게 상상하기 어려울 정도로 광범위하고 뿌리가 깊다.

여기서 한 가지 유혹적인 질문을 던져볼 수 있다. 과연 그러한 기밀 정보의 규모는 얼마나 될까? 이를 공개돼 있는 정보와 비교하면 상대적인 비중은 어느 정도일까? 얼른 생각하면 기밀로 분류된 정보의 양이 그리 많지 않아 공개 정보가 그 규모에서 기밀 정보를 압도할 듯하지만, 이러한 상식적 결론을 경험적으로 검증하기란 쉽지 않다. 적절한 기밀취급 허가가 없으면 기밀 정보에 접근할 수 없는데, 대다수의 역사가들은 그러한 기밀취급 허가를 갖고 있지 않기 때문이다. 2004년 하버드대학의 저명한 과학사가 피터 갤리슨은 일견 불가능해 보이는 이 질문에 도전했다. 여기서는 갤리슨의 흥미진진한 논의를 꼼꼼히 따라가보도록 하자. 그는 먼저 공개된 정보의 규모를 대략적으로 추산했다. 가령 세계에서 가장 큰 도서관 중 하나인 미국 의회도서관에는 2003년에 1억 2,000만 종의 자료가 소장돼 있었고, 이를 쪽수로 환산하면 75억 쪽(이 중 도서는 1,800만 종, 54억 쪽)이었다. 그렇다면 이와 비교해 기밀 정보의 규모는 어느 정도일까? 기밀 정보는 생성된 시점에서 25의 배수 해(25년, 50년, 75년…)가 지나면 1차적으로 기밀해제 여부를 심사해 문제가 없다고 판단되면 기밀 정보에서 제외해 공개하는 절차를 밟는데, 갤리슨이 논문을 쓴 2003년 시점에서는 한 차례 이상 기밀해제 대상이 된 1978년 이전의 기밀 문서 16억 쪽 중 11억 쪽이 공개되었다. 이에 근거해 간단한 산수를 해보면 2003년 시점에서 기밀 정보의 규모는 1978년 이전 문서 중 여전히 기밀로 남은 5억 쪽 더하기 1978년 이후 새롭게 기밀로 지정된 자료의 양이 된다는 것을 알 수 있다.

그렇다면 1978년 이후 기밀로 지정된 자료의 규모는 어느 정도일까? 이는 한 번도 기밀분류 재심사의 대상이 된 적이 없으므로 오로지 추측의 영역인데, 갤리슨은 2001년에 발간된 정부 보고서에 나온 수치들에 근거해 대강의 추정치를 제시한다. 이에 따르면 2001년 한 해 동안 3,300만 건의 자료가 새로 기밀로 분류됐는데(이 '자료'가 책인지, 문건인지, 보고서인지, 또 그 성격이 과학 보고서인지 외교 문서인지 등의 세부 항목은 공개되지 않아 알 수 없다), 보수적으로 잡아 자료 1건의 분량을 10쪽으로 보면 이 해에 3억 3,000만 쪽이 새로 기밀 정보에 포함되었다는 계산이 나온다. (참고로 이 해에 하버드대학 도서관 시스템 전체에서 늘어난 자료의 양은 22만 권, 쪽수로는 6,000만 쪽 정도였다.) 이러한 추세가 1978년부터 25년간 계속되었다고 가정하면 새로 기밀 정보로 분류된 자료는 80억 쪽이 되고 이전 시기의 기밀 문서 5억 쪽을 더하면 2003년 시점에서 기밀 정보의 규모는 85억 쪽에 달한다. 이렇게 보면 기밀 정보의 양은 보수적인 추정을 따르더라도 공개된 정보의 양보다 더 많다는 결론에 도달할 수 있다. 사실 갤리슨은 다양한 배경 정보들에 근거해 기밀 정보가 공개 정보보다 5~10배 정도 더 많을 것으로 결론짓고 있으며, 이 중 상당부분이 자연과학이나 공학과 관련된 내용일 것으로 추정하고 있다.

이러한 냉전 시기 군사 연구의 유산은 우리가 역사를 바라보는 시각에도 영향을 미칠 수 있다. 우리는 공개된 정보, 알려져 있는 정보에 근거해 인물과 업적을 평가하고, 상을 주고, 역사를 기술한다. 그러나 이러한 정보가 전체 정보에서 빙산의 일각에 불과하다면, 현재 알려져 있지 않은 정보가 언젠가 공개될 때 우리가 해당 시기 과학의 역사를 보는 눈은 불가피하게 바뀔 수밖에 없다. 이는 비밀주의가 지배했던 시기에 대해 "우리가 무엇을 알고 있는가?"의 의미를 다시금 생각해보게 한다.

모두를 위한 테크노사이언스 강의

3

군산복합체와 연구대학의 변모

앞에서 본 바와 같이, 냉전 초기에 미국 정부와 군대는 대학에서 진행되는 다수의 '기초연구'를 지원하기 시작했다. 가령 지구과학 분야의 기초연구들은 해당 분야의 지식기반을 넓힘과 동시에 군사적 유용성도 갖고 있는 경우가 많았고, 이에 따라 군대의 적극적인 지원을 받았다. 그러나 대학과 과학자들이 이러한 기초연구만을 지원받은 것은 아니었다. 냉전 시기에 미-소 냉전이 심화되고 국가 안보를 위한 연구개발의 중요성이 커지면서, 이제 미국의 주요 연구대학들은 몇몇 분야들(전자공학, 항공공학, 핵물리학, 재료과학 등)을 중심으로 도저히 '기초연구'로 생각할 수 없는 직접적 무기개발 프로젝트를 유치하기 시작했다. 이와 함께 2차대전 시기 레이다 연구개발을 담당했던 래드랩으로 그 기원을 거슬러 올라갈 수 있는 군대-산업체-대학의 긴밀한 협력관계가 다시 등장했고, 이제 전시가 아닌 평화시에 나타난 이러한 모습에 뜻있는 지식인들은 우려의 시각을 표명했다. 미국 대통령 드와이트 아이젠하워의 퇴임 연설을 계기로 유명해진 '군산복합체(military-industrial complex)'의 개념은 그러한 우려와 경고의 의미를 잘 담고 있다.

| 군산복합체 개념의 부상: 1961년 아이젠하워의 고별 연설 |

'군산복합체'의 개념은 1961년 1월 17일 아이젠하워 대통령의 퇴임에 즈음한 고별 연설에서 미국인들에게 경고하는 의미를 담아 쓰인 것으로 잘 알려져 있다. 이 연설에서 그는 냉전 시기에 "평화 유지에 있어 주요한 요소의 하나(인) (…) 군사력의 확립"의 필요성을 인정하면서도, 전시가 아닌 평화시에 "방대한 군사 체계와 대규모 방위산업의 결합"이 던지는 "심각한 함의를 이해하지 않으면 안 된다"고 지적했다.

정부 위원회들에서, 우리는 의도했든 의도하지 않았든, **군산복합체에 의한 부당한 영향력의 획득**을 경계해야 합니다. 잘못 주어진 권력의 파괴적 발호 가능성은 지금도 존재하며 앞으로도 계속 존재할 것입니다. 우리는 이 결합의 무게가 우리의 자유나 민주적 절차를 위협하게 해서는 안 됩니다. 우리는 아무것도 당연시해서는 안 됩니다. 방심하지 않고 식견을 갖춘 시민들만이 거대한 산업적·군사적 국방 기제를 우리의 평화적인 방법 및 목표와 적절하게 조화시킬 수 있으며, 그렇게 함으로써 안보와 자유는 함께 번영할 수 있을 것입니다.[13]

---

13   https://blog.daum.net/solectron/8157 (번역 일부 수정, 강조는 인용자).

그는 퇴임 연설 전에도 사석에서 비슷한 문제의식을 피력한 적이 있었는데, 그때는 군산복합체 대신 '권력의 삼각주(delta of power)'를 경계해야 한다고 말했다. 여기서 '권력의 삼각주'에는 앞서 언급한 군대와 방위산업체 외에 미국 의회가 들어갔다. 의원들이 지역의 경제발전이나 일자리 창출 등을 명분으로 자기 지역구에 속한 방위산

1961년 1월 17일에 TV로 생중계된 대통령 퇴임 연설을 하고 있는 아이젠하워 대통령.

업체와 결탁해 의회 상임위에서 군대의 신무기 개발을 추진하고 지지할 가능성을 지적한 것이다. 반면 이후 이 주제를 연구한 학자들은 아이젠하워의 군산복합체 개념에 대학(academia)을 추가로 포함해 군산학복합체(military-industrial-academic complex)로 확장해야 한다는 주장을 펼쳤다. 다시 말해 미국의 국방 체제에서 연구대학들(MIT, 스탠퍼드, 존스홉킨스 등)과 여기 속한 과학자들이 수행해온 능동적 역할—단지 수동적 '피해자'로서가 아니라—에 주목해야 한다는 것이었다. 아이젠하워 자신은 퇴임 연설에서 이를 '과학-기술 엘리트'에 대한 별도의 경고로 제시한 바 있었다.

오늘날 자신의 작업장에 틀어박혀 혼자 일을 하는 발명가는, 실험실과 시험장에서 활동하고 있는 과학자들의 프로젝트 팀에 의해 압도당하고 있습니다. 마찬가지로, 역사적으로 자유로운 사상과 과학적 발견의 원천이었던 자유로운 대학도 연구 수행에서 혁명을 겪었습니다. 부분적으로는 거기

211

드는 막대한 비용 때문에, 정부의 계약이 사실상 지적 호기심의 대체물이 되고 있습니다. 낡은 칠판이 있던 자리에는 이제 수백 대의 신형 전자 컴퓨터가 들어섰습니다. 미국의 학자들이 연방 고용, 프로젝트 할당, 돈의 힘에 의해 지배될 수 있다는 전망은 엄연히 존재하며 심각하게 간주되어야 할 것입니다. (…) 그럼에도 우리는 의당 과학 연구와 발견을 존중하는 동시에 **공공 정책이 그 자체로 과학-기술 엘리트의 포로가 될 가능성**이 있다는 동등하고 정반대되는 위험도 경계를 해야 합니다.[14]

우리는 냉전 초기 미국의 주요 연구대학들에서 진행된 군사 연구를 들여다봄으로써, 아이젠하워가 여기서 제시한 두 가지 상반된 위험을 모두 확인할 수 있다. 이어지는 내용에서는 이 주제를 다룬 과학사가 스튜어트 레슬리의 저서 『냉전과 미국 과학*The Cold War and American Science*』(1993)을 중심으로, 미국의 대표적 연구대학인 MIT와 스탠퍼드대학에서 군산학복합체가 어떻게 출현하고 전개되어 나갔는지 살펴보도록 하겠다. 이러한 논의를 통해 레슬리가 보여주려는 것은 크게 두 가지이다. 2차대전 이전까지 순수과학(자연과학의 경우)과 산학협동(공학의 경우)을 주로 수행했던 두 대학이 어떻게 군대와 밀접한 관계를 맺고 무기개발 연구에 깊숙이 관여하게 되었는가가 하나이고, 전쟁 이후 두 대학 인근에 새롭게 생겨난 첨단기술 산업단지(루트 128과 실리콘밸리)가 그러한 일련의 흐름과 어떤 연관을 맺고 있는지가 다른 하나이다. 냉전 시기에 군사 연구의 비중이 가장 높았던 분야들인 전자공학과 항공공학을 중심으로 두 대학의

14　위의 글 (번역 일부 수정, 강조는 인용자).

모두를 위한 테크노사이언스 강의

전후 행보를 따라가보자.

군산학복합체: MIT의 사례

MIT 군산학복합체의 형성은 2차대전 시기 래드랩에서의 레이다 연구를 중심으로 한 군사적 연구개발과 그로부터 부분적으로 파생되어 나온 전후의 이른바 '특수연구소(special laboratories)'들을 빼놓고 설명할 수 없다. 이러한 몇몇 연구소들은 냉전 시기의 군사적 필요를 충족시키는 사실상의 무기개발 연구소로 기능했고, 그 규모 면에서도 나머지 MIT 전체를 합친 것에 육박하거나 이를 상회할 정도로 거대하게 성장했다. 그러한 특수연구소들이 생겨나고 발전해나간 과정을 살펴보면 전후 MIT의 변화 방향을 엿볼 수 있다.

전자공학

전후 MIT에 설립된 전자공학 분야의 대표적 연구소로는 전자공학연구소(Research Laboratory of Electronics, RLE)와 링컨 연구소(Lincoln Laboratory)를 들 수 있다. 이 둘이 생겨난 맥락을 이해하려면 전쟁 이전 MIT 전기공학과의 상황부터 살펴봐야 한다. 1920년대 MIT 전기공학과에서는 학과장 더갤드 잭슨 하에 산학협동을 통한 교육과 연구 프로그램이 지배적이었다. 당시의 주된 연구 과제는 전력망(electric grid)의 지리적 확대에 따른 장거리 송전 문제였고, 교수들은 GE 같은 전기 분야의 대기업들에 기술자문을 하고 학부와 대학원에서 산학협동 교육을 진행했다. 그러나 이 시

1930년대 말 자신의 MIT 집무실에 포즈를 취한 더갤드 잭슨. 그는 1907년 MIT 전기공학과 교수로 부임한 이후부터 1930년대 초까지 GE와의 산학협동을 정력적으로 추진했다.

기에 전기공학과에 몸담고 있던 젊은 대학원생과 연구자들 중 일부는 장거리 송전 문제를 따분하게 여겼고, 1920년대 초부터 급성장하기 시작한 신생 분야인 무선통신(라디오)에 관심을 갖기 시작했다. 줄리어스 스트래튼이나 에드워드 볼스처럼 라디오에 열광한 젊은 대학원생과 연구자들은 수학과의 노버트 위너나 전기공학과에 막 부임한 버니바 부시 등 젊은 교수들의 강의를 수강하며 전파공학 분야에 대한 관심을 키웠고, 1920년대 말부터는 AT&T와의 협동교육 프로그램을 통해 잭슨과는 다른 방향의 산학협동을 추구했다.

잭슨의 퇴임을 앞둔 1930년대 초에 MIT 전기공학과는 파장이 짧은 전자기파인 마이크로파(microwave) 이론 및 실천의 중심지로 변모했고, 학부와 대학원의 교과과정 역시 전자공학과 전자기이론을 중심으로 개편되었다. 이런 상황에서 1930년대에 국제정세가 악화되며 전파를 이용해 비행기를 탐지, 유도하는 기술적 과제가 중요해지자, MIT의 마이크로파 연구 프로그램도 덩달아 그 중요성이 높아졌다. III장에서 이미 살펴본 것처럼, 2차대전 때 MIT는 마이크로파 레이다 연구의 중심지로 발돋움했다. NDRC의 마이크로파 위원회가 영국에서 전달된 공동 자전관을 실용적 레이다 장치로 탈바꿈시키기 위해 MIT 산하에 대규모 레이다 연구소를 만들기로 했기 때문이다. 그러나 이렇게 만들어진 래드랩에서는 MIT의 엔지니어가 아니라 다른 대학에서 온 물리학자들—로체스터대학의 리 두브리지나 컬럼비아대학의 I. I. 라비 등—이 연구소 관리를 담당했는데, 이는 2차대전 시기에 물리학자들이 누리게 된 높은 지위를 잘 보여준다.

이처럼 우연한 계기로 MIT에 자리잡게 된 레이다 연구소가 MIT의 미래에 미치게 될 영향은 어떤 것일까? 이는 전쟁이 막바지로 치달던 1944년 여름, '래드랩 이후'를 논의하기 시작한 MIT의 엘리트 과학자와 엔지니어들의 머릿속을 맴돈 질문이었다. 물리학과장 존 슬레이터, 전기공학과장 해럴드 헤이즌, 래드랩 연구자이자 고위 정책 자문위원 줄리어스 스트래튼, MIT 총장 칼 콤프턴 등은 마이크로파 분야에서 전시 연구를 통해 확립한 "[MIT의] 지위를 전쟁 이후에 어떻게 공고하게 할 것인가"를 고민했다.[15] 이 질문에 대해 아이디어를 제시한 것은 슬레이터였다. 그는 래드랩이 개척한 패턴을 평화시에 작은 규모(직원 70명)로 따라가는 새로운

---

15 Stuart W. Leslie, *The Cold War and American Science: The Military-Industrial-Academic Complex at MIT and Stanford* (New York: Columbia University Press, 1993), p. 23

연구소를 구상했다. 다른 참석자들은 이에 동의했으나, 1945년 초까지만 해도 이러한 전망이 실현될 수 있을지 여부는 불투명했다. 전쟁이 끝나고 평화가 도래한 이후에 누가 그런 연구소를 후원할지가 확실치 않았기 때문이다.

이러한 의문은 군대가 전자공학의 중요성을 인지하고 MIT와 "지속적인 작업 관계"를 맺기를 희망한다는 사실이 드러나면서 자연스럽게 해소되었다.[16] 래드랩은 1945년 말에 해체되었지만, 군이 개입해 래드랩의 기초연구 부서를 전자공학연구소(RLE)로 바꾸는 데 도움을 주었다. 군은 남은 전시 자금을 활용해 6개월간 연구소의 운영비와 100만 달러 상당의 장비를 제공했으며, 1946년 3월에는 육해군합동전자공학프로그램(Joint Services Electronics Program, JSEP)을 만들어 RLE뿐 아니라 하버드, 컬럼비아, 스탠퍼드 등의 유사 연구소들을 지원하기 시작했다. 그 덕분에 RLE는 1946년에 물리학과와 전기공학과 교수 17명, 직원 27명, 래드랩에서 일했던 대학원생들을 포함해 60만 달러의 예산으로 개소할 수 있었다.

개소 후 첫 2~3년간 전자공학연구소는 평화시로 바뀐 새로운 환경에 맞게 운영되었다. 전시의 기밀 무기연구가 아니라 진공관의 물성을 연구하는 기초 전자공학 연구가 중심을 이뤘고, 연구결과의 발표나 공유도 자유로웠으며, 대학원생들의 교육에 높은 우선순위를 두었다. 그러나 이러한 환경은 그리 오래 가지 못했다. 1947년을 전후해 미국과 소련 사이의 긴장이 높아지며 냉전이 본격화되기 시작했고, 미 해군이 새로운 공대공 미사일 개발 계획인 미티어 프로젝트(Project Meteor)를 의뢰하면서부터 기

---

16 위의 책, p. 24.

냉전 초기 MIT 전자공학연구소(RLE)에서 활동한 저명한 과학자들이 1960년 봄 노버트 위너(가운데)의 정년 기념 만찬에 모인 모습. 사이버네틱스의 개척자인 위너는 군대 후원에 점차 회의를 느끼고 군사 연구에 참여를 거부했지만 1950년대 내내 RLE의 다양한 연구에서 영감을 불어넣는 역할을 했다. 줄리어스 스트래튼(왼쪽)은 RLE의 초대 소장을 역임한 후 MIT 총장이 되었고, 정보이론의 선구자 클로드 섀넌(오른쪽)은 1956년에 AT&T 벨 연구소를 떠나 RLE에 합류했다.

밀 군사 연구의 비중이 높아졌다. 한국전쟁은 연구소의 성격이 완전히 바뀌게 된 중요한 계기가 되었다. 1950년대 들어 RLE에서는 기초연구와 응용연구의 구분이 흐려졌고, 새롭게 세 건의 대규모 기밀 프로젝트를 수주하면서 국방부가 RLE 연구비의 97퍼센트를 지원하는 극단적 양상이 전개되었다. 이러한 재정지원에 힘입어 RLE는 1958년까지 크게 성장했고, 인력도 교수 68명, 연구 조수 44명, 대학원생 124명, 지원 인력 107명 등 설립 초기에 비해 몇 곱절로 불어났다.

  RLE는 비슷한 시기에 급성장한 MIT의 다른 연구소들에 비해 규모는 그리 크지 않았지만, 2차대전 시기 래드랩의 전통을 직접 승계한 연구 공간으로서 군산학복합체의 면모를 선구적으로 보여주었다. 먼저 RLE에서

루트 128 첨단기술 단지를 소개하는 컴퓨터 잡지 《데이터메이션》 1981년 11월호 표지. 128번 국도 인근에 자리잡은 주요 기술 회사들이 표시돼 있다.

는 래드랩에서의 전시 연구가 전쟁 이후의 연구 주제와 방향을 틀 짓는 모습을 보였다. 가령 RLE의 마이크로파관 연구실(Microwave Tube Laboratory)에서 수행한 연구는 전시의 레이다 연구를 고주파와 고출력으로 연장한 것이었다. 또한 RLE는 방위산업체의 엔지니어와 군 장교들을 위해 기술회의(technical conference)와 여름학교(summer study)를 수시로 열어 RLE가 진행 중인 최신 연구 프로그램을 소개하고 연구소를 견학할 기회를 제공

했다. 이렇게 다져진 방위산업체들과의 관계는 졸업생의 취업과 교수들의 자문 활동으로 이어졌고, 그럼으로써 지역 전자공학 산업 부양에도 기여했다. 교수와 연구원들은 기존 회사들을 돕는 데 그치지 않고 때로 (군대를 직접적 고객으로 하는) 새로운 창업회사를 설립하기도 했는데, RLE의 경우 처음 20년 동안 14개의 회사가 이곳에서 파생되어 나감으로써 전자공학 분야를 중심으로 하는 루트 128(Route 128) 첨단기술 단지의 근간을 이루는 데 일조했다. 마지막으로 RLE에서의 연구 활동은 MIT 전기공학과의 학부 및 대학원 교과과정에도 영향을 주었는데, 유서 깊은 전기기계 실험실은 이 시기 들어 해체되었고 전자공학(진공관), 통신, 전자기 및 회로이론 등의 교과목이 그 자리를 대체했다. MIT 전기공학과 대학원에

모두를 위한 테크노사이언스 강의

서 훈련을 받고 전시에 래드랩에서 일했던 칼 배러스는 훗날의 회고에서 1950년대의 학부 교과과정 변화에 대해 이렇게 평했다.

> 교수들은 자기가 아는 것을 가르치며, 자기가 가르치는 것에 관한 교과서를 집필한다. 그들이 새롭게 알게 된 것은 주로 그들 자신의 연구에서 나온다. 그렇다면 대학에서의 군사 연구가 군대 중심의 학부 커리큘럼으로 이어진 것은 별로 놀라운 일이 못 될 것이다.[17]

RLE에서 드러난 군산학복합체의 면모는 이후 설립된 링컨 연구소에서 훨씬 더 거대한 규모로 확장되었다. 링컨 연구소의 설립 배경은 1949년 여름 소련이 원자폭탄 실험에 성공해 미국 사회를 충격에 빠뜨린 사건이 결정적 계기가 됐다. 소련이 장거리 폭격기에 원자폭탄을 싣고 미국 본토에 핵공격을 감행할 가능성이 현실로 다가오자, 공군은 미국이 그러한 공격에 대해 적절한 조기경보와 방어를 위한 준비가 되어 있는지 점검하기 위해 MIT의 물리학자 조지 밸리가 위원장을 맡은 과학자문위원회 (Science Advisory Board, SAB)—일명 '밸리 위원회'—를 소집했다. 위원회가 내린 결론은 미국이 전혀 그러한 대비 태세가 되어 있지 않으며, 이러한 상황을 타개하기 위해 지상 레이다, 대공 무기, 디지털 컴퓨터를 통합한 방공망을 시급히 구축해야 한다는 것이었다. 공군은 밸리 위원회의 제안을 받아들여 이미 2차대전 시기에 대규모 군사 R&D를 수행한 경험이 있

---

17   Carl Barus, "Military Influence on the Electrical Engineering Curriculum Since World War II," *IEEE Technology and Society Magazine*, 6:2 (June 1987): 5.

는 MIT에 대공 방어를 위한 기밀 연구소—"새로운 래드랩"—를 맡아줄 것을 요청했다. MIT 내에서는 대학의 고위 행정가나 (신생 연구소에 연구 인력을 빼앗길 것을 우려한) RLE 연구자들을 중심으로 이에 반대하는 목소리가 높았지만 국가 안보상의 필요는 이러한 반대의 목소리를 잠재웠고, 결국 1951년에 링컨 연구소가 설립되었다.

링컨 연구소는 여러 가지 면에서 앞서 설립된 전자공학연구소의 지적 관심사와 계약을 연장한 모양새를 띠었다. 그러나 링컨 연구소는 그 규모에서 이내 RLE를 압도했고, 직원 2,000명(이 중 과학자와 엔지니어는 700명), 연간 예산이 2,000만 달러에 달하는 거대 연구소로 성장했다. 이곳에서는 첫 10년 동안 대공 방어 시스템인 반자동 지상방공망(Semi-Automatic Ground Environment, 약칭 세이지[SAGE])의 개발을 담당했다. 세이지 시스템을 위해서는 권역별로 실시간 정보 처리를 담당할 중앙 컴퓨터가 필요했는데, 이는 MIT 전기공학과의 젊은 엔지니어 제이 포리스터가 전시의 범용 모의 훈련기 프로젝트에서 시작해 8년간 개발하고 있던 훨윈드(Whildwind) 컴퓨터를 프로젝트에 편입해 해결했다. 세이지의 구축에는 여러 산업체들이 하청 계약을 통해 참여했다. IBM은 양산형으로 개조한 2세대 훨윈드인 AN/FSQ-7을 대당 3,000만 달러의 가격에 60대를 생산하는 계약을 맺었고, AT&T는 전화선으로 시스템에 필요한 통신망을 연결하는 계약을 통해 디지털 데이터 통신을 개척했다. IBM은 세이지 시스템을 위한 컴퓨터 하드웨어 생산만 맡았고 소프트웨어 개발은 거부했기 때문에, 공군은 산하 싱크탱크인 랜드 연구소(RAND Corporation) 밑에 시스템 디벨롭먼트 사(System Development Corporation)를 설립해 시스템 소프트웨어 작성을 담당하게 했다. 총 80억 달러의 막대한 비용을 소모한 세

MIT의 엔지니어 제이 포리스터(맨 왼쪽)가 제작한 휠윈드 I 컴퓨터(1952). 230제곱미터 면적의 방을 채울 정도로 규모가 컸다. 비디오 디스플레이, 실시간 상호작용, 자기코어 메모리를 활용한, 당대에 가장 빠른 컴퓨터였고 1950년대에 링컨 연구소가 개발한 세이지 시스템의 핵심을 이뤘다.

이지 시스템은 1963년 완성되어 실전에 배치되었지만, 그에 앞서 소련이 대륙간탄도미사일 개발에 성공을 거두면서, 장거리 폭격기 탐지를 목표로 개발된 세이지는 그 진가를 온전하게 발휘할 기회를 잡지 못했다. 그럼에도 이 시스템은 1980년대 초까지 실전에서 운용되었다.

링컨 연구소는 MIT 군산학복합체에 미친 영향에 있어서도 RLE의 선례를 따랐다. 링컨 연구소는 설립 직후 불어난 규모를 감당하기 어려워지자 1954년 대학 캠퍼스에서 30킬로미터 떨어진 공군 기지 인근으로 장소를 옮겼지만, 그럼에도 MIT의 교육 및 훈련 시스템과 계속해서 밀접한 관계를 유지했다. 링컨 연구자들은 MIT 교수직을 유지하며 계속 캠퍼스로 출강을 하고 대학원생을 지도했고, MIT의 대학원생 중 상당수는 기밀 프로젝트인 세이지에 참여하며 수행한 연구에 기반해 기밀 학위논문을 제출하기도 했다. 설립 후 첫 10년 동안 연구소는 MIT 대학원생 수십 명에게 장학금을 주는 등 재정지원을 했고, 거꾸로 링컨 연구소에 취업한 엔지니어들 중 55명은 MIT 대학원에 입학해 학위를 취득했다. 이처럼 링컨 연구소에서의 작업은 군사무기 개발과 직결돼 있었음에도 MIT 교육 시스템의 일부로 간주되었고, 대학원생들에게 신선한 지적 자극을 주는 첨단기술 분야에 참여할 수 있는 기회로 여겨졌다. 또한 링컨 연구소는 지역 전자산업에 미친 영향에서도 RLE를 뛰어넘었다. 링컨 연구소의 교수와 연구원들에 의해 파생되어 나간 회사들은 1986년까지 48개에 달했고, 연간 매출이 86억 달러, 총 고용 인력은 10만 명에 육박했다. 이러한 기업 대부분은 링컨 연구소에서의 군사적 연구개발의 연장선상에 있었고 군대를 주요 고객으로 삼았다. 그러나 개중에는 1960년대 중반에 트랜지스터와 집적회로(IC)를 활용한 미니컴퓨터(minicomputer) PDP-8을 개발해 컴퓨터산업에 돌풍을 일으킨 디지털 이큅먼트 사(Digital Equipment Corporation, DEC)처럼 민간 부문에서 새로운 고객을 찾은 회사들도 일부 있었다.

항공공학

항공공학 역시 이 시기 군사 R&D의 비중이 높았던 대표적 분야에 속한다. MIT의 항공학 프로그램은 해군사관학교 출신의 제롬 헌세이커가 1914년 최초의 항공학 강좌를 개설하면서 첫발을 내디뎠다. 이후 기계공학과 산하의 항공학 학부 과정이 1926년에, 대니얼 구겐하임 항공학 연구소(Daniel Guggenheim Aeronautical Laboratory)가 1928년에 각각 문을 열면서 항공학 분야의 교육 및 연구가 제도화되었다. 1939년 기계공학과에서 분리 독립한 항공공학과는 2차대전 시기의 군사적 연구개발 및 지원을 통해 급성장했다. 항공공학과는 수백 명의 육군 및 해군 장교들에게 전문화된 교육을 제공했고, 전쟁 직전에 완공된 대형 풍동(wind tunnel)을 활용한 군사 연구도 활발하게 이뤄졌다. 이러한 전시 연구는 전후 항공공학과 산하에 여러 개의 전문 연구소가 설립되는 결과로 이어졌다. 가스터빈 연구소(Gas Turbine Laboratory), 해군 초음속 연구소(Naval Supersonic Laboratory), 공탄성 및 구조 연구소(Aeroelastic and Structures Laboratory) 등이 그런 연구소들이었는데, 이들은 처음부터 그 지원 주체나 연구 주제 등에서 군대의 영향이 압도적이었다. 가령 공탄성 및 구조 연구소는 원자폭탄이 터질 때 나타나는 충격파가 인근을 비행하는 항공기 동체에 미치는 영향을 주된 연구 주제로 삼았는데, 이러한 연구는 거의 전적으로 군사적 관심에서 파생된 것이었고 민간 부문에서는 유용한 용도를 찾기 어려웠다.

이 모든 연구소들 중에서 전후 항공공학과에서 가장 폭발적으로 성장한 것은 항공 선구자이자 아마추어 비행가이기도 했던 찰스 스타크 드레이퍼가 1934년 설립한 계측연구소(Instrumentation Laboratory, I-Lab)였다. 당초 이 연구소는 고도계, 속도계, 자기 나침반, 그 외 항공기 계기들의 개발을 주된 연구 주제로 하는 곳이었다. 그러나 2차대전기의 군사 연구개발을 통해 급성장한 계측연구소는 1950년대 초 관성유도 시스템(inertial guidance system) 개발을 선도하며 중대한 전기를 맞았다. 관성유도 시스템은 정교한 자이로스코프와 가속도계를 이용해 스스로의 위치와 속도를 파악해낸 후 애초 설정된 비행 경로에 맞춰 지속적 수정을 가함으로써 비

223

MIT 항공학 프로그램의 개척자 제롬 헌세이커(왼쪽)가 1949년 해군 초음속 연구소에 마련된 초음속 풍동의 준공식에 참여한 모습. 이 풍동은 애초 미티어 프로젝트를 위해 만들어졌다가 이후 미사일과 항공기의 공력 가열에 관한 기밀 연구를 위해 쓰였다.

1958년 MIT 계측연구소의 찰스 스타크 드레이퍼(오른쪽)가 CBS 기자 에릭 세버레이드에게 항공기에 탑재하는 관성유도 장치를 소개하고 있다. 이 장치는 나중에 더욱 정교화되어 해군과 공군의 탄도미사일에 탑재되었다.

행 물체를 목표물까지 유도하는 장치를 가리키는데, 이는 이전의 유도 방식과 달리 외부로부터의 지령이나 정보 입력에 의존하지 않기 때문에 전파방해 등에 의해 교란되지 않는 장점을 지니고 있었다. 관성유도 시스템은 냉전 초기에 핵무기를 싣고 장거리 항행을 해야 하는 전략폭격기와 탄도미사일의 목적에 잘 부합했고, 여기 탑재할 수 있는 관성유도 시스템의 소형화와 정확성 향상은 국가 안보와 직결된 중요한 기술적 과제로 부상했다.

계측연구소는 1950년대 중반 이후 공군의 타이탄 II 대륙간탄도미사일(ICBM)과 해군의 폴라리스 잠수함발사탄도미사일(SLBM)을 위한 관성유도 시스템 개발 계약을 수주하면서 예산이 폭증했다. 이 시기에는 연구소의 예산 전액을 국방부에서 지원받았는데, 일례로 1958년에는 계측연구소 예산 1,290만 달러 중 해군이 980만 달러, 공군이 310만 달러를 지원했다. 이 해에 연구소가 속한 항공우주공학과의 전체 예산은 1,460만 달러였는데, 이 역시 거의 전부가 국방부로부터 지원받은 것이었고 이 해에 등록한 대학원생 104명 중 59명이 특수 기밀 강좌를 수강하는 군 장교였다. 1957년 소련의 인공위성 스푸트니크 발사 이후 우주개발이 냉전 시기 체제경쟁의 새로운 의제로 부각되자 계측연구소는 관성유도 시스템의 응용 범위를 우주 비행체로 넓혔고, 1961년 달로 가는 아폴로 우주선을 위한 항행유도 시스템 계약을 수주해 NASA를 새로운 후원자로 받아들였다. 계측연구소에 대한 NASA의 지원액은 첫해 440만 달러였던 것이 이듬해에는 1,280만 달러로 훌쩍 뛰었고, 아폴로 11호가 달에 착륙한 1969년에는 2,590만 달러에 달했다. 이 해에는 연구소가 받는 군사 연구의 지원 액수도 2,950만 달러로 늘어 민간 연구(NASA)와 군사 연구(국방부)의 비중이 대략 반반 정도로 나뉘었다.

계측연구소는 MIT의 전자공학 관련 연구소들과 마찬가지로, 군대뿐 아니라 방위산업체들과의 협력에도 적극적이었다. 가령 1960년대 중반에 연구소에는 286명의 산업체 엔지니어들이 파견근무 형태로 상주하면서 연구소와의 정보 교환을 담당했고, 이 중 제너럴 모터스(GM) 산하의 AC 스파크 플러그 부문(AC Spark Plug division)이 가장 비중이 높았다. 또한 계측연구소 소속의 교수, 대학원생, 연구원들이 별도의 회사를 차려 독립해 나가기도 했는데, 1965년까지 모두 27개의 회사가 계측연구소에서 파생돼 나갔고 매출은 1,400만 달러, 고용된 인력은 900명에 달했다.

전후 MIT의 초상

지금까지 본 것처럼 전후 MIT는 전자공학과 항공공학 같은 군사적 응용분야들을 중심으로 국방 연구를 유치해 빠른 속도로 성장해나갔다. 1960년대 초에 이르면 정부가 후원하는 연구계약 총액이 매년 1억 달러에 달했는데, 이 중 국방부가 거의 절반인 4,700만 달러를 지원하고 있었다. 이 액수는 1960년대 말까지 다시 두 배로 증가해 2억 달러까지 치솟았다. MIT는 1950년대부터 1960년대 말까지 줄곧 외부 지원 연구비가 운영 예산의 80퍼센트 내외를 차지했는데, 연구비의 95퍼센트 이상은 국방부, AEC, NASA처럼 국방과 연관된 연방 기구들로부터 들어왔고, 그 대부분이 RLE, 링컨, 계측연구소 같은 학제적 연구소들에서 쓰였다. 이러한 모습을 두고 오크리지 국립연구소의 소장을 맡고 있던 물리학자 앨빈 와인버그는 1962년에 "수많은 정부 연구소들이 MIT에 붙어 있는 것인지, 아니면 정부 연구소들이 밀집한 곳에 아주 훌륭한 교육기관 하나가 붙어

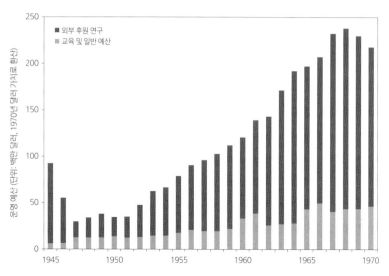

MIT 운영 예산의 추이 변화(1945~1970). 1950년대 초부터 외부 후원 연구가 폭증해 교육 및 일반 예산을 압도하는 것을 볼 수 있다.

있는 것인지를 판단하기가" 점점 어려워지고 있다는 논평을 남기기도 했다.[18]

이러한 MIT의 변모를 학내 구성원 모두가 반겼던 것은 아니었다. MIT 내의 군사 연구가 아직 폭발적으로 팽창하기 이전인 1947년에, MIT의 고위 행정가들은 전후의 변화한 환경에서 MIT가 어떠한 장소가 되어야 하는지 전망을 찾기 위해 화학공학자 워런 K. 루이스가 의장을 맡은 최고위급 자문위원회(blue-ribbon committee)를 발족시켰다. 2년 후 나온 루이스 위원회의 보고서는 MIT가 너무 빠른 속도로 성장하고 있다는 데 우려를

18   David Kaiser, "Elephant on the Charles: Postwar Growing Pains," in David Kaiser (ed.), *Becoming MIT: Moments of Decision* (Cambridge, MA: MIT Press, 2010), pp. 108~109.

표명하면서 '과잉팽창의 위험'을 경고했다. 보고서는 연구 관리를 위한 낭비적 관료제의 문제점을 부각시켰고, 교수들의 에너지와 관심사가 창의적인 교육 및 연구에서 벗어나 협소하게 초점이 맞춰진 '수입창출' 프로젝트로 이동할 것을 걱정했다. 이렇게 정부의 원조에 의지할 경우, 앞으로 국가 정책 우선순위가 재조정되는 일이 생기면 돈줄이 마를 수도 있었다. 아울러 전후의 군사적 수요로 인해 학생 수가 폭증하면서 학내 일체감이 희석되고 학부와 대학원의 교육 균형이 망가질 거라는 우려도 제기됐다. 그러나 지금 와서 돌이켜보면 굉장한 혜안을 보여주었던 이 보고서의 통찰은 전후의 열광적인 성장 분위기 속에서 대체로 무시되었고, 1960년대 말 군사 연구에 대한 학내의 반발 속에서 기존의 지원 구조에 위기가 도래할 때까지 수면 아래 가라앉아 있었다.

┃ 군산학복합체: 스탠퍼드대학의 사례 ┃

MIT가 2차대전 시기의 대대적 군사 연구 지원을 평화시로 연장해 군산학복합체의 대표적 구심점 중 하나로 자리매김했다면, 스탠퍼드대학은 상대적으로 낮은 연구 역량과 대외적 지명도로 어려움을 겪다가 전후의 군사 연구 지원 폭증을 계기로 새롭게 신흥 명문대학이자 대표적 연구대학으로 발돋움한 경우에 속한다. 스탠퍼드의 사례는 선발주자인 MIT를 일종의 역할 모델로 삼아 이를 의식적으로 모방함으로써 연방정부와의 연구 계약관계에 진입하는 경로를 보여주고 있어 흥미롭다.

전자공학

스탠퍼드대학 역시 군사 연구의 비중이 높았던 대표적 분야인 전자공학에서 전후 두각을 나타내기 시작했다. 이 과정을 설명할 때 빼놓을 수 없는 인물이 흔히 '실리콘밸리의 아버지'로 불리는 프레더릭 터먼이다. 터먼은 스탠퍼드대학에 입학해 화학과 기계공학을 공부한 후 석사과정에서 당시 전기공학과 학과장이었던 해리스 라이언의 지도를 받았다. 라이언은 스탠퍼드대학 전기공학과를 MIT와 흡사하게 장거리 고전압 송전 문제를 중심으로 한 산학협동을 통해 운영하고 있었다. 터먼은 1922년 스탠퍼드대학을 졸업했고, 주위의 권유에 따라 관련 연구가 좀 더 활발했던 MIT 전기공학과 대학원에 진학해 버니바 부시 밑에서 박사학위를 받았다. 그는 MIT에 강사직을 제안받아 그곳에 머무를 수도 있었지만, 결핵에 걸려 캘리포니아로 요양차 돌아와야 했고, 병이 나은 후에는 1926년 스탠퍼드대학 전기공학과 교수로 취임했다.

이후 터먼은 자신이 몸담았던 MIT를 본떠 스탠퍼드를 개혁하는 작업에 착수했다. 그는 학과의 명성을 높이고 우수한 연구자를 확보할 수 있는 방법이 훌륭한 학부교육이 아니라 대학원 연구의 수준 향상에 있음을 잘 알고 있었다. 이를 위해 그는 무선통신 분야의 대학원 프로그램을 새롭게 설립했고, 대학원생에 대한 지원을 동부의 연구대학 수준으로 높였으며, 산학협동을 통해 산업체가 추구하는 연구 문제를 받아들였고, 연구결과의 논문 발표와 특허 출원을 장려했다. 그는 대학원생들을 이끌고 지역의 전파공학 회사들을 방문하는 기업 순회(field trip)와 회사의 엔지니어들을 대학으로 불러 발표를 듣는 외부초청 세미나(guest seminar) 등의 행사를 통해 관련 산업체들과의 관계를 돈독히 했고 졸업생들의 창업을 돕기도 했다. 이 중에서 가장 유명해진 것은 터먼의 제자였던 데이비드 패커드와 윌리엄 휼렛이 1939년 교류발진기(oscillator) 생산을 위해 설립한 회사일 것이다(이후 휼렛팩커드는 2차대전 시기의 전시 생산에 힘입어 1940년에 직원 9명, 매출 3만 7,000달러에 그쳤던 것이 1943년에는 직원 100명, 매출 100만 달러로 급성장한다).

2차대전은 스탠퍼드에 기회와 시련을 동시에 안겨주었다. 1942년에 터먼은 래드랩 부설로 하버드대학에 설립된 무선연구소(RRL)의 책임을 맡아 동부로 이동했다. 이곳은 레이다 전파방해와 그에 대한 대응 방법을 연구했고, 1944년 말이 되면 직원 수가 800명(이 중 과학자와 엔지니어 200명)에 이르는 대형 연구소로 성장했다. RRL에서는 연구소의 설계팀, 기업의 엔지니어, 군 장교들이 정례 회동을 통해 정보를 교환했고, 산업체와 군인들을 상대로 장치의 제조법과 사용법에 대한 교육을 진행하기도 했다. 그러나 터먼이 개인적 차원에서 기여한 바와 별개로, 스탠퍼드대학 차원에서 NDRC나 OSRD로부터 전시 연구 계약을 수주하려는 노력은 거의 성공을 거두지 못했다. 스탠퍼드는 전쟁이 끝날 때까지 도합 수십만 달러 규모의 소규모 프로젝트 10여 개를 따오는 데 그쳤고, 이는 동부의 연구대학들(MIT, 하버드, 컬럼비아)이나 인근의 칼텍과 비교하면 극히 미미한 액수였다.

2차대전기의 경험은 터먼에게 귀중한 교훈을 안겨주었다. 그는 전시에 출현한 대학–산업체–정부의 협력관계가 전후에도 지속될 것으로 확신했고, 그런 점에서 "전후의 기간은 스탠퍼드에 매우 중요한 동시에 매우 결정적인 시기가 될 것"이라고 믿었다.[19] 터먼은 1946년 스탠퍼드로 돌아와 공대 학장직을 맡은 이후부터 전자공학 분야에서 정부 용역연구의 중요성을 강조하기 시작했다. 그는 동부에서 전시 레이다 연구를 했던 젊은 연구자들을 스탠퍼드로 끌어들였고, 해군연구국(ONR)의 후원을 받아 군사적 응용가능성이 있는 특수 진공관이나 전리층 반사 등 여러 주제의 연구들을 수행했다. 이러한 노력은 군의 지원 부서의 주목을 끌었고, 이듬해 터먼은 육해군합동전자공학프로그램(JSEP)과 연구 지원 계약을 체결하는 데 성공했다. 연방정부가 지원하는 연구는 첫해 22만 5,000달러의 예산

1952년 프레더릭 터먼(오른쪽)이 스탠퍼드대학 캠퍼스를 방문한 옛 제자 데이비드 패커드(왼쪽)와 윌리엄 휼렛(가운데)을 반갑게 맞이하는 모습. 터먼은 학생들의 창업을 장려했을 뿐 아니라 종종 그런 신생 회사의 이사회에서 직책을 맡아 도움을 주기도 했다.

으로 설립된 전자공학연구소(Electronics Research Laboratory, ERL)에 의해 관리되었다. 정부 지원이 늘어나고 우수한 연구자들이 포진하면서 1950년을 전후해 스탠퍼드의 전자공학 프로그램은 MIT와 대등한 수준까지 성장했다.

한국전쟁은 스탠퍼드의 전자공학 연구가 한 단계 더 도약할 수 있는 계기가 되었다. 전쟁이 터지자 JSEP는 기존에 맺었던 계약을 응용연구 계약으로 확대할 것을 요청해왔고, 연구소의 예산은 1년여 만에 두 배로 뛰

---

19   Rebecca S. Lowen, *Creating the Cold War University: The Transformation of Stanford* (Berkeley: University of California Press, 1997), p. 73.

었다. 새롭게 수행하게 된 응용 기밀연구는 신설된 응용전자공학연구소(Applied Electronics Laboratory, AEL)가 담당했다. 이후 ERL과 AEL을 통합해 스탠퍼드전자공학연구소(Stanford Electronics Laboratories, SEL)가 1955년에 설립되었다. SEL은 빠른 속도로 성장해 예산이 수백만 달러에 달했는데, 그 대부분이 군대의 지원에 힘입은 것이었다. 가령 SEL의 1960년 예산을 보면, 33만 달러가 기존 JSEP 계약에 따라 지원받은 것이었고, 230만 달러는 육·해·공군이 개별 프로젝트를 위해 직접 지원한 것이었으며, 그 외의 자금원은 모두 합쳐도 20만 달러에 불과했다(특히 NSF의 지원액은 3만 3,000달러에 그쳤다).

한국전쟁은 스탠퍼드대학뿐 아니라 캘리포니아 지역의 전자공학 산업마저도 바꿔놓았다. 마이크로파 진공관, 전자 대응장치, 통신장치 등의 수요가 폭증하면서 캘리포니아의 전자공학 회사들은 폭발적인 성장을 기록했다. 레이다용 진공관 생산을 위해 1948년에 설립된 배리언 어소시에이츠(Varian Associates)는 매출이 1949년 20만 달러에서 1951년에는 150만 달러로 급증했고, 1953년에 설립된 리턴 인더스트리(Litton Industries)는 3년 만에 매출이 3배(620만 달러), 직원이 4배(2,115명)로 늘어날 정도로 가파른 성장을 이어갔다. 1957년 스푸트니크 충격은 신생 전자공학 기업들에게 또 한 번의 사업 기회를 제공했는데, 그해에 설립된 왓킨스-존슨(Watkins-Johnson)은 1958년 50만 달러였던 매출이 1961년에 460만 달러, 1964년에 950만 달러까지 20배 가까이 뛰었다.

캘리포니아 전자공학 산업의 성장은 터먼에게 산학연계 강화라는 새로운 숙제를 안겨주었다. 그는 1951년 스탠퍼드 산학공원(Stanford Industrial Park)을 설립해 이에 화답했다. 대학 인근에 저렴한 부지를 마련

232

스탠퍼드 산학공원의 지도(1966). 가운데 가장 큰 공간을 차지하고 있는 것이 휴렛팩커드이고 그 왼쪽으로 록히드항공, 그 위아래로 왓킨스–존슨과 배리언 어소시에이츠가 각각 자리를 잡고 있다.

해 기업들을 유치하기 시작한 것인데, 여기에는 캘리포니아 지역의 회사뿐 아니라 동부에 있는 대기업들(가전 회사인 실베니아[Sylvania]와 GE 등)이 설립한 자회사도 포함되었다. 터먼은 대학 인근에 자리잡은 회사들과의 연계 강화와 대학의 수익 추구라는 두 마리 토끼를 같이 잡을 수 있는 묘안도 내놓았다. 그의 제안으로 운영되기 시작된 명예협력 프로그램(honors cooperative program)이 그것이었는데, 이는 산업체의 젊은 엔지니어를 스탠퍼드대학의 파트타임 대학원생으로 받아 훈련시킨 후 고등 학위를 수여하는 제도였다. 산업체로서는 소속 직원이 대학원을 다니며 최신의 공학적 성과를 접할 수 있는 기회가 되었고, 대학으로서는 이 프로그램으로 들어온 학생들에게 수업료를 2배로 받아 챙김으로써 재정을 건실하게 할 수 있었다. 명예협력 프로그램은 큰 인기를 끌었고, 이 제도 하에서 등록한 사람은 첫해 16명에서 3년 후 243명까지 급증했다. 1959년에는 등록 인원이 324명까지 다시 늘어났는데, 그해 공대 학생이 750명이었다는 사실과 비교해보면 그 인기를 미뤄 짐작할 수 있다.

스탠퍼드 산학공원은 오늘날 실리콘밸리로 불리는 첨단 산업기술 단지의 모태가 되었다. 실리콘밸리의 신화는 트랜지스터의 공동 발명자 중 한 사람인 벨 연구소의 윌리엄 쇼클리가 1956년 연구소를 나와 고향인 캘리포니아 주 팰로앨토에 쇼클리 반도체 연구소(Shockley Semiconductor Laboratory)를 설립하면서 막을 올린다. 쇼클리는 기존에 쓰이던 게르마늄 대신 실리콘 반도체를 이용해 새로운 전자 소자를 만든다는 분명한 목표를 가지고 사업을 시작했지만, 같은 해 노벨 물리학상을 공동 수상한 이후부터 자만심이 커져 휘하 직원들과 점차 마찰을 빚었다. 결국 쇼클리의 전횡을 견디다 못한 회사의 연구원 여덟 명(일명 '배신의 8인')이 1957

흔히 '배신의 8인'으로 불리는 페어차일드 반도체의 공동 설립자들(1957). 왼쪽부터 고든
무어, 셸든 로버츠, 유진 클라이너, 로버트 노이스, 빅터 그리니치, 줄리어스 블랭크, 장 외르
니, 제이 래스트이다. 초기 페어차일드 반도체의 놀라운 성공은 그들이 생산한 실리콘 트랜
지스터에 대한 군대의 수요가 결정적인 역할을 했다.

년 독립해 페어차일드 반도체(Fairchild Semiconductors)를 설립한 것이 실
리콘밸리의 출발점으로 흔히 간주된다. 로버트 노이스가 이끌었던 이 회
사는 이내 혁신적인 실리콘 트랜지스터와 집적회로(IC)를 생산해 전자공
학 산업에 일대 혁신을 일으켰고, 10여 년 후 페어차일드 반도체가 모회
사와 갈등을 빚자 로버트 노이스, 고든 무어, 앤디 그로브가 다시 페어차
일드에서 나와 1968년 인텔(Intel)을 설립하고 최초의 마이크로프로세서
(microprocessor)를 생산, 판매하기 시작했다. 페어차일드와 인텔은 노이스
의 기업경영 철학에 따라 특유의 느슨하고 자유로운 기업 문화를 발전시
켰고, 나중에 이는 실리콘밸리를 특징짓는 요소로 각광을 받게 되었다.

실리콘밸리의 역사에 대한 대중적 서술은 이처럼 혁신적 기업가정신

과 평등주의적 회사 문화를 그것의 성공비결로 종종 꼽곤 한다. 그러나 이러한 서술에는 전후 스탠퍼드대학 전자공학 프로그램에서 이미 살펴본 바와 같은, 군대와 NASA가 수행한 역할에 대한 인식이 빠져 있다. 1950년대 말에 군대는 실리콘 트랜지스터가 고온에서 우수한 성능을 보이는 점을 높이 평가해 게르마늄 트랜지스터보다 수십 배나 비싼 이 소자를 기꺼이 구입했고, 나중에는 장치의 소형화를 가능케 해주는 IC의 열성적 구매자가 되었다. 1960년대 초에는 해군과 공군이 개발 중이던 폴라리스와 미니트맨 미사일 시스템이 실리콘밸리에서 생산된 IC를 거의 전량 구매했고, 1963년에는 막 출범한 아폴로 프로그램이 미국 내 IC 생산량의 60퍼센트를 소비했을 정도로 역할이 컸다(탁상용 계산기 등에 들어가는 민수용 IC의 비중이 군사용보다 높아진 것은 IC의 가격이 크게 떨어진 1967년 이후의 일이다). 이는 실리콘밸리에 위치한 혁신적 창업회사들이 초기에 살아남는 데 냉전과 군사적 수요의 역할이 지대했음을 단적으로 보여준다.

항공공학

스탠퍼드대학의 항공학 프로그램은 기계공학과 교수 윌리엄 더랜드가 MIT에 이어 미국에서 두 번째로 항공학 강좌를 개설한 1915년으로 거슬러 올라간다. 더랜드는 1차대전 때 설립된 국가항공자문위원회(NACA)에서 위원으로 활동했고, 은퇴한 이후인 1926년에는 대니얼 구겐하임 항공학 진흥 기금(Daniel Guggenheim Fund for the Promotion of Aeronautics)의 이사를 맡는 등 미국의 항공학 발전을 위해 다방면의 활동을 펼친 인물이었다. 구겐하임 기금은 미국 전역의 대학과 연구소에 새로운 항공학 관련 학과와 프로그램을 만드는 데 중요한 기여를 했는데, 스탠퍼드 역시 구겐하임 기금 지원을 받아 두 명의 교수를 새로 뽑으면서 항공공학 프로그램이 활성화되었다. 그러나 1939년 기금이 바닥나고 2차대전 시기에 전시 프로젝트 수주에도 실패하면서—나중에 제트추진연구소가 되는 고체로켓 연구는 칼텍으로 넘어갔다—스탠퍼드 항공학 프로그램은 전쟁 이후 10여 년간 암흑기를 맞았다. 1956년에 이 프로그램의 상황을 보면 은퇴를 곧 앞둔 구겐하임 기금 교수 두 명에 학생은 학부생을 포함해 도합 12명뿐이었고, 연구비는 고작 4,500달러에 겨우 두 명에게 학위를 수여하는 데 그쳤다. 항공학 프로그램의 열악한 사정은 당시 공대 학장이었던 터먼에게도 내내 골칫거리였다. 이 시기 들어 그는 항공학 프로그램의 폐지를 진지하게 고민하기도 했다.

이때 터먼에게 회생의 손길을 제안해온 것이 바로 방위산업체 록히드 미사일 시스템 디비전(Lockheed Missile Systems Division)이었다. 이러한 제안의 맥락을 이해하려면 모회사인 록히드 사(Lockheed Corporation)의 역사를 잠시 거슬러 올라가 보아야 한다. 록히드는 원래 항공 마니아인 록히드 형제가 1912년에 캘리포니아에서 창업한 회사로, 설립 초기 경영난에 빠져 1932년 한 번 파산했다가 다시 설립되는 시련을 겪었다. 이후 록히드는 2차대전을 계기로 항공산업의 거물이자 주요 방위산업체로 급성장했다. 전쟁 기간 동안 록히드는 항공기 2만 대를 판매했고, 총 수주액은 20억 달러에 달했다. 전쟁이 끝난 후 다른 방위산업체들과 마찬가지로 록히드 역시 매출 급감을 겪었지만, 한국전쟁 때 C-130 수송기와 F-104 전투기를 대량으로 생산하며 어려움에서 벗어났고, 1950년대 후반에는 매우 높은 고도에서의 비행과 사진 감시가 가능한 U-2 정찰기를 개발하는 등 승승장구했다.

헝가리 출신의 항공 엔지니어 니콜라스 호프. 동부에 있는 브루클린 공과대학의 항공공학과 학과장으로 재임하다 록히드의 제안을 받고 스탠퍼드대학으로 자리를 옮겼다. 그가 부임하면서 스탠퍼드 항공우주공학과 대학원이 활성화되기 시작했다.

그러나 1950년대 들어 록히드는 항공 전력에 대한 요구가 항공기에서 미사일과 감시위성 쪽으로 넘어가는 것을 감지했고, 이에 대처하기 위한 일종의 자회사로 미사일 시스템 디비전을 1954년에 설립했다(이 회사는 스푸트니크 충격 이후인 1959년에 미사일 시스템 앤 스페이스 디비전[Missiles Systems and Space Division]으로 명칭을 바꿨다). 미사일 시스템 디비전은 설립 초기 모회사인 록히드와 같은 공간을 썼지만, 외부에서 영입한 인사들이 모회사의 기업 문화와 갈등을 일으키면서 새로운 과학적 재능을 필요로 하게 되자 1956년 2월 회사를 스탠퍼드대학 인근의 산타클라라 계곡—나중에 실리콘밸리로 불리게 되는—으로 옮겼다. 이 회사는 해군의 폴라리스 미사일과 공군의 감시위성 시스템 계약을 따내는 데 성공했고, 이후 2세대, 3세대 잠수함발사탄도미사일인 포세이돈과 트라이던트 미사일 개발 계약도 수주해 총 계약액이 10억 달러에 달했다. 회사의 직원은 이전 직후인 1956년 200명이었던 것이 1958년에는 9,000명, 1964년에는 2만 5,000명까지 폭발적으로 늘어났다. 이 때문에 미사일 시스템 디비전은 1960년대 이후 실리콘밸리에서 가장 많은 인력을 고용한 기업으로 오랫동안 남아 있었다.

미사일 시스템 디비전이 스탠퍼드대학 인근을 점찍어 이전한 데는 이 대학에 있는 전자공학 관련 전문성을 활용하려는 의도가 담겨 있었다. 하지만 이전 후 이 회사는 스탠퍼드대학에 폐지 직전의 항공학 프로그램이 있다는 사실을 뒤늦게 알게 됐고, 이를 되살려 산학협동의 교두보로 삼고자 1957년 흥미로운 제안을 터먼에게 내놓았다. 당시 동부의 대학에 있던 항공학 연구자 니콜라스 호프를 스탠퍼드로 영입하면 첫 5년간 급여의 절반을 회사에서 부담하고 그 대신 호프를 회사의 자문역으로 삼겠다고 제안한 것이다. 터먼과 호프가 이 제안을 받아들이면서 1959년 독립된 대학원 과정으로 항공우주공학과가 설립되었고, 호프가 초대 학과장을 맡았다. 호프는 NACA와 산업체에 몸담고 있던 대니얼 버셰이더, 월터 빈센티, 밀턴 반 다이크 등의 연구자들을 새로 영입해 군에서 관심을 가질 여러 주제(가령 미사일이 대기권에 재진입할 때 생기는 초고온 상태)에 관한 연구를 진행했고, 1959년부터는 매년 후원 기업들을 초청해 학술회의를 여는 등 산학협동 프로그램도 활발하게 운영했다. 이러한 노력의 결과, 1963년이 되어 항공우주공학과는 교수 12명, 대학원생 179명, 연구비 65만 7,000달러로 크게 성장한 모습을 보이게 됐다.

| MIT와 스탠퍼드 군산학복합체의 특징 |

냉전 초 전자공학과 항공공학 분야를 중심으로 MIT와 스탠퍼드가 변모하는 과정을 살펴보면 흥미로운 공통점 몇 가지를 확인할 수 있다. 두 대학은 2차대전 이전에 누렸던 명성이나 전쟁 시기에 담당한 역할이 서로 달랐지만, 전쟁 이후 20여 년간 걸어간 행보는 상당히 수렴하는 모습을 보였다. 우선 전쟁 이전에는 찾아보기 어려웠던 정부(군대)의 막대한 연구개발 자금이 대학의 학제적 연구소들을 지원했고, 이에 따라 기초와 응용, 기밀과 비기밀 연구의 구분이 흐릿해지는 모습을 보였다. 군대의 지원에 따른 연구 주제의 변화는 대학원생과 학부생들이 받는 교육과 훈련의 내용에도 영향을 미쳤다.

또한 이 기간 동안에는 대학과 방위산업체들 사이의 산학협동이 활발해졌고, 기술 회의, 여름학교, 기업 순회, 명예협력 프로그램 등 다양한 교류의 기회를 통해 군대-산업체-대학 사이에 지식을 공유하고 요구사항을 전달하며 새로운 인재를 채용할 수 있는 기회가 마련되었다. 마지막으로 연구개발의 성과를 실용화하는 단계에서 학제적 연구소에 속한 교수, 대학원생, 연구원 등이 수많은 파생 회사들을 대학 인근에 창업하면서 군대를 주 고객으로 하는 첨단기술 산업단지인 루트 128과 실리콘밸리가 생겨났다. 이는 냉전 초기의 특수한 지정학적·군사적 상황이 사라진 지금까지도 기술혁신의 양상에 영향을 미치고 있다.

4

거대과학과 냉전 시기 물리학의 성격

냉전 초 정부가 과학에 쏟아부은 대대적인 금전적 지원은 과학자들이 연구를 수행하고 예비 과학자를 양성하는 방식과 규모에도 엄청난 영향을 미쳤다. 1950년대 말부터 과학계에서는 과학 활동이 질적·양적으로 팽창하는 이러한 현상을 가리켜 '대규모 과학(large-scale science)' 혹은 '거대과학(big science)' 같은 용어를 쓰기 시작했는데, 이는 당대의 변화들이 과학자들에게도 새롭고 생경하게 느껴졌으며 그들 역시 이러한 변화가 던지는 함의를 이해하려 애쓰고 있었음을 말해준다. 이 절에서는 이러한 거대과학의 양상이 어떻게 전개되었고, 과학 연구와 훈련에 어떤 영향을 미쳤으며, 그것이 특히 냉전 시기 물리학의 성격에 말해주는 바는 무엇인지 살펴본다. 이를 통해 예컨대 고에너지물리학(high-energy physics)처럼 일견 가장 순수학문에 가까워 보이는 분야조차도 냉전 시기의 군사적 필요라는 자장권에서 완전히 벗어나지 못했음을 확인할 수 있을 것이다.

거대과학은 2차대전 이전의 지배적 과학 활동 양식이었던 소규모 과학 (small science)과 대비되는 개념으로, 전쟁 이후 일부 과학 분야들에서 나타난 새로운 경향을 가리킨다. 거대과학을 특징짓는 요소로는 흔히 대규모 조직, 엄청난 자금 투자, 복잡한 기술 시스템이 꼽힌다. 특정한 프로젝트에서 일하는 과학자들의 수가 늘어나면서 관료적 조직 구조가 생기고, 실험 기기가 거대해지고 정교해지면서 투입되는 자금도 천문학적으로 증가하는 현상이 나타난다는 것이다. 1992년에 거대과학 개념의 역사에 관한 종설 논문을 발표한 과학사가 제임스 캡슈와 캐런 레이더는 거대과학의 특징으로 자금(money), 인력(manpower), 기계(machines), 언론(media), 군대(military)의 머리글자를 따서 '5M'을 제시했는데, 이 역시 앞서의 설명과 일맥상통한다고 볼 수 있다.

1960년대 초부터 거대과학 개념이 널리 쓰이기 시작한 데는 두 명의 학자들이 중요한 영향을 미쳤다. 먼저 물리학자 앨빈 와인버그는 1961년 《사이언스》에 발표한 「대규모 과학의 충격Impact of Large-Scale Science」이라는 짧은 논문에서, 거대과학을 일종의 '병리적 현상'으로 보는 시각을 발전시켰다. 그가 보기에 군대가 물리학 연구에 막대한 자금을 투입하고, 그 결과로 과학 기기나 장비의 규모가 끝간 데 없이 커지며, 과학자들이 다시 거기 매이게 되는 현상은 전쟁과 냉전이라는 외부적 계기로 인해 어느 정도 불가피한 일일 수 있어도 결코 바람직한 일은 아니었다. 그는 원자로나 입자가속기 같은 오늘날의 과학 시설들이 현대인들의 열망과 기대를 그 속에 담고 있다는 점에서 고대 이집트의 피라미드나 중세 유럽의

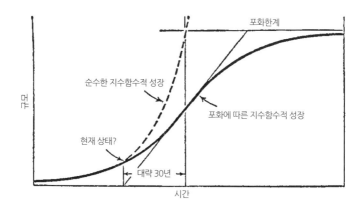

데릭 솔라 프라이스가 그려낸 과학 발전 모델(1963). 그는 17세기 과학혁명 이후 서서히 양적으로 성장해 온 과학 활동이 지수함수적으로 도약하기 시작한 시기가 20세기 거대과학의 양상과 부합한다고 믿었다.

대성당 같은 구조물에 비견할 만하다고 말하기도 했다. 와인버그에 따르면 이러한 '대규모 과학'의 폐해를 줄이는 방법은 이를 자유로운 과학 활동을 나타내는 '소규모 과학'으로부터 절연시켜 국립연구소 같은 별도의 공간에 몰아넣는 것뿐이었다. 1967년에 와인버그는 이러한 논의를 좀 더 확장해『거대과학에 대한 반성 Reflections on Big Science』이라는 단행본을 출간했다.

반면 물리학자에서 과학사가로 변신한 데릭 솔라 프라이스는 1963년에 발표한『작은 과학, 거대과학 Little Science, Big Science』[20]에서 과학의 성장이 그것의 내적 필요에 따라 지난 수백 년 동안 계속되어온 현상이라고

---

20 국내에는 1986년에 출간된 이 책의 개정판이 데릭 솔라 프라이스, 『과학커뮤니케이션론』(민음사, 1994)으로 번역돼 있다.

보았다. 그는 20세기에 있었던 두 차례의 세계대전이나 냉전 같은 '우연적' 계기들이 갖는 중요성을 평가절하했고, 과학자의 수, 학술지의 수, 과학 논문의 수 같은 정량적 지표들로 볼 때 과학은 20세기 들어 과학지식이 10~15년마다 두 배로 증가하는 일시적인 지수함수적 성장의 기간을 거치고 있다고 보았다. 이러한 지수함수적 성장이 영영 계속될 수는 없으므로 언젠가는 굴절점을 지나 포화 상태에 이를 것이고, 그러면 과학의 극적인 재조직이나 몰락이 도래할 거라고 그는 믿었다. 프라이스의 논의는 이후 과학계량학(scientometrics)이라는 새로운 학문 분야가 탄생하는 데 크게 기여했다.

와인버그와 프라이스 이후 거대과학에 주목해온 과학사가와 과학정책가들은 거대과학이 종래의 소규모 과학과 다른 몇 가지 독특한 조직적 특성에 주목했다. 먼저 거대과학은 사전에 임무가 정의되고, 명확하게 표현되고 특정될 수 있는 결과물로 그 달성 여부를 평가하는 목표지향적 성격을 갖는다. '우라늄 235의 핵분열에서 막대한 에너지를 얻는 군사무기'를 추구했던 전시의 맨해튼 프로젝트는 그런 점에서 거대과학에 하나의 모델을 제공했다고 할 수 있다. 둘째, 목표 달성을 위해 막대한 재원이 투입되면서 가용한 자원이 특정한 지리적 공간으로 집중되는 경향을 보이며, 이는 곧 연구의 중심지가 몇몇 장소로 협소화되는 경향으로 이어진다. 가령 오늘날의 관측천문학이나 고에너지물리학에서는 가장 거대한 광학망원경, 전파망원경, 입자가속기를 보유하거나 운용하고 있는 연구소가 곧 그 분야의 세계적 중심지가 될 수밖에 없다. 셋째, 수백에서 수천 명에 달하는 많은 과학자들이 하나의 연구 프로젝트에서 함께 일하면서 세분화된 노동분업과 위계적으로 조직된 그룹 및 책임자가 생겨난다. 그 결과

잘게 쪼개진 전문성과 효율적 조정의 필요성 때문에 상대적으로 개방적이고 평등한 소규모 과학의 특징이 거대과학에서는 좀처럼 발휘되기 어렵다. 마지막으로 프로젝트에 들어가는 막대한 비용으로 인한 정치적 필요성 때문에 다양한 정당화 근거들(국가 안보, 국민 건강, 산업 경쟁력, 국가 위신 등)이 따라붙는다. 아폴로 프로젝트로 대표되는 냉전 시기의 우주개발 계획을 대표적 사례로 들 수 있다.

아래에서는 캡슈와 레이더가 제시한 '5M' 중에서 앞서 이미 논의가 많이 이뤄진 '자금', '군대'와 탈냉전 시기의 거대과학에 좀 더 적합할 '언론'을 빼고 '기계'와 '인력'에 초점을 맞춰 냉전 시기의 거대과학 현상이 갖는 함의를 살펴보도록 하겠다. 이는 일견 순수학문으로 보이는 학문 분과들이 드러낸 테크노사이언스로서의 측면에 대해 다시 한번 생각해볼 수 있는 계기를 제공할 것이다.

| 냉전과 과학 기기의 거대화: 고에너지물리학의 사례 |

대중적 역사서술에서는 흔히 거대과학의 시발점으로 2차대전 시기의 원자폭탄 제조계획인 맨해튼 프로젝트를 들곤 한다. 그러나 대형 과학 기기를 중심으로 다수의 과학자들이 모여 연구 프로젝트를 진행하는 모습은 그보다 앞서 양차대전 사이에 캘리포니아대학 버클리 캠퍼스에 생겨난 방사연구소(Radiation Laboratory, 나중에 2차대전 때 MIT에 생기는 연구소와는 다른 곳이다)에서 시작되었다. 방사연구소를 만든 인물은 노벨상 수상자인 미국의 물리학자 어니스트 로런스였다. 로런스는 미국 과학계에서 명문대라고 보기 어려운 사우스다코타대학에서 학부과정, 미네소타대학에서 석사과정을 마친 후 1925년 예일대학에서 박사학위를 받은 토박이 과학자였다. 20세기 초까지만 해도 대부분의 과학자들이 유럽 대륙에서 유학을 하거나 적어도 박사후 과정을 마친 반면, 로런스는 미국 내에서 온전히 교육받은 1세대 물리학자였고 미국적 실용주의 정신을 대표하는 '과학계의 에디슨'이라고 칭할 만한 인물이었다. 로런스는 박사학위를 받은 후 예일대학에 교수로 임용되었다가 1928년에 캘리포니아대학 버클리 캠퍼스 물리학과로 자리를 옮겼고—6개월 후 그의 친한 친구가 된 로버트 오펜하이머가 역시 버클리에 합류했다—1930년에 정교수가 되었다. 이는 버클리 역사상 가장 젊은 나이(29세)에 정교수가 된 사례였다.

로런스는 1929년 독일의 엔지니어링 잡지를 뒤적이다 아이디어를 얻어 아원자 세계를 연구하는 새로운 실험 장치, 즉 사이클로트론(cyclotron)

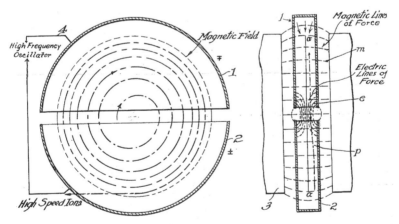

어니스트 로런스가 출원한 사이클로트론 특허의 도면(1934). 지면에 수직으로 자기장을 걸어 전하를 띤 입자가 원형 궤적을 그리게 만들고, 반원형 구획 사이에 전기장을 걸어 입자가 그 사이를 건너뛸 때 가속되는 원리를 이용한다.

모두를 위한 테크노사이언스 강의

을 구상했다. 이는 전하를 띤 입자를 자기장을 이용해 아주 빠른 속도로 가속시킨 후 충돌시키는 장치로, 충돌시의 반응 생성물을 분석하면 원자핵과 그 구성요소들에 대한 새로운 지식을 생성하는 데 도움을 얻을 수 있었다. 이는 이전까지 물리학에서 널리 쓰이던 우주선(cosmic ray)에 대한 분석을 대신해 입자물리학(particle physics, 나중에 고에너지물리학으로 불리게 된다)의 기본적인 연구 도구로 점차 자리를 잡았다. 로런스는 1931년 조수인 스탠리 리빙스턴과 함께 최초의 작동 모형을 제작했고, 이듬해 지름 11인치의 사이클로트론을 제작해 100만 전자볼트(1MeV)의 에너지를 갖는 가속 입자를 만들어내는 데 성공했다. 같은 해 그는 사이클로트론의 제작과 이를 이용한 실험을 담당할 새로운 공간으로 방사연구소를 설립했고, 이후 27인치와 37인치 사이클로트론을 차례로 제작하면서 기기의

어니스트 로런스(오른쪽)와 스탠리 리빙스턴이 만든 27인치 사이클로트론(1934). 리빙스턴은 사이클로트론의 초기 설계와 제작에서 중요한 기여를 했지만, 로런스와 함께 노벨상을 수상하지는 못했다.

방사연구소가 1939년에 제작한 60인치 사이클로트론(위)과 1946년에 완성된 184인치 사이클로트론(아래). 제작비 조달에서 발휘된 로런스의 기업가적 수완과 함께 그의 과학적 야심이 점차 커지는 것을 엿볼 수 있다.

출력을 향상시키기 위한 노력을 지속적으로 기울였다. 1930년대에는 로런스의 제자들이 미국과 유럽 각지의 대학과 연구소들로 퍼져나가면서 코넬, 시카고, 컬럼비아, 퍼듀대학과 영국의 캐번디시연구소 등에도 사이클로트론이 만들어졌다.

1939년에 로런스는 60인치 사이클로트론을 완성했고 이를 써서 16MeV의 에너지 수준을 달성했다. 이즈음에 방사연구소는 연구자 수가 200명에 달하는 거대 조직으로 성장해 있었다. 연구자들의 관심은 핵물리학, 방사화학, 방사생물학, 의학, 엔지니어링 등으로 상당히 다양했지만, 지적 관심사가 사이클로트론이라는 기기를 중심으로 수렴한다는 점에서 거대한 기계, 많은 예산, 대규모 인력으로 특징지어지는 전후 거대과학의 경향을 앞당겨 보여주었다. 로런스는 사이클로트론 제작에 드는 자금 확보를 위해 방사성 동위원소의 생산이나 암 치료에 대한 기여 등 다양한 이유를 들어 후원자들을 끌어들였고, 그런 점에서 전통적인 상아탑 과학자보다 기업가에 가까운 면모를 보이기도 했다. 이 해에 로런스는 사이클로트론의 구상과 제작에 대한 공로를 인정받아 노벨 물리학상을 수상했다. 그러나 그는 당시 전 세계 그 어디에서도 찾아볼 수 없었던 60인치 기계에 만족하지 않았고, 1940년에는 노벨상 수상자로서의 후광효과를 무기로 록펠러재단에서 100만 달러라는 거액을 지원받은 후 184인치 사이클로트론의 제작에 착수했다. 그는 더 거대한 기계를 제작해야 하는 이유로 1935년 일본의 물리학자 유카와 히데키가 그 존재를 예측한 중간자(meson)를 검출하는 것을 목표로 내걸었다. 그러나 곧이어 미국 과학계가 전시 대비에 힘을 쏟기 시작하면서 이러한 목표는 한동안 밀려나게 되었다.

입자가속기의 역사에서 2차대전 시기의 맨해튼 프로젝트는 중대한 전환점이 되었다. 1940년 로런스는 가속기를 질량 분석기(mass spectrometer)로 이용해 핵분열 물질인 우라늄 235를 분리해내는 데 성공을 거두었다. 방사연구소는 184인치 사이클로트론에 들어갈 거대한 자석을 빼내 우라늄 235를 분리하는 칼루트론(Calutron)을 제작했고, 나중에 이 장치는 오크리지에 건설된 우라늄 농축 공장 단지에서 1,000여 개가 사용되었다. 사실 방사연구소가 개발한 우라늄 235 농축 방법인 전자기 분리법은 오크리지에서 쓰였던 여러 가지 공정들 중 결과적으로 가장 효율이 낮았고 기여 정도도 미미했지만, 군대는 전시의 경험을 통해 방사연구소의 가속기가 군사적으로 유용했다는 인상을 받게 됐다. 전쟁이 끝난 직후 그로브스는 남은 전시 자금을 활용해 방사연구소가 애초 제작하기로 했던 184인치 사이클로트론의 건설비로 17만 5,000달러를 버클리에 제공했는데, 이는 입자가속기에 대한 군의 태도 변화를 반영하고 있다. '싱크로트론(synchrotron)' 방식으로 제작된 184인치 사이클로트론은 1946년 완성돼 200MeV의 에너지 수준을 달성했다.

2차대전이 끝나자 맨해튼 프로젝트는 종말을 고했고, 전시에 운영됐던 여러 시설들은 1947년 초 설립된 원자에너지위원회(AEC) 산하로 이관되었다. 이때 시카고(아르곤), 오크리지, 로스앨러모스 등에 있던 연구 시설들은 버클리의 방사연구소와 함께 AEC가 관리하는 국립연구소(national laboratories) 시스템으로 편입되었다. 기존 연구소들 외에 미국 북동부에 있는 9개 연구대학이 연합해 뉴욕 롱아일랜드에 새로운 가속기 연구소인 브룩헤이븐 국립연구소를 설립했는데, 이는 버클리를 중심으로 서부 지역이 가속기 연구에서 앞서가는 것을 견제하기 위한 행동이었다. 또한 1950년

맨해튼 프로젝트에서 오크리지의 Y-12 공장에 설치된 칼루트론. 우라늄 235를 농축하기 위한 전자기 분리법에 이용됐다

대 초에는 로스앨러모스와 경쟁하는 새로운 무기 연구소인 리버모어 연구소가 물리학자 에드워드 텔러의 주도로 생겨났다. 맨해튼 프로젝트의 유산이라고 할 만한 6개의 국립연구소들은 냉전 초기에 핵무기 연구뿐 아니라 거대과학의 요람으로서 중요한 역할을 했다. AEC는 설립 초기에 입자가속기를 이용한 물리학 연구를 활발하게 지원했는데, 1948년에는 브룩헤이븐과 버클리에 예전 기계들보다 월등히 큰 3GeV(1GeV=10억 전자볼트)와 6GeV 출력의 가속기 건설을 각각 지원하는 계획을 승인했다. 1950년대 초에 완성된 이 기계들은 각각 코스모트론(Cosmotron)과 베바트론(Bevatron)이라는 이름으로 불리게 됐다. 뿐만 아니라 AEC는 10여 곳의 대학 연구소에 가속기를 건설하는 데도 지원했고, 그 결과 1953년이 되면 미국의 가속기는 모두 35개로 늘어났다. 심지어 AEC는 1952년에 서유럽 국가들이 연합해서 브룩헤이븐 모델을 본뜬 유럽입자물리연구소(CERN)를

AEC의 지원을 받아 1950년대 초 버클리에 새로 건설된 베바트론. 주위에 서 있는 사람들의 모습에서 기계의 규모를 미뤄 짐작할 수 있다. 전후 입자가속기가 급격하게 거대화되는 양상이 엿보인다.

설립할 때도 가속기 건설에 재정 지원을 했다.

이러한 AEC의 행보는 흥미로운 궁금증을 불러일으킨다. 맨해튼 프로젝트를 이어받아 핵무기의 개발과 생산을 담당하고 있던 정부 기구가 왜 입자가속기를 이용한 고에너지물리학 연구처럼 일견 순수학문처럼 보이는 분야에 열성적으로 지원했을까? 입자가속기의 역사를 오랫동안 연구해온 과학사가 로버트 자이델에 따르면 이 질문에 대한 답은 냉전 초기의 국가 안보에 대한 관심을 빼놓고는 설명할 수 없다. AEC가 가속기 건설을 지원한 직접적 이유는 크게 세 가지였다. 첫째, 가속기가 군사적 목적에 직접 응용될 수 있다는 기대가 있었다. 터무니없는 소리처럼 들리지만, 당시 루이스 앨버레즈 같은 물리학자는 선형가속기에서 나오는 빔을 써서 하늘에서 떨어지는 원자폭탄을 조기 기폭시킬 수 있다고 믿었다. 이

외에 소형화한 가속기를 대인살상무기로 활용한다거나 밀수된 핵분열 물질 탐지나 항공기 탐지에 활용한다거나 하는 여러 가지 아이디어들이 제기되기도 했다. 둘째, 가속기는 핵무기의 개량을 위한 지식 기반의 확충에 필수적인 요소로 간주되었다. 브룩헤이븐 연구소의 설립을 제안하는 취지문의 내용을 보면 당시 물리학자들이 내세웠고 AEC가 설득력 있는 것으로 받아들인 이러한 근거가 적나라하게 드러나 있다.

우리가 오늘날 가지고 있는 원자로나 핵폭탄에서는 최상의 효율을 기한다 해도 우라늄 질량의 0.1퍼센트만 질량으로 변환되는 점을 감안하면, 개선의 여지는 분명히 크다. 특히 현재의 이론은 우주적 현상에서 질량-에너지 변환이 훨씬 높은 정도로 일어날 수 있음을 시사한다. 지금까지 우리는 실험실 내에서 우주선(線)을 연구할 수 없었지만, 수십억 볼트의 에너지를 가진 입자를 인공적으로 만들 수 있다면 완전히 새로운 연구 분야가 열릴 거라고 충분히 기대할 만하다.[21]

마지막으로, 가속기는 고에너지물리학자의 '예비군(reserve army)'을 양성하는 데 핵심적 역할을 하는 것으로 여겨졌다. 다시 말해 물리학자들이 평화시에는 개인의 학문적 호기심을 좇는 연구를 하다가 국가 위기상황과 같은 유사시에 군사 연구로 전용할 수 있는 귀중한 자산으로 간주되었다는 말이다.

---

21 Robert Seidel, "Accelerators and National Security: The Evolution of Science Policy for High-Energy Physics, 1947-1967," *History and Technology* 11 (1994): 365.

이처럼 냉전 초기에 다양한 군사적 연관성의 측면에서 평가되었던 가속기의 '유용성'은 1950년대 중반 이후—특히 소련의 스푸트니크 발사 이후—미국이 대외적으로 갖는 국가적 위신의 문제로 더욱 중요하게 다뤄졌다. 그 배경에는 1953년 스탈린이 사망한 후 소련 당국의 규제가 완화되면서 소련 과학자들이 국제무대에 모습을 보이기 시작한 것이 주요한 계기로 작용했다. 미국과 소련의 '가속기 경쟁'은 1955년 제네바에서 열린 '원자력의 평화적 이용(Atoms for Peace)' 국제회의에서 소련 과학자들이 1957년까지 10GeV 출력의 가속기를 완성할 거라고 선언하면서 본격적으로 막이 올랐다. 이 소식을 전해 듣고 깜짝 놀란 AEC와 미 의회는 소련 물리학과의 경쟁을 주로 염두에 둔 12GeV 출력의 '제로 그레이디언트 싱크로트론(Zero-Gradient Synchrotron, ZGS)'을 아르곤 국립연구소에 건설한다는 결정을 내렸다. 갑작스러운 결정으로 인해 아르곤 연구소는 자체적으로 준비 중이던 입자가속기 제작 계획을 철회해야 했고, 연구소장인 월터 진이 이에 대한 항의의 뜻을 담아 사임하는 사태까지 벌어졌다. 당시 ZGS의 건설 책임을 맡았던 물리학자 앨버트 크루는 당시의 분위기를 훗날 이렇게 회고했다.

의회가 우리에게 분명하게 하달한 임무는 소련보다 조금 더 크고, 조금 더 빠르고, 좀 더 강도가 센 기계를 만들라는 것이었다. 의회의 전반적인 분위기는 미국이 소련보다 훨씬 앞서야 한다는 것이었다. 지금 와서 보면 왜 그랬는지 이해하기란 쉽지 않고, 나는 항상 의회가 고에너지물리학과 핵무기의 차이점을 이해하지 못했다는 절대적 확신을 갖고 있었다. 물론 그 둘의 차이를 애써 설명하려는 사람도 없었다. 나는 그것이 분명 다르다고 믿

고 있으며, 내가 의도적 기만이 라고 믿고 있는 일에 참여했다는 것이 상당히 부끄럽다.[22]

뒤이어 1959년 스탠퍼드대학에 3.2킬로미터 길이의 선형가속기 (Stanford Linear Accelerator, SLAC) 건설이 승인된 것 역시 그 전해 입수된, 소련이 50GeV 가속기 건설을 계획 중이라는 첩보에 의해 자극받은 결과였다. 현재까지도 선형가속기로서는 세계 최대의 규모를 자랑하는 SLAC의 건설에는 총 1억 달러가 투입되었고, 1966년 첫 가동

1966년 스탠퍼드대학에서 첫 가동된 스탠퍼드 선형가속기(SLAC). 선형가속기로서는 현재까지도 세계에서 가장 큰 규모를 자랑한다.

을 시작해 25GeV의 출력을 얻어내는 데 성공을 거뒀다. 그러나 이 기계는 이듬해 가동을 시작한 소련의 70GeV 가속기에 세계 최대 가속기의 자리를 내주고 말았다. 이러한 '굴욕적' 사건은 1960년대 초부터 일부 물리학자들이 제안해온 200~300GeV 출력의 신형 가속기 제안에 다시 불을 붙였다. 신형 가속기의 건설에는 2억 8,000만 달러, 매년 운영비로 5,000만 달러라는 막대한 금액이 소요될 것으로 예상되었다.

그러나 이러한 제안에 대해 물리학계 내부의 비판자들이 문제를 제기

22   위의 글, 372.

페르미랩에 건설된 초대형 입자가속기 테바트론. 2009년 유럽입자물리연구소에서 거대강입자가속기(LHC)가 가동을 시작하기까지 세계에서 가장 큰 사이클로트론의 자리를 지켰다.

하면서 치열한 논쟁이 벌어졌다. 유진 위그너, 앨빈 와인버그, 필립 에이 블슨 등 저명한 과학자들은 물리학자 중 10퍼센트에 불과한 고에너지물리학자들이 물리학에 주어지는 자원의 3분의 1 이상을 독차지해 응집물질물리학(condensed matter physics) 같은 분야들로 돌아갈 자원을 빼앗아가고 있다고 주장했다. 응집물질물리학은 반도체나 트랜지스터 같은 주제들과 연관되어 국방과 관련해서도 더 큰 실용적 가치를 갖는 것으로 여겨졌기 때문이다. 그러나 의회는 이러한 논란에도 불구하고 신형 가속기 건설에 자금을 몰아주었고, 결국 1972년 일리노이 주에 페르미국립가속기연구소(Fermi National Accelerator Laboratory, 약칭 페르미랩[Fermilab])가 문을 열었다. 이곳에 설치된 둘레 6.3킬로미터의 초대형 입자가속기 테바트론

(Tevatron)은 1983년에 500GeV의 출력을 달성했고 이후 출력을 1TeV(1조 전자볼트) 이상으로 높이는 데 성공했다.

로런스가 버클리 방사연구소에서 11인치 사이클로트론으로 1MeV의 출력을 얻어낸 시점으로 소급해보면, 입자가속기의 출력은 60년 만에 대략 100만 배로 증가했다. 이처럼 놀라운 과학 기기의 등장은 이전까지 상상도 할 수 없었던 물리학 실험을 가능케 했다. 새로운 기본 입자들을 숱하게 찾아내고 물리학의 표준 모형(standard model)을 구축하는 데 크게 기여했다. 그러나 지금까지 살펴본 것처럼 이러한 일이 가능했던 것은 입자가속기에서 군사적 가치와 체제경쟁의 요소를 찾고자 했던 냉전 시기의 대결 논리가 크게 작용했기 때문이었다. 가속기는 획기적인 물리학의 고에너지 사건들뿐 아니라 국가 안보와 국가적 위신을 동시에 '생산'하는 도구이기도 했다.

| 냉전과 과학 인력의 거대화: 물리학 인력 규모의 변화 |

냉전 초기는 입자가속기 같은 과학 기기만 거대해진 것이 아니라 과학에 종사하는 인력 규모 역시 폭발적으로 성장한 시기였다. 특히 물리학자들은 2차대전 시기에 레이다와 원자폭탄 개발에 대한 공로를 널리 인정받았고, 그런 점에서 집중적인 양성 정책의 대상이 되었다. 전쟁이 끝나고 얼마 못 가 소련과의 긴장이 높아지자, 훈련된 물리학자(고등 학위를 받은 젊은 연구자)의 '부족' 문제가 부각되며 이들을 '생산'하는 일의 중요성이 부각되기 시작했다. 그렇게 훈련받은 물리학자들은 유사시에 잠재적 무기 제작자 노릇을 할 수 있는 '엘리트 예비 노동력(elite reserve labor force)'으로 간주되었다. 1951년 AEC 위원이자 프린스턴대학 물리학과 학과장이던 헨리 드울프 스미스는 미국과학진흥협회(AAAS) 연설에서 '과학 인력'이 '전시 상품'이자 '전쟁의 도구'이며 '주요 전쟁 자산'이기 때문에 '비축되고' '배급될' 필요가 있다는 취지의 연설을 했는데, 다분히 극단적으로 보이는 이러한 어휘 선택에서 당시 물리학 인력이 국방에서 갖는 가치가 어떤 의미로 이해되었는지 엿볼 수 있다.[23]

전쟁 직후 연방정부 산하의 과학 지원기구들(해군연구국, 원자에너지위원회 등)은 대학과 연구소 등에 대한 자금지원의 기준 중 하나로 대학원생의 훈련을 강조했다. 어떤 연구를 지원할 때 해당 연구 과정에서 얼마나 많은 새로운 과학 연구 인력이 배출될 수 있는지를 보고 지원 여부를 결정했다는 말이다. 이와 함께 제대군인원호법(G.I. Bill)의 혜택을 받아 대학과 대학원으로 돌아오는 학생 수가 늘면서, 하버드, 컬럼비아, 버클리 등 미국의 주요 연구대학의 물리학과는 대학원생 수가 불과 몇 년 만에 세 배 가까이 증가했고, 이에 따라 물리학 박사학위 수여자의 수도 크게 증가했다. 실제로 20세기 초 이후 미국 대학에서 새로 물리학 박사학위를 받은 사람의 연간 추이를 보면, 1차대전 시기까지 매년 20~30명 정도이던 것이 1920~1930년대를 거치며 전쟁 직전에 150명 정도까지 늘어났다가 전쟁 시기에 군사 연구를 제외한 학문 활동이 위축되며 50명 내외까지 떨어진 것을 볼 수 있다. 이 수치는 1940년대 말에 적극적인 인력 확충 정

23 David Kaiser, "Cold War Requisitions, Scientific Manpower, and the Production of American Physicists after World War II," *Historical Studies in the Physical and Biological Sciences* 33:1 (2002): 133, 138.

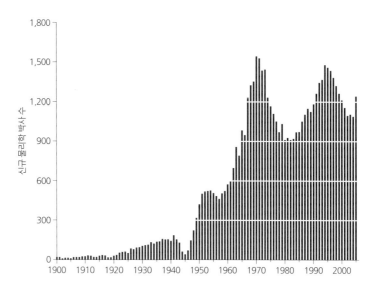

미국 대학에서 매년 수여한 신규 물리학 박사(Ph.D) 수의 변화 추이(1900~2005). 2차대전 시기 일시적으로 감소했다가 1940년대 말에 급증한 후 일시적으로 정체되었으나 1950년대 말부터 다시 크게 증가해 1970년 전후로 정점에 도달하는 양상을 볼 수 있다.

책을 통해 급증했고 1952~1953년경에는 500명에 이르렀다. 전쟁 이전을 기준으로 하면 대략 3배, 전쟁 말기를 기준으로 하면 10배로 증가한 것이다. 이러한 수적 증가에 힘입어 물리학 인력 부족이 어느 정도 해소되었다는 평가가 한때 내려지기도 했다.

그러나 한국전쟁을 계기로 냉전의 긴장이 높아지며 물리학 인력 부족 문제가 국가 안보상의 과제로 다시 부각되기 시작했다. 1955년 국가연구위원회(NRC)와 미국물리협회(American Institute of Physics)는 "물리학자의 생산(The Production of Physicists)"이라는 흥미로운 제목의 학술회의를 개최했다('훈련'이나 '양성'이 아니라 '생산'이라는 표현을 쓴 데 주목하라). 학술회의 참가자들은 물리학자 부족 사태에 대해 크게 우려를 표명하면서, 이 문제가 향후 10년 이상 해소되지 않을 것으로 전망했다. 한 참가자는 미국의 초등학생 1만 명 가운데 물리학과 학부 과정에 진학하는 학생은 50명밖에 안 되고 그중 대학원에 진학하는 학생은 15명에 불과하다는 통계를 제시하면서, 어떻게 하면 이러한 초·중등학생들을 물리학자로 만들수 있을까 하는 질문을 던지기도 했다.

1957년 10월 소련의 스푸트니크 발사가 미국 사회에 심리적 공황상태를 불러일으키자 우려는 더욱 커졌다. 이듬해 의회는 국방교육법(National Defense Education Act)을 제정해 공립학교의 과학교육 향상과 장학금 지급에 2억 5,000만 달러라는 막대한 금액을 지원했다. 인력 부족에 대한 예측은 1960년대 들어서도 한참 동안 지속됐다. 1964년에 미국물리협회가 보고서를 내어 1970년까지 물리학자 2만 명이 부족할 거라고 경고하자 주요 언론이 이를 대서특필한 것이 그때 분위기를 잘 전해준다. 당시 언론의 헤드라인—"물리학에서 발견된 인력 위기", "물리학자, 우리는 더 많이 필요하다", "물리학자 부족에 드리운 위험", "미국이 처한 곤경, 사라진 물리학자들", "일자리의 미래를 찾는다면 물리학을 공부하세요"—은 일반인들에게 이 문제가 현재진행형임을 강조했다.[24] 이러한 우려와 지원에 힘입어 미국 대학에서 매년 배출되는 물리학 박사의 수는 1955년까지도 500명에 머물러 있던 것이 1965년에는 1,000명, 1970년에는 1,500명까지 폭발적으로 늘어났다. 주요 연구대학들의 대학원 용량이 이미 포화된 상태에서 이처럼 놀라운 성장이 가능했던 것은 1950년대 이전까지 박사과정이 없었던 대학들에 새롭게 과정이 설치돼 학위를 수여할 수 있게 된

---

24 위의 글, 150.

덕분이었다.

그러나 물리학 인력 부족에 대한 예측은 결과적으로 빗나간 것으로 드러났다. 불과 몇 년 지나지 않아 물리학계에서는 구직자의 수가 대학, 연구소, 기업들의 채용인원 수를 능가하면서 사상 최악의 구직난이 현실화됐다. 미국물리학회 연차총회에서 구직자로 등록한 인원과 각종 기관 및 회사들의 채용 광고에 나온 인원수를 비교해보면, 1968년에 1,000명 구직에 253명 채용으로 4:1의 경쟁률을 보이던 것이, 1969년에 1,300명 구직에 234명 채용, 1970년에 1,010명 구직에 63명 채용, 1971년에는 1,053명 구직에 53명 채용으로 거의 20:1의 경쟁률을 보였다. 이처럼 불과 4~5년 만에 구인난이 구직난으로 바뀌게 된 것은 국제정치상의 변화와 이에 따른 국내 산업의 재편 때문이었다. 1960년대 말부터 냉전의 긴장이 완화되는 이른바 데탕트(détente)가 도래하면서 국방과 우주 부문의 지출이 급감했고, 이는 물리학자들에게 대단히 나쁜 소식이었다. 1968년에는 미국 전체 일자리의 10퍼센트가 국방산업에 고용돼 있었는데 1971년까지 이 중 4분의 1이 사라졌고, 1960년대 말 미국 물리학자의 5분의 1을 고용하고 있던 연방정부도 지출을 줄이면서 1970년 한 해에만 1만 6,000명의 과학자, 엔지니어가 항공우주산업을 중심으로 실직자 행렬에 동참했다. 국방지출 감소와 때를 같이해 베이비붐의 종식으로 대학 신입생 수가 줄기 시작하면서 대학교수의 채용 역시 크게 줄었다. 대학의 물리학 신임 교수 채용 공고는 1960년대 내내 45~58건 사이를 유지했지만, 1969년에 21건으로 줄었고 1971년에는 12건으로 다시 줄었다.

이처럼 고등 훈련을 받은 물리학자에 대한 사회적 수요가 줄면서 물리학에서 새로 박사학위를 받은 사람의 수도 크게 줄었다. 물리학 신규 박사학위자는 1971년 1,600명을 정점으로 급감하기 시작해 1980년에는 1,000명 이하로 떨어졌다. 이러한 변화는 물리학 분야에 종사하던 과학자와 과학 교사들에게 자신들의 정체성에 대한 깊은 고민을 안겨주었다. 1974년에 미국물리학회와 미국물리교사협회(American Association of Physics Teachers)는 "물리학 대학원 교육의 전통과 변화(Tradition and Change in Physics Graduate Education)"라는 제목의 특별 학술회의를 공동으로 개최했다. 회의 참석자들은 물리학에서의 전통적인 훈련 방식이 변화한 환경 속에서도 여전히 유효한지, 또 물리학을 한다는 것, 물리학자로 훈련받는다는 것의 의미는 무엇인지와 같은 근본적인 물음들을 던졌다. 물리학이 정부의 지원과 요구에 발맞춰 숨가쁘게 팽창해온 지난 25년간 간과됐던 질문들이었다.

흥미로운 것은 1980년 이후에도 물리학 신규 박사학위자 수에 여러 차례 큰 변동이 있었다는 사실이다. 1980년에 보수 우파인 레이건 대통령이 당선되면서 시작된 신냉전 구도 속에서 미국의 군비 비출은 다시금 크게 증가했고, 물리학자의 수도 그에 맞춰 늘어났다. 1990년대 초 1,500명까지 늘어난 신규 박사학위자 수는 냉전 종식 이후 감소하기 시작했고, 2000년대 중반에는 1,100명 선까지 재차 줄어들었다. 과학사가 데이비드 카이저는 2차대전 이후 60여 년간 나타난 물리학자 수의 변덕스러운 증감 양상(259쪽 그래프)이 프라이스가 제시한 S자형의 성장 곡선(243쪽 그래프)과 들어맞지 않는다고 주장하면서, 이를 설명하기 위한 틀로 투기 거품(speculative bubble) 모델을 제안했다. 그는 물리학자 수의 증감이 S&P 500 주가지수나 주택 가격 지수에서 볼 수 있는 오락가락하는 곡선과 닮았다고 지적하며, 과장된 예측(hype)-증폭(amplification)-되먹임(feedback)

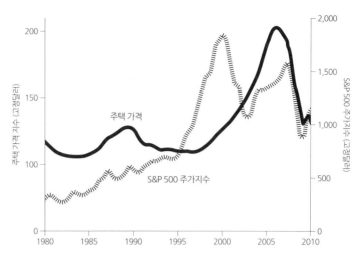

투기 거품의 전형적 양상을 보여주는 S&P 500 주가지수와 주택 가격 지수의 변화 추이(1980~2010).

으로 이어지는 고리가 그러한 거품을 떠받치는 동력이라고 보았다. 이를 물리학 인력 문제에 대입해보면, 향후 물리학 인력이 부족할 것이라는 과장된 정책 예측이 나타나고, 이러한 메시지를 언론이 받아서 공공 영역에서 증폭시키면, 이것이 일종의 자기충족적 예언(self-fulfilling prophecy)이 되는 경향을 보인다는 것이다. 이를 통해 일견 합리성의 정수로 보이는 물리학의 경우에도 사회적 수요나 '유행'에 크게 좌우되는 양상이 나타남을 알 수 있다.

| 냉전은 물리학을 '왜곡'시켰는가?: 포먼 대 케블레스 논쟁 |

이처럼 냉전 시기의 물리학이 다양한 의미에서 '거대화'된 데는 연방정부, 특히 국방부와 원자에너지위원회(AEC) 같은 준군사기구의 지원이 대단히 중요한 역할을 했다. 이러한 현상은 자연스럽게 한 가지 의문을 불러일으킨다. 과연 그러한 군대의 지원이 과학(물리학)의 내용과 방향에는 어떤 영향을 미쳤을까? 물리학자들이 원래 하고자 했던 연구를 좀 더 쉽게, 더 많은 재원에 입각해 할 수 있는 환경을 만들어준 것뿐일까? 아니면 물리학자들은 재원이 주어지는 분야와 영역을 찾아 때로는 원치 않는 연구를 할 수밖에 없었던 것일까? 이는 다분히 극단적인 대립구도로 비치지만, 이 시기 물리학 연구의 성격을 탐구할 때 피해갈 수 없는 질문들이다.

냉전이 막바지로 치닫던 1980년대 말에 과학사학계는 이러한 질문에 대한 도발적 답변과 그에 대한 반박을 통해 냉전 과학의 성격이 어떠했는지 성찰하는 기회를 마련했다. 먼저 포문을 연 것은 신좌파 과학사가로 스미소니언박물관에 근무하며 오랫동안 학계를 떠나 있다 돌아온 폴 포먼이었다. 포먼은 냉전 초 군대의 막대한 지원이 물리학을 '왜곡했다(distort)'는 파격적인 주장을 내놓았다. 먼저 그는 1940년대 말부터 1950년대 말까지의 과학 지원 패턴을 분석해, 이 시기 연방정부가 물리학 연구에 지원한 금액의 95~98퍼센트가 국방부와 AEC 두 개 기관에서 나왔음을 보여주었다. 이러한 지원 패턴은 물리학에 어떤 영향을 주었을까? 그는 군대의 지원이 물리학의 성격을 극적으로 변화시켰다고 주장했다. 이전 시기에 지배적이었던, 자연의 법칙에 대한 근본적 이해 추구가 냉전기에 접어들어 기술적 솜씨에 매몰된 '장치 만지작거리기(gadgeteering)'로 변모했다는 것이었다. 왜 이런 변화가 일어난 것일까? 포먼에 따르면 과학자들은 어떤 종류의 연구가 후원자(군대)로부터 지속적인 지원을 받을 수 있는지를 고민했고, 이것이 "군대의 지원 기구가 원했던 대로의 (…)

포먼-케블레스 논쟁의 주역인 과학사가 폴 포먼(왼쪽)과 대니얼 케블레스. 2007년 과학사학회에 참가했을 때의 모습이다.

도구론적 물리학"으로 귀결되었다고 설명했다. 이러한 과정을 거치면서 물리학자들은 자신이 하는 연구의 우선순위를 스스로 변경했고, 결과적으로 "자신의 분야에 대한 통제권을 상실"하게 되었다고 그는 보았다.[25]

이에 대해 미국 과학자사회의 형성과정을 다룬 『물리학자들*The Physicists*』(1978)의 저자인 대니얼 케블레스는 냉전 시기의 물리학이 '왜곡'되었다는 주장을 정면으로 반박했다. 일단 그는 포먼이 제시한 역사적 사실들을 대부분 인정하고 시작한다. 2차대전 이후 물리학자들이 연방정부로부터 얻은 재정적 지원 거의 대부분은 군대나 준군사기구에서 나온 것이 사실이며, 그런 점에서 과학과 국가의 관계가 근본적으로 변화한 것도 부인할 수 없는 현실이라는 것이다. 그러나 케블레스는 그러한 변화의

---

25 Paul Forman, "Behind Quantum Electronics: National Security as Basis for Physical Research in the United States, 1940-1960," *Historical Studies in the Physical Sciences* 18:1 (1987): 224, 229.

성격이 종종 양면적이었다고 주장했다. "전후의 국가 안보는 순수연구와 국방 관련 연구 **양쪽 모두에서** 정력적 연방 프로그램을 요구했"기 때문이다(강조는 인용자). 또한 그는 물리학자들이 지적 의제에 대한 통제권을 상실했다는 주장도 반박했다. 미국의 지도적 과학자들은 전후에 설립된 각종 고위급 자문위원회에 참여해 활동함으로써 미국 과학의 미래에 대한 결정에 개입할 수 있었다고 그는 설명했다. 마지막으로 전후의 물리학이 거대 장치 제작에 매몰돼 '진정한 기초 물리학'으로부터 일탈했다는 주장에 대해, 그는 역사적 현실과 부합하지 않는 반사실적 가정은 무의미하며, 또한 물리학 내의 여러 연구 주제들 사이에 잘못된 위계를 설정할 우려가 있다고 말했다. "물리학은 물리학자들이 하는 일, 또는 그동안 해온 일"이며, 다른 그 무엇이 될 수는 없다는 것이었다.[26]

포먼과 케블레스의 대립은 이후에 등장한 냉전 과학 연구자들에게 논의의 출발점 역할을 해왔고, 많은 연구자들은 자신의 사례연구가 두 사람의 주장 가운데 어느 쪽에 좀 더 부합하는가 하는 입장을 나름대로 밝히기도 했다. 그러나 포먼과 케블레스의 논의는 반드시 어느 한쪽이 옳고 다른 한쪽은 틀린 그러한 관계가 아니다. 두 사람은 냉전 초기 물리학이 처했던 상황에 대한 사실 관계에 별다른 이의를 제기하고 있지 않으며, 다만 규범적 차원에서 의견차이를 보이고 있는 것이기 때문이다. 과학자의 사회적 책임은 어떤 것인지, 군사 연구에 대해 과학자가 취해야 하는 바람직한 자세는 어떤 것인지, 그리고 과학자는 사회적으로 어떤 역할

---

26 Daniel Kevles, "Cold War and Hot Physics: Science, Security and the American State, 1945-1956," *Historical Studies in the Physical Sciences* 20:2 (1990): 240, 241, 263.

을 하는 사람으로 스스로를 인식하는지 등이 바로 그런 지점들이다. 조금 바꿔 말하면, 이는 결국 누가 누구를 이용했는가 하는 질문과도 서로 통한다. 군대가 자신의 목적을 위해 순진하고 무기력한 과학자들을 이용했는가, 아니면 과학자들이 자신이 원래 하고자 했던 연구에 군대의 자금을 끌어들이기 위해 영악하게 처신했는가? 군대의 자금은 과학자들에게 새로운 연구를 할 수 있는 전례 없는 기회를 주었는가, 아니면 외부의 요구에 맞추기 위해 자신들이 원래 추구하던 바를 접어야 하는 제약으로 작용했는가? 아마도 이 질문에 대한 답은, 이런 물음들이 으레 그렇듯, 양쪽 극단 사이 어딘가에 위치할 것이며, 대답하는 사람의 정치적 입장에 따라 답이 다르게 나올 수 있을 것이다. 이는 냉전 시기의 과학—오늘날 우리가 가지고 있는 과학 인식과 정책의 틀을 만들어낸—에 관심을 가진 어떤 사람에게도 자신의 입장을 밝힐 것을 요구받는 숙제처럼 남아 있을 것이다.

V

막간 2

군사 연구 반대와 합의의 종식

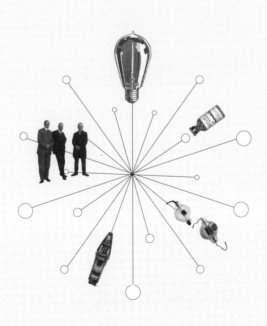

2차대전이 끝나고 냉전이 시작된 후 첫 사반세기 동안(1945~1970)은 초강대국인 미국과 소련 사이에 군사적 긴장이 유지되었고 핵전쟁의 위협이 높았으며 한국전쟁과 베트남전쟁 등 국지적 충돌이 이어졌던 시기였다. 이에 따라 과학 분야에서도 국방연구에 대한 지원이 활발했고, 연구 대학들에 군사 연구를 담당하는 대형 연구소들이 들어섰으며, 국가적 위신을 위한 거대 과학기술 지원에 대한 관심도 높았다. 그러나 이러한 상황은 1960년대 중반 이후 서서히 변하기 시작했다. 다양한 사회, 경제, 문화적 요인들이 중첩되면서 과학 연구에 대한 무제한적 지원이 국가 안보와 국가적 위신에 기여한다는 믿음이 뒤흔들렸고, 1970년대 이후 과학 체제는 상업화로 향하는 중대한 전환점을 맞았다. 이 장에서는 전후 과학정책의 흐름에서 중요한 전환의 계기가 된 1960년대 말에서 1970년대 초 사이에 과학에서 어떤 일들이 있었는지를 살펴본다.

1

전환점이 된 1960년대

1960년대 후반은 당대의 과학 연구 및 지원 정책에 크게 영향을 미친 중대한 사회적 변화들이 여럿 나타난 시기였다. 먼저 거시적 차원에서 보면 이 시기 들어 흔히 '새로운 사회운동'으로 뭉뚱그려지는 다양한 사회운동들이 등장했다. 수소폭탄 개발에 뒤이은 핵실험 반대운동에서 시작된 반핵운동은 1963년 부분핵실험금지조약(Limited Test Ban Treaty)이 체결된 이후 그 대상을 핵발전소로 넓혔고, 1970년대 들어서는 핵발전 그 자체에 내재한 기술적 불확실성과 위험을 고발하는 운동으로 발전했다. 환경운동은 레이첼 카슨의 『침묵의 봄』(1962) 이후 관련 단체의 회원 수가 늘고 지구의 벗(Friends of the Earth), 그린피스(Greenpeace) 등 새로운 조직들이 생겨나며 크게 활기를 띠었다. 1970년 제1회 지구의 날(Earth Day) 행사는 환경운동의 문제의식이 대중적으로 널리 퍼져나갔음을 보여준 상징적 사건이었다. 흑인과 소수집단의 인권보장을 내세운 민권운동(civil rights movement)은 1960년대에 미국 남부에서 있었던 여러 사건들을 계기로 널

모두를 위한 테크노사이언스 강의

1970년 4월 22일 미국 전역에서 열린 제1회 '지구의 날' 행사에 참여한 사람들. 이 행사는 환경운동의 새 시대를 연 것으로 평가받고 있다.

리 반향을 일으키기 시작했고 인권운동가 마틴 루터 킹 목사가 이끄는 대중 행사를 통해 영향력을 키웠다. 여성운동은 20세기 초의 참정권 운동을 넘어 일상 속에서의 젠더 권력에 문제를 제기하는 제2세대 여성운동이 등장하며 급진화되는 양상을 띠었다. 이러한 여러 운동들은 지배적 과학기술(핵무기 개발, 살충제 산업, 우생학적 사고방식, 남성중심 의료체제 등)을 공격하고 기성 전문가들의 권위에 의문을 제기하는 공통점을 지니고 있었다.

이와 함께 미국이 참전하고 있던 베트남전에 대한 반대운동이 거세지기 시작했다. 인도차이나에 대한 서구의 개입은 오래전부터 시작되었지만, 미국과 그 동맹국들이 남베트남에 대한 대규모 파병을 통해 전쟁을 국제적 규모로 끌어올린 것은 1965년부터였고, 이후 전쟁이 점차 파괴적

1970년 베트남전 반대운동에 참여한 시위대의 모습. "베트남에서의 전쟁을 끝내라, 징병제를 폐지하라"라고 적힌 피켓에서 당시 청년 세대의 요구사항을 잘 읽을 수 있다.

으로 변모하며 희생자들의 수가 빠르게 늘었다. 이처럼 변화한 상황 속에서 동남아시아의 가난한 나라를 상대로 한 명분 없는 전쟁에 대한 반대 목소리가 점차 커졌고, 특히 당시 징병제 하에서 일정 기간 병역의 의무를 마쳐야 했던 대학생들에게는 전쟁 반대가 자신들의 생존 그 자체와 직결된 문제이기도 했다. 베트남전 반대운동은 1960년대 초 자유언론운동의 맥락에서 생겨난 민주주의학생연합(Students for Democratic Society, SDS) 등 학생운동 단체들이 주도했다. 젊은 층의 베트남전 반대 및 기피 경향은 2차대전 참전 경험이 있던 부모 세대의 사고방식—자신들이 승전에 일익을 담당한 2차대전은 독일이나 일본 같은 파시스트 국가들로부터 세계를 지켜낸 '좋은 전쟁'이었다는—과 충돌하며 심각한 세대 갈등을 빚었다.

대학생들의 베트남전 반대 움직임은 그들이 몸담은 연구대학들 내에서 진행되고 있던 군사 연구에 대한 반대운동으로 옮겨붙었다. 이미 살

모두를 위한 테크노사이언스 강의

펴본 것처럼, 당시 미국의 주요 연구대학들은 학내에 군대의 지원을 받아 기밀 군사 연구를 수행하는 연구소들을 여럿 갖추고 있었다. 베트남전 반대운동을 이끌던 학생운동 단체들은 순수학문의 전당이자 상아탑으로 여겨왔던 대학에서 베트남 등 제3세계에서 활용되는 군사 무기나 전략을 개발하고 있다는 사실을 깨닫고 경악했다. 이에 그들은 이러한 연구소들의 존재를 드러내고, 그것과 군대 사이의 밀월관계를 조사, 폭로하는 임무에 착수했다. 학생들과 이에 동조하는 교수 및 젊은 연구자들은 대학이 군대의 지원과 단절하고 전쟁 연구를 중단해야 한다고 주장했고, 과학의 성과로부터 소외된 일반 시민들에게 도움을 주는 대안적 과학 체제의 수립을 그리기도 했다. 이 과정에서 그들은 자크 엘륄, 헤르베르트 마르쿠제, 루이스 멈퍼드, 시어도어 로작 같은 당대 저술가들의 저작에서 크게 영향을 받았다. 이러한 저자들은 공통적으로 과학기술의 발전에 따라 관료화와 체계화의 과잉이 나타나고 개인의 책임과 자율성이 축소된 현실—한마디로 말해 '기술이 인간을 지배하는' 현실—에 비판의 목소리를 던졌다.[1]

마지막으로 기성 과학계 내에서도 이 시기 들어 변화의 양상이 나타났다. 2차대전 이후 20여 년 동안 유지되어 온 엘리트 과학 자문가들과 정치인들 사이의 밀월관계가 이 시기에 크게 금이 가기 시작한 것이다. 앞서 오펜하이머 사건이 이러한 관계에 상당히 흠집을 내긴 했지만, 1960년

---

[1] 이러한 1960년대 저자들의 책은 국내에도 대부분 번역되어 있다. 자크 엘루, 『기술의 역사』(한울, 1996); 헤르베르트 마르쿠제, 『일차원적 인간』(한마음사, 2009); 루이스 멈퍼드, 『기계의 신화 I』(아카넷, 2013); 루이스 멈퍼드, 『기계의 신화 2: 권력의 펜타곤』(경북대학교출판부, 2012).

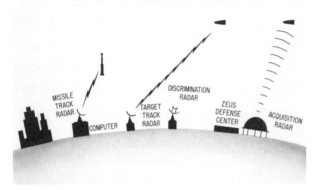

NIKE-ZEUS SYSTEM

1950년대 말에 개발된 1세대 ABM인 나이키-제우스 시스템. 탄도미사일을 레이다로 추적해 미사일로 요격함으로써 미국의 도시와 군사 기지를 적의 공격에서 지키려는 의도로 개발되었으나, 공격용 미사일의 수가 많아지면 제대로 기능하지 못하는 약점을 노출했다.

대 중반까지도 과학자들의 자문에 대한 정치인들의 신뢰는 여전히 탄탄했다. 그러나 1960년대 말 탄도탄요격미사일(anti-ballistic missile, ABM) 시스템 개발의 필요성과 함의를 놓고 엘리트 과학자들과 정치인-군인들 사이에 심각한 입장 대립이 나타났다. 정치인-군인들이 소련의 ICBM으로부터 미국 본토를 지키기 위해 그러한 무기가 필요하다고 생각한 반면, 과학자들은 ABM의 기술적 실현가능성에 의문을 제기하면서 이것이 오히려 공격용 무기의 급격한 증가로 이어져 군비경쟁을 가속화시킬 거라고 우려했다. 이 논쟁에서 정부와 군대가 과학자들의 반대 의견을 묵살하고 ABM 개발에 착수하자 엘리트 과학자들 사이에서는 정부 자문의 유용성에 대한 회의적 태도가 커졌고, 정치인-군인들 사이에서도 과학자들의 자문과 비판을 성가신 것으로 여기는 분위기가 확산되었다. 이에 따라

스푸트니크 충격 이후 만들어진 대통령과학자문위원회(President's Science Advisory Committee, PSAC)는 1973년에 해체되었고, 정치인-군인들은 이제 에드워드 텔러 같은 소수의 매파 과학자들이나 방위산업체에 군사적 문제에 관한 자문을 구하게 되었다.

이러한 여러 요인들이 차례로 나타나면서 1960년대 말에 과학 정책 영역에서는 과학과 국가 안보, 국가적 위신 사이의 자명한 연관성에 대한 합의가 사실상 붕괴했다. 많은 이들에게 이제 과학의 발전은 더이상 자명한 선이 아니었고, 일부 젊은 과학자들은 과학 활동에 참여하는 것 역시 외부로부터의 자금지원에 의존하기 때문에 예전과 같은 순수성을 가질 수 없다고 생각했다. 이러한 인식 변화는 그저 당연한 현실로 여겨져온 국방기구와 민간기관(대학) 사이의 연관에 대한 근본적 문제제기로 이어졌다. 다음 절에서는 앞서 IV장에서 대표적 국방연구 대학으로 지목됐던 MIT와 스탠퍼드대학이 1960년대 말에 어떻게 이러한 문제들을 겪었고, 어떻게 이를 헤쳐나갔는지 살펴보도록 하겠다.

2

군사 연구 반대의 양상: MIT와 스탠퍼드의 사례[2]

1960년대 말에 주요 연구대학들에서 있었던 사건들을 이해하려면, 이 것이 그 이전 시기에 과학자들이 벌였던 운동과 어떻게 달랐는지를 먼저 살펴볼 필요가 있다. 2차대전 이후 1960년대 중반까지 과학자들이 참여 하는 사회운동의 주류는 자유주의적·개인주의적 운동 모델에 기반하고 있었다. 여기서는 양심적인 과학자 개인의 결단을 강조했고, 과학자가 가 지고 있는 전문가로서의 권위에 바탕해 일반대중에게 정보를 제공하고 계몽하는 역할을 상정했다. 그들은 대체로 과학의 가치중립성을 믿었고, 과학은 쓰기에 따라 좋게도 나쁘게도 사용될 수 있다고 생각했으며, 자신 들이 대학이나 연구기관에서 수행하는 과학 연구 그 자체에 대해서는 전 혀 의심을 품지 않았다. 그러나 1960년대를 거치면서 과학자운동은 이전

---

2 이 절의 앞부분은 김명진, 「과학기술자들의 사회운동」, 한국과학기술학회 엮음, 『과학기술학 의 세계』(휴먼사이언스, 2014)에서 부분적으로 가져왔다.

과는 현저하게 다른 급진적인 모습을 띠기 시작했다. 과학은 중립적인 것이기보다는 힘센 사회세력의 입김에 의해 좌우되어 사회 구조를 불평등하게 왜곡시키는 주범으로 점차 인식되었고, 순수과학의 보루였던 대학은 군대와 대기업의 영향 하에 변질된 공간으로서 상아탑으로서의 지위가 의심받기 시작했다.

1960년대에 이러한 변화가 나타난 데는 몇 가지 계기들이 작용했다. 우선 1950년대의 학계를 옥죄고 있었던 억압적인 정치 분위기—특히 매카시즘으로 대표되는 반공주의—가 1950년대 말부터 서서히 해빙을 맞기 시작했다. 이에 따라 이전 시기에 라이너스 폴링 같은 과학자-활동가들이 겪어야 했던 가혹한 제재에서 벗어나 좀 더 자유로운 사상적 조류들을 접하는 것이 가능해졌다. 아울러 영향을 준 것은 2차대전 후, 특히 1957년의 스푸트니크 충격 이후 기초과학 연구에 대한 지원이 크게 늘면서 과학과 공학 분야의 대학원이 비대해지고 젊은 연구자들의 수가 폭증한 현상이었다. 이처럼 대학에 자리잡은 젊은 과학자들이 많아짐에 따라 과학계의 평균 연령은 낮아졌고, 상대적으로 자유롭고 급진적인 생각을 가진 과학자들의 분파가 생길 가능성은 더 높아졌다. 그러나 무엇보다 중요했던 것은 1960년대 중반부터 대학을 휩쓸기 시작한 베트남전 반대운동이었다. 베트남전에 대한 반대는 종종 격렬한 학내 시위로 이어졌고, 때로는 교수들의 참여 하에 '시국토론(teach-in)' 운동으로 발전하기도 했다.

대학 내의 베트남전 반대운동과 과학의 사회적 역할에 대한 근본적 의문 제기가 서로 만난 가장 극적인 사건은 1969년 MIT에서 시작된 이른바 '3·4(March 4)' 운동이었다. 1960년대 내내 미국의 주요 대학들이 학내 시위로 몸살을 앓는 과정에서도 MIT에서는 그런 움직임이 거의 감지되지 않았다. MIT는 당시 '동부의 펜타곤(Pentagon East)'이라는 별칭으로 불릴 정도로 군사 연구의 비중이 높은 대학이었고, 대학원생과 연구원들에 비해 학부생의 숫자가 적어 학내 분위기도 상당히 보수적이었다. 이러한 상황이 변화하기 시작한 것은 1968년 말에 물리학과 생물학을 전공하던 대학원생 4명이 베트남전 반대에 대한 학내 논의를 활성화하기 위해 의기투합하면서부터였다. 그들은 이를 위해 과학행동조직위원회(Science Action Coordinating Committee, SACC)라는 작은 조직을 만들었다. 처음에 그들은 전쟁 반대를 탄원하는 서명과 신문광고 게재를 위한 모금 운동을 조직하는 온건한 활동을 펼쳤고, 이에 대해 교수집단의 지지와 참여도 잇따랐다.

그러나 1969년으로 접어들면서 운동은 급진화되기 시작했다. 1969년 1월에 그들은 군대와 과학의 관계를 좀 더 널리 알리고 이에 대해 고민해 볼 수 있는 기회로 과학자들이 하루 동안 연구를 중단하고 당면한 현안에 대해 공개적으로 논의하는 시국토론 행사를 제안했고 행사 날짜를 3월 4일로 잡았다. 이러한 결정은 언론에 과학자들의 '연구 파업'으로 묘사되면서 엄청난 반향을 일으켰고, 30여 개의 다른 대학으로 확산되어 나갔다. 3·4 행사를 준비하면서 SACC는 과학 그 자체는 문제가 없지만 이를 '오용'하는

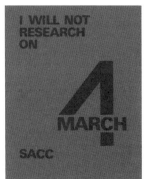

SACC가 3 · 4 행사를 위해 준비한 포스터(왼쪽)와 당일 행사장 광경.

집단이 문제라는 식의 태도에서 벗어나, 과학 활동이 이뤄지는 제도적 기반(대학)과 군대의 지원을 받는 대학 연구를 문제삼는 좀 더 급진적인 입장을 내걸기 시작했다.[3] 3월 4일에 MIT에서는 1,400명의 학생과 교수들이 참여해 시국토론 등 다양한 행사가 진행되었다. 이날 행사에서는 군사연구의 전환, 군비 축소, 대학–정부 관계, 지식인의 책임 등 여러 주제들에 관한 논의가 이뤄졌다.

급진적 학생들이 3 · 4 행사에서, 또 행사 이후에 계속해서 MIT 당국

---

3 이에 대해 상대적으로 온건한 입장의 교수와 대학원생들은 3 · 4 행사에 맞춰 별도의 단체를 설립했는데, 이것이 미국 과학자운동의 역사에서 가장 중요한 단체 중 하나가 된 우려하는 과학자연합(Union of Concerned Scientists, UCS)이다. 그들은 SACC의 급진적 입장과 달리, 과학의 존재 기반을 송두리째 무너뜨리기보다는 과학자들이 체제측 전문가에 맞서는 일종의 '대항전문가(counterexpert)'로서 사회 문제 해결에 개입하고 기여하는 것이 필요하다고 보았다. UCS는 정부가 제공하지 않는 과학기술 정보를 언론과 대중에게 제공하는 권위 있는 정보원의 역할을 하고자 했고, 1970년대에 정보공개법을 활용해 핵발전소의 안전성 문제에 대한 논쟁에서 시민집단의 편에 서서 적극적으로 개입했다. Dan Charles, "From Protest to Power: An Advocacy Group Turns 40," *Science*, 323 (2009. 3. 6)를 참조하라.

에 요구했던 사항들은 몇 가지로 요약할 수 있다. 그들은 먼저 대학이 방위산업체나 군 연구소와 공동으로 개설한 협동 프로그램을 폐지하고, 기밀 연구나 기밀 논문에 대한 학술적 인정을 중단하라고 요구했다. 또한 MIT에서 수행 중이던 모든 전쟁 관련 연구를 중단하고 이를 '사회적으로 건설적인' 연구로 대체할 것을 제안했다.[4] 학생들이 이러한 주장을 펼칠 수 있었던 것은 MIT 내에서 이미 이러한 '전환'의 가능성을 보여준 선구적 사례가 있었기 때문이었다. MIT 기계공학과 산하의 학제적 연구소 중 하나였던 유체역학연구소(Fluid Mechanics Laboratory)가 바로 그곳이었다.

1967년 이전까지 유체역학연구소는 당시 MIT에서 찾아볼 수 있었던 많은 연구소들과 그리 다른 점이 없었다. 이 연구소는 전적으로 군대의 지원을 받아 제트엔진 연구와 우주선 및 탄도미사일의 대기권 재진입 물리학을 연구하는 데 치중했다. 연구소의 규모는 교수 6명, 직원 1명, 대학원생 20명, 연간 예산 30만 달러 정도로 그리 큰 편은 아니었다. 홍미로운 대목은 1966년 말에 연구소의 구성원들이 내부 토론을 통해 기존의 연구 방향이 너무 한쪽으로 치우쳐 있다고 결론내리고, "불균형을 바로잡기 위해" 연구 방향을 "사회적 지향을 가진" 문제들로 재전환하기로 결정했다는 사실이다.[5] 당시 MIT 내에서는 베트남전 반대나 군사 연구에 대한 대중적 문제제기가 거의 없었기 때문에, 이는 외부로부터의 압력에 반응한

4   3·4 행사에서 SACC가 내건 요구사항과 그 배경은 당시 보스턴에서 발행되던 급진적 지하 신문인 《올드 몰The Old Mole》의 행사 특집 호외에서 좀 더 자세한 내용을 찾아볼 수 있다. https://libraries.mit.edu/app/dissemination/DlPonline/2017_005RR_March4th/39080024064849.pdf를 참조하라.

5   Matt Wisnioski, "Inside "the System": Engineers, Scientists, and the Boundaries of Social Protest in the Long 1960s," *History and Technology*, 19:4 (2003): 321.

결과는 아니었다. 연구소 구성원들은 새로운 연구 방향으로 대기오염, 수질오염, 생의학 연구, 해수 담수화라는 네 가지 주제를 선택했고, 연구소에 속한 세 명의 정교수들이 각각 주요한 주제 하나씩을 떠맡았다. 학과장이었던 애스처 샤피로는 연구 주제를 제트엔진에서 생의학으로 바꿨고, 로널드 프롭스틴은 탄도미사일에서 해수 담수화로, 제임스 페이는 분자열역학에서 대기 및 수질오염으로 각각 관심 주제를 변경했다. 이들 중에서 새로 맡은 주제에 경험이 있었던 사람은 아무도 없었다. 일견 무모해 보였던 이러한 시도는 결과적으로 성공을 거두었다. 3년이 지난 1969년에 60만 달러로 늘어난 연간 예산 중 3분의 2가 모두 10개 프로젝트로 이뤄진 민간 연구로부터 나온 것이었고, 졸업한 대학원생 절반이 민간 산업체에 취업하는 데 성공했다.

이러한 성공 사례에서 영감을 얻은 급진적 학생들은 당시 MIT의 '특수연구소'였던 링컨 연구소와 계측연구소로 눈길을 돌렸고, 이러한 연구소들 역시 연구의 우선순위를 바꾸기 위한 노력을 기울여야 한다고 주장했다. 두 곳 중 학생들의 집중적인 공격 대상이 된 곳은 계측연구소였다. 링컨 연구소는 학교에서 멀리 떨어져 있었고 군부대 내에 자리잡고 있었던 반면, 계측연구소는 캠퍼스에서 불과 몇 블록 떨어진 곳에 위치해 있어 접근이 쉬웠기 때문이다. 3 · 4 행사 직후인 4월 22일에 50여 명의 학생들이 연구소를 방문해 해군의 SRBM인 포세이돈 미사일 개발에 항의하는 시위를 벌였다. 이에 응답해 MIT 총장 하워드 존슨은 슬론 경영전문대학원 교수 윌리엄 파운즈를 위원장으로 하는 특수연구소검토위원회(Review Panel on Special Laboratories, 일명 '파운즈 패널')를 소집해 MIT에서 링컨 연구소와 계측연구소의 역할을 재평가하고 앞으로의 방향을 제안하는 임무를

1969년 4월 22일에 계측연구소를 방문해 군사연구에 대해 항의하는 학생 시위대의 모습.

맡겼다.

이 해 8월에 나온 파운즈 패널의 보고서는 학생들의 주장에 상당히 동조하는 내용을 담고 있었다. 패널은 기존 연구 프로그램의 편향을 지적하면서, 연구 프로그램을 다각화하고, 기밀 연구의 비중을 축소하며, 연구소와 캠퍼스와의 협력을 강화하고, 더 나아가 미래의 연구 계약을 관장할 감독위원회를 설치하도록 권고했다. 이에 따라 9월에는 계측연구소가 미래에 맺을 연구 계약의 내용을 검토할 감독위원회가 설치되었고, 계측연구소 소장도 찰스 스타크 드레이퍼에서 토목공학자인 찰스 밀러로 교체되었다. 드레이퍼에게는 자문위원 겸 기술 책임자라는 직위가 주어졌으나, 일종의 좌천으로 볼 수밖에 없는 인사 내용이었다. 그러나 이러한 대학 당국의 조치는 연구소와 급진적 학생들 모두에게 불만족스러운 것으

모두를 위한 테크노사이언스 강의

로 비쳤다. 드레이퍼를 비롯한 연구소
의 선임 연구원들은 기존의 연구소 규
모를 유지하면서 재원을 군대가 아닌
민간에서 끌어올 방법에 대해 회의적
인 반응을 보였다. 연간 6,000만 달러
에 육박하던 기존의 연구비를 연구소
유지에 필요한 최소한의 수준으로 절
감한다 하더라도, 민간 기술 개발에 들
어갈 1,000~1,500만 달러를 어디서 융
통할 것인지가 여전히 문제라는 얘기
였다. 반면 급진적 학생들은 기밀 군사
연구의 중단이 아니라 '축소'와 '다각
화'가 대안으로 제시된 것에 불만을 품
었고, 연구의 전면적 전환을 요구하고

1969년 11월에 발간된 보스턴의 급진 지하
신문 《올드 몰》의 표지. "MIT는 인류에 봉사하
는 과학과 사회 연구의 중심이 아니라, 미국이
라는 전쟁 기계의 일부"라고 선언하며 "MIT를
때려부수자!"라는 구호를 내걸고 있다.

나섰다. 11월 5일 새벽에 350명의 학생 시위대가 계측연구소 출입문을 가
로막고 피켓 시위를 벌였고, 이를 진압하려는 경찰 300명과 물리적으로
충돌해 상당수의 학생들이 체포되고 일부 부상자가 발생하기도 했다.[6]

이러한 일련의 사건들은 학내의 광범한 논의와 논쟁을 촉발했고, 일각
에서는 MIT 당국이 계측연구소 문제에 대해 결단을 내릴 것을 요구했다.
유체역학연구소의 애스처 샤피로는 전면적 전환이 현실적인 목표가 될

---

6 일명 '11월 행동(November Action)'으로 불렸던 당시 계측연구소 시위의 분위기는 MIT
미디어랩에서 제작한 짧은 영상을 통해서 확인할 수 있다. https://www.youtube.com/
watch?v=BPXAAsb0FoY 참조.

수 없다고 지적하며 대학과 연구소의 관계 단절만이 사태를 진정시킬 유일한 방법이라고 주장했다. 이에 대해 학생들은 특수연구소들을 MIT에서 내보내는 것은 오히려 군사 연구를 방임하는 무책임한 행동이라고 비판했지만, 결국 1970년 6월 1일에 계측연구소를 MIT에서 분리하기로 최종 결정이 내려졌다. 3년 후인 1973년 7월에, 계측연구소는 찰스 스타크 드레이퍼 연구소(Charles Stark Draper Laboratory, Inc.)라는 비영리 연구 회사로 새로운 첫걸음을 내디뎠고, 이내 MIT 캠퍼스에서 떨어진 곳으로 자리를 옮겼다. 독립 이후에도 드레이퍼는 계측연구소가 MIT로부터 '쫓겨난' 이유에 대해 좀처럼 납득하지 못하는 태도를 보였고, 이는 자신을 MIT에서 몰아내려고 경쟁 교수들이 꾸민 음모의 결과라고 주장했다.

| 스탠퍼드 |

MIT가 미국 동부의 대표적 국방연구 대학이었다면, 서부에는 역시 '서부의 펜타곤(Pentagon West)'으로 불리던 스탠퍼드대학이 있었다. 스탠퍼드도 MIT와 마찬가지로 비교적 늦은 시기까지 학내 시위가 그리 활발하지 않았고, 인근의 다른 대학들, 가령 캘리포니아대학 버클리 캠퍼스 같은 곳이 1960년대 초부터 자유언론운동의 중심으로 부각되었던 것과 대조를 이뤘다. 스탠퍼드에서 변화의 조짐이 보이기 시작한 것은 1966년 초의 일이었다. 몇몇 교수와 학생들이 캠퍼스 내에서 진행 중인 기밀 연구가 있는지 질의하자, 대학 당국이 스탠퍼드전자공학연구소(SEL)에서 CIA가 후원하는 전자통신 감시 연구를 8년간 해왔음을 시인한 것이다. 이에 5월 2일

50명의 학생과 교수들이 스탠퍼드 대학 본부 앞에서 피켓 시위를 벌였고, 대학 당국은 기밀연구 특별 소위원회를 꾸려 대학 내의 기밀연구 현황을 조사하게 했으나 별다른 문제점을 찾지 못했다며 활동을 종결하고 말았다.

스탠퍼드 내에서 군사 연구에 대한 반대가 부각된 것은 이듬해인 1967년 4월 4일 학생들이 운영하던 대안적 교육공간인 '더 익스페리먼트(The Experiment)'가 캠퍼스 내 '전쟁 연구'의 현황을 폭로하며 스탠퍼드대학과 이사회를 "전쟁

스탠퍼드 학생들이 운영하던 일종의 대안대학인 더 익스페리먼트. 1967년에 학내 군사연구 반대를 주도했다.

범죄 동조 혐의로 고발"하는 대규모 시위를 호소하면서부터였다.[7] 특히 급진적 학생들은 MIT의 특수연구소들과 비슷한 역할을 해온 스탠퍼드연구소(Stanford Research Institute, SRI)에 비난의 화살을 집중시켰다. SRI는 터먼이 공대 학장으로 부임한 직후인 1946년에 비영리 연구소로 설립된 곳으로, 처음에는 관련 산업체들과의 연구 계약을 통해 지역경제 성장에 이바지하고 스탠퍼드의 교육 목표 증진에도 보탬이 되겠다는 두 가지 목표

---

7 Stuart W. Leslie, *The Cold War and American Science: The Military-Industrial-Academic Complex at MIT and Stanford* (New York: Columbia University Press, 1993), pp. 242~243.

1969년 4월 9일 스탠퍼드 학생들이 학내 군사연구에 항의하며 응용전자공학연구소 건물 앞에서 집회를 열고(왼쪽) 연구소 건물의 점거에 나선 모습(오른쪽).

1969년 5월 16일 SRI 진입로에서 일어난 스탠퍼드 학생들의 항의 시위. 학생들은 최루탄을 쏘며 시위 해산에 나서는 진압 경찰에 맞서 교차로에 바리케이드를 치고 폐타이어를 태우며 격렬하게 저항했다.

를 내걸고 출범했다. SRI는 설립 초기에 외부 재원을 구하지 못해 대학이 지원한 60만 달러의 예산으로 적자 운영을 했으나, 군사 연구개발의 유치로 방향을 전환한 후부터는 연구 계약 수입이 200만 달러에서 1,000만 달러로 크게 증가했다. 1955년이 되면 수입의 절반이 국방 계약일 정도로 비중이 높아졌고, 10년 후인 1965년에는 그 비율이 78퍼센트로 더 높아졌다. SRI의 연구 주제는 그야말로 다양했는데, 베트남의 토지개혁, 태국의 게릴라 활동 감시, 화학무기(최루탄) 연구 등 제3세계와 관련된 것들이 많았다. 연구소의 규모는 갈수록 커져 1968년에는 연구원 1,500명, 연간 계약액 6,400만 달러로, 스탠퍼드대학의 나머지 전체와 맞먹는 정도까지 성장했다.

SRI에 대한 학생들의 문제제기는 더 익스페리먼트의 폭로 직후인 1967년 4월 17일, 학생들이 SRI 본부 건물 앞에서 반전 시위를 벌이며 본격화됐다. 총장 로버트 글레이저는 이 문제를 논의하기 위해 교수와 학생이 공동으로 참여하는 스탠퍼드-SRI 연구위원회를 소집했고, 연구소의 분리 독립, 연구 주제의 전환, 수익 추구 허용 등 다양한 대안들을 2년여에 걸쳐 논의했지만 뾰족한 결론을 내리지 못했다. 한동안 소강상태에 빠졌던 논의가 다시 불붙은 것은 3·4 행사 이후인 1969년 초의 일이었다. 학생들은 4·3 연합(April 3 Coalition)이라는 조직을 결성하고 대학 당국에 대해 SRI에 대한 엄격한 지침을 마련할 것, 모든 기밀 연구를 중단할 것, 화학무기 및 폭동 진압 연구를 중단할 것, 전쟁 연구에 대해 이사회를 소집할 것 등의 요구사항을 내걸었고, 4월 9일에는 대학 당국이 요구를 들어줄 때까지 응용전자공학연구소 건물을 점거하는 실력 행사에 나섰다. 이곳에서 9일간 벌인 농성이 경찰의 투입으로 해산되고 연구소 건물이 폐쇄되자, 학생들은 4월 18일에 스탠퍼드대학 역사상 가장 많은 인원인 8,000명이 참가한 대규모 야외 집회를 열고 4월 22일을 '우려의 날(Day of Concern)'로 선포하며 압박의 강도를 높였다. 결국 4월 24일에 대학 평의원회는 캠퍼스 내 기밀 연구를 금지하는 지침을 통과시켰고, 이어 5월 13일 대학 이사회에서 SRI의 제약 없는 분리 독립을 의결했다. 이사회의 결정은 이에 만족하지 못한 급진적 학생들의 격렬한 항의 시위를 촉발했지만, 대학이 자체 휴교에 들어가고 곧이어 여름방학이 시작되며 학생들은 공격 대상을 잃고 말았다. 스탠퍼드연구소는 이후 독립해 SRI 인터내셔널(SRI International)로 이름을 바꾸고 비영리 독립 법인으로 활동하기 시작했다.

스탠퍼드에서의 군사 연구 반대 시위에는 흥미로운 후일담이 있다. 그해 10월 캠퍼스로 돌아온 학생들은 대학의 존재 조건에 대한 반성을 담은 대안적 교육 실험의 일환으로 스탠퍼드정치사회문제워크숍(Stanford Workshops on Political and Social Issues, SWOPSI)을 매년 조직해 진행하기 시작했다. 첫해의 활동은 스탠퍼드의 후원 연구 현황을 조사하는 것이었고, 이를 위해 교수, 대학원생, 지원기구에 속한 군 장교 등 다양한 사람들을 인터뷰하고 계약 내용을 들여다보았다. 이러한 조사를 통해 학생들은 뜻밖의 사실을 깨닫게 되었다. 교수나 연구자들과 그들의 연구에 재정을 지원하는 국방부의 계약 담당자들 사이에 중대한 인식의 차이가 존재한다는 사실을 알게 되었던 것이다. 동일한 연구 프로젝트에 대해 교수나 연구자들은 이것이 자신들의 지적 호기심을 충족시키기 위한 기초연구라고 생각한 반면, 여기에 재정 지원을 하는 군 장교들은 이것이 군의 필요에 맞는 응용가능성을 갖춘 연구라고 여기고 있었다. 인터뷰에 응했던 군 장교 한 사람은 이러한 교훈을 다음과 같이 간명하게 요약했다. "기초연구란 마치 미인이 그렇듯, 제 눈에 안경이다."[8]

| 학내 시위의 쇠퇴 |

1960년대 말에 절정을 이뤘던, 베트남전 반대와 군사 연구 반대에 초점을 맞춘 대학 내 시위는 1970년을 정점으로 쇠퇴하기 시작했다. 앞서 본 것처럼, 일부 연구대학들은 학생들의 집중적인 공격 대상이 되었던 대표적 국방 연구소들을 분리, 독립시켜 더이상의 비판이 제기되는 것을 차단했다. 이해 4월 말에 닉슨 대통령은 미군이 베트남과 캄보디아 사이의 국경을 넘어 게릴라 소탕 작전을 벌이도록 허용함으로써 전쟁을 인도차이나 반도의 인접 국가까지 확대했는데, 이러한 조치는 미군 철수와 전쟁 종식을 기대하고 있던 미국 내 여론에 불을 질렀다. 5월 초에 대학 내 시위는 더욱 과격해지기 시작했고, 5월 4일 오하이오 주의 켄트 주립대학에서 교내 시위에 참가한 학생들이 주 방위군의 발포로 4명이 사망하고 9명이 부상하는 불상사가 발생했다. 이후 대학 내 시위는 다수의 학생들이 참여를 꺼리는 가운데 남은 소수는 훨씬 더 과격하고 폭력적인 양상을 보이는 쪽으로 점차 변질되었다. 그해 8월 24일에 위스콘신대학 매디슨 캠퍼스에서 육군수학연구센터(Army Mathematics Research Center)가 입주해 있던 스털링 홀에 이 대학의 학생 4명이 폭발물 테러를 감행해 지하층에 있

---

8 앞의 책, p. 248.

켄트 주립대학 총격 사건을 보도한 《뉴스위크》 1970년 5월 18일자 표지.

던 물리학 연구자 1명이 죽고 3명이 부상당한 사건은 이를 잘 보여준다. 1971년 이후 미국에서 베트남전 반대 운동은 이제 학생들이 아닌 퇴역 군인들이 주도하게 되었다.

3

군산학복합체에 나타난 변화

1960년대 말에 일어난 이러한 일련의 변화들은 대학에서 진행 중이던 군사 연구에, 더 나아가 군산학복합체의 양상에 어떤 영향을 미쳤을까? 가장 눈에 띄는 점은 대학 내에서 군대가 지원하는 연구의 비중이 하락했다는 것이다. 그러나 이런 결과를 빚어낸 원인은 복합적이었다. 먼저 그러한 연구의 후원자이자 수요자인 군대가 기초과학에 대해 품은 기대가 감소했다는 것이 중요했다. 국방부는 2차대전 이후 대학에 후하게 주어진 기초연구 지원이 국방에서 어떤 성과로 이어졌는지 평가하기 위해 1963년부터 하인드사이트 프로젝트(Project Hindsight)를 추진했는데, 1967년에 발표된 프로젝트 보고서는 뜻밖의 내용을 담고 있었다. 이에 따르면 지난 20여 년 동안 이뤄진 최신 군사무기의 혁신 중 과학에서 유래한 것은 9퍼센트에 불과했고, 나머지 91퍼센트는 기존 기술의 연장선상에서 도출된 것이었다. 더 충격적인 대목은 그러한 혁신 중 기초과학—보고서의 표현에 따르면 "방향이 지시되지 않은 과학(undirected science)"—에서 유래한 것이 0.3퍼센트에 그쳤다는 평가였다. 이는 버니바 부시의 보고서 이후 줄곧 당연시되어온, 기초과학의 발전에서 기술혁신으로 이어지는 연쇄적 고리가 의심받게 된 중요한 계기로 작용했다.[9]

또 하나의 원인은 대학 내에서의 군사 연구에 반대하는 대중적 움직임으로부터 압력을 받은 의회가 비군사 응용 연구를 강조하기 시작했고, 과학자와 엔지니어들 역시 유체역학연구소의 선구적 사례에서 본 것처럼 환경문제, 도시 하부구조, 공중보건 등과 같은 "사회적으로 관련된" 연구 주제들을 추구하기 시작했다는 것이다. 이러한 경향에 결정타로 작용한 것은 1969년 의회가 군수권법(Military Authorization Act)의 맨스필드 수정조항(Mansfield Amendments)을 통과시킨 것이었다. 이 조항은 향후 국방부의 자금을 "군대의 특정한 기능이나 작전에 직접적 내지 명시적 관계"가 있는 프로젝트에만 지출할 수 있다고 명시함으로써 군대의 자금을 민간 프로젝트 지원에 사용하는 것을 제한했다.[10] 이 조항 자체는 불과 1년 만에 군수권법에서 다시 빠졌지만 그 속에 담긴 정신은 이후에도 군대의 과학 연구 지원에 두고두고 영향을 미쳤다. 1970년대 전반기에 국방부가 대학의 기초연구에 지원하던 액수는 50퍼센트 이상 급감했고, 1960년에 대학의 전체 연구비의 3분의 1 이상을 차지하던 국방부 자금의 비중은 1975년이 되자 10분의 1 이하로 떨어졌다.

그러나 이러한 영향은 일부 연구대학들에서 첨예하게 나타났을 뿐, 군

---

9 미국과학원을 위시한 과학자 공동체는 이를 편향된 평가로 규정짓고, 트레이시스 프로젝트(Project TRACES)를 통해 같은 시기의 기술혁신 대부분에서 실제로는 기초연구가 중요한 역할을 담당했다는 정반대의 결론을 도출했으나, 이러한 주장은 크게 설득력을 발휘하지 못했다.

10 오드라 울프, 『냉전의 과학』(궁리, 2017), p. 214.

산복합체의 일부로 수행되는 군사 연구 자체에는 크게 영향을 미치지 못했다. 대학에 대한 지원 감소가 곧 무기 연구에 대한 연구개발 지출 감소를 의미한 것은 아니었기 때문이다. 그나마 대학으로 가는 군대의 자금은 이제 존스홉킨스대학처럼 군사 연구 시설의 학내 존치를 택한 기관에 집중되는 양상을 보였다(존스홉킨스대학은 학내의 압력에도 불구하고 응용물리 연구소를 끝까지 분리 독립시키지 않았다). 또한 연구대학들에서 분리되어 나온 드레이퍼 연구소와 SRI 인터내셔널의 경우에는 비판자들이 우려했던 바와 같이, 독립 이후 오히려 군사 연구에 대한 의존도가 커졌고, 학내에 미치는 영향력도 지속되었다. 일례로 드레이퍼 연구소의 경우 분리 독립 직후에는 일시적으로 수입의 감소 내지 정체를 겪었지만, 이후 해군의 트라이던트 미사일, 공군의 MX 미사일, NASA의 우주왕복선에 들어갈 관성유도 시스템 개발을 차례로 수주하면서 승승장구했다. 이 연구소는 1980년대 들어 레이건 행정부 시기의 국방 증강에서 직접 혜택을 받아 연간 연구계약 수입이 1973년 7,100만 달러였던 것이 1984년에는 2억 600만 달러로 크게 늘었다. 이렇게 늘어난 지원액 중에서 국방부가 차지하는 비중이 90퍼센트 이상이었고, 나머지는 NASA가 차지했을 정도로 자금원의 편중도 심했다. 드레이퍼 연구소는 독립 이후에도 드레이퍼 특별연구원(Draper Fellows) 제도를 통해 MIT의 대학원생들에 대한 지원을 이어갔고, 학부생들을 지원하는 프로그램과 세미나를 운영하기도 했다. 이 모든 상황은 1960년대 말 대학 캠퍼스를 들끓게 했던 군사 연구 반대운동이 결국에는 '찻잔 속의 태풍'에 지나지 않았던 것이 아닌가 하는 사후적 평가를 낳고 있다.

VI

세계화와
두 번째 상업화의 물결

1980~현재

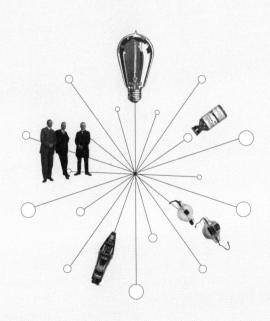

2차대전 이후 사반세기 동안 전성기를 누리던 정부(군대)의 과학 연구 지원은 1970년대 이후 변화하기 시작했다. 이 시기를 거치며 미국의 대학들은 기업을 연구개발의 새로운 파트너로 맞아들였다. 1980년을 경계로 해서 현재까지 과학 정책의 흐름을 규정짓는 단어를 단 하나만 꼽는다면 아마 그 단어는 '상업화(commercialization)'가 되어야 할 것이다.

  이미 살펴본 바와 같이, 그 배경에는 다양한 사건과 계기들이 자리잡고 있었다. 대학 내 구성원들의 군사 연구 반대가 이어지고 군 자체 평가로도 기초연구의 유용성에 의문이 커지자 군대는 대학 연구에 대한 지원을 축소하거나 선별적 지원을 하기 시작했고, 이는 연구대학들의 수입 감소로 이어졌다. 이와 함께 2차대전 이후에 태어난 베이비붐 세대의 대학 입학이 끝나 1975년을 정점으로 대학 신입생 수가 줄어들면서 대학들은 등록금 수입마저 감소하는 이중고를 겪게 되었다.

  여기에 엎친 데 덮친 격으로, 미국의 대학들은 1970년대 미국 사회가 경험하고 있던 경제성장 둔화(일명 '스태그플레이션')를 극복하는 데 더 많은 기여를 할 것을 요구받기 시작했다. 정책결정자들은 상대적으로 기초연구에 많은 투자를 하지 않았던 일본 제조업(자동차, 전자 등)의 경쟁력이

미국의 인구 1,000명당 출산아 수 그래프(1909~2009). 1946년부터 1964년까지 상대적으로 출산율이 높았던 기간을 흔히 베이비붐 시기라고 부른다.

미국을 따라잡고 심지어 앞지르는 것을 보면서, 그동안 기초연구 명목으로 많은 돈을 지원받은 미국의 대학들은 제조업의 기술 경쟁력 강화를 위해 무슨 일을 했는지 따져 묻기 시작했다. 요컨대 이 시기 미국의 대학들은 더 적은 재원에 기반해 예전에 미처 신경쓰지 않았던 더 많은 일을 수행하도록 요구받고 있었다. 때마침 이를 뒷받침하기 위한 법률적 환경도 마련되었다. 미 의회는 1980년에 바이-돌 법(Bayh-Dole Act)을 제정해 연방정부가 지원한 연구를 통해 얻어진 특허를 대학이 소유하고 활용할 수 있도록 허용했고, 그럼으로써 연구대학들이 보유한 자체 자산을 가지고 상업화에 나서도록 자극했다.[1] 이러한 경향을 가장 선구적으로 보여준 분

모두를 위한 테크노사이언스 강의

야가 바로 1970년대에 새로운 지식기반산업의 첨병으로 각광받기 시작한 유전공학이었다.

1   1980년 이전에도 미국의 연구대학들이 외부수탁 연구에서 나온 특허를 보유할 수는 있었지만, 이것이 허용되는지 여부는 건별로 별도의 협상을 거쳐야 했고, 특허사용 허가를 내주고 사용료를 받는 일을 외부의 특허관리 기관인 리서치 코퍼레이션(Research Corporation)에 의뢰하는 것이 보통이었다. 반면 법 통과 이후인 1990년경이 되면 대부분의 연구대학들이 자체 기술이전 조직을 설립하게 된다.

VI. 세계화와 두 번째 상업화의 물결

1

상업화 흐름의 시작:
유전공학의 사례[2]

    유전공학(genetic engineering)은 1970년대 초 개발된 DNA 재조합 기법을 이용해서 미생물, 식물, 동물의 유전적 변형을 통해 유용한 물질을 생산하거나, 가축과 작물을 개량하거나, 인간의 질병을 치료하는 것을 목표로 삼는 기술을 가리킨다. 이를 위해 시험관에서 서로 다른 종으로부터 얻은 DNA를 재조합하고, 이를 박테리아나 다른 생명체의 세포에 넣어 DNA를 복제하며, 그러한 DNA 암호를 다시 단백질이나 RNA 분자로 발현시키는 일련의 과정을 거치게 된다. 유전공학은 그 가능성이 제기된 직후부터 상업적 잠재력을 높게 평가받았으며, 이를 실현시키기 위한 생명공학 벤처회사의 설립이 줄을 이었다.

    유전공학은 1980년대 이후 본격화된 지식의 사유화 흐름을 이끈 첨병으로 평가받곤 한다. 대학교수가 직접 회사를 차리거나 제약회사와 제휴

---

2   이 절의 내용 중 일부는 김명진, 『20세기 기술의 문화사』(궁리, 2018)에서 가져왔다.

해 자신의 발견에 입각한 제품 개발에 나서면서 대학과 기업의 연계가 강화되었고,[3] 이러한 사업의 기반으로 특허 출원을 앞세우면서 생물학 분야에서 지적재산권이 기존의 공유문화를 대체하게 되었다. 여기에 더해 결과의 발표 방식에서도 동료심사를 거친 학술논문이 아니라 연구 결과에 대한 홍보를 겸해 기자회견이나 의회 청문회장이 활용되는 등 종래의 학술 문화에서 찾아볼 수 없었던 파격적인 모습을 보였다.

유전공학이 1970년대에 부상할 수 있었던 것에는 당대의 몇 가지 경제적·사회적 배경들이 작용했다. 먼저 1960년대 말 대학 캠퍼스들을 뒤덮었던 반전 시위대가 분자생물학 연구에도 중요한 영향을 미쳤다. 그들은 "죽음이 아닌 삶을 연구하라(Research Life, Not Death!)"와 같은 구호를 외치면서, 과학자들이 군사 연구 대신 사회적 책임 의식을 갖고 환경, 보건, 도시 문제 등 사회적 적절성을 갖는 연구에 나설 것을 촉구했다. 이와 맞물려 1971년 국가 암 대응법(National Cancer Act)이 제정되고 닉슨 대통령이 '암과의 전쟁(War on Cancer)'을 선포하면서 국립보건원(NIH)의 연구비 지원은 기존의 호기심 충족을 위한 유전자 기능 연구에서 암 치료와 직접 연관된 연구로 방향이 바뀌기 시작했고, 그나마도 1970년대 내내 예산 압박으로 답보 상태를 보였다. 이에 따라 과학자들 간의 연구비 확보 경쟁이 심해져 1970년대 중반에는 대학의 생명과학자들이 재정적 어려움을 호소하기 시작했다. 생의학 분야의 연구자가 NIH에 연구비를 신청했을

3　앞서 군산학복합체의 일부가 된 연구대학의 교수와 연구원들이 독립해 연구 성과에서 파생된 회사를 설립하는 경우를 살펴본 바 있다. 그러나 이러한 회사들 중 상당수는 군대를 사실상의 독점적 고객으로 삼았기 때문에 상업화와는 다소 거리가 있었고, 유전공학 분야에서는 대학교수들이 많은 경우 교수직을 유지하면서 벤처회사의 CEO를 겸직하는 경우가 많았다는 점에서 중요한 차이가 있었다.

때 지원을 받을 확률이 1960년에는 60퍼센트에 육박했던 반면, 1970년대 초에는 40퍼센트, 1980년에는 30퍼센트까지 떨어진 사실은 이를 잘 보여 준다. 또 하나 중요했던 요인은 연방 세제의 개편과 함께 벤처자본(venture capital)의 규모가 1975년 1,000만 달러에 불과했던 것이 1983년에는 45억 달러로 폭발적으로 성장했다는 사실이다. 이러한 요인들이 중첩되면서 1970년대 중반에 유전공학과 최초의 생명공학 벤처회사라고 할 만한 제넨테크(Genentech)의 출현을 위한 무대가 마련되었다.

| DNA 재조합 기법과 유전공학의 등장 |

DNA 재조합 기법의 시발점은 캘리포니아대학 샌프란시스코 캠퍼스의 분자유전학자 허버트 보이어와 스탠퍼드대학의 미생물학자 스탠리 코헨이 호눌룰루에서 열린 학회에서 첫 만남을 갖고 각자의 전문성을 결합해 새로운 실험을 시도하기로 의기투합한 1972년 11월로 거슬러 올라간다. 당시 보이어는 박테리아가 스스로를 보호하기 위해 외래 DNA를 조각내는 기능을 담당하는 제한효소(restriction enzyme)의 전문가였고, 코헨은 병원균 사이에서 항생제내성을 전달하는 매개로 여겨졌던 박테리아 내부의 작은 DNA 고리인 플라스미드(plasmid)에 관심이 많았다. 그들은 이듬해 3월에 동일한 제한효소로 인접한 박테리아 종에서 나온 두 개의 플라스미드를 잘라붙여 재조합 플라스미드를 만들고 이를 박테리아에 다시 집어넣어 복제하는 실험에 성공을 거뒀다. 앞서 스탠퍼드대학의 분자생물학자인 폴 버그가 비슷한 실험에 성공한 적이 있었지만, 보이어와 코헨의 실험은 실험 절차가 버그의 그것보다 훨씬 더 간단하다—심지어 고등학생도 쉽게 따라할 수 있을 정도로—는 결정적 장점을 갖고 있었다. 뒤이어 두 사람은 1973년 7월에 줄곧 염두에 두었던 추가 실험을 시도했다. 박테리아가 아니라 훨씬 더 고등한 생명체인 아프리카발톱개구리의 DNA를 집어넣은 재조합 플라스미드를 만들고 이것이 박테리아 속에서 복제되는지 살펴본 것이다. 이 실험 역시 놀라운 성공을 거뒀다. 두 사람의 실험은 박테리아가 고등 생명체의 복잡한 DNA를 읽고 발현시켜 인간에게 유용한 단백질을 생산하는 '살아 있는 공장'으로 기능할 가능성을 제시했다.

보이어와 코헨의 새로운 기법은 스탠퍼드대학의 특허사무 책임자 닐스 라이머스가 이 연구의 상업적 잠재력을 간파하고 DNA 재조합 기법에 대한 특허출원을 제안하면서 본격적인 상업화의 길로 접어들게 되었다. 오늘날에는 이것이 별반 새로워 보이지 않지만, 당시의 대학 생물학의 맥락에서는 무척이나 파격적인 움직임이었다. 당시까지 생물학은 물리학이나 화학과 달리 대체로 '순수'연구를 추구하는 것으로 여겨졌기 때문이다. 라이머스는 1974년에 코헨과 보이어의 동의를 얻어 캘리포니아대학과 공동으로 특허출원 절차에 돌입했다. 뒤이어 1975년에는 벤처자본가 로버트 스완슨이 보이어에게 DNA 재조합 기법에 기반을 둔 회사를 설립하자고 제안했고, 보이어가 이에 동의하면서 1976년 4월 최초의 생명공학 벤처회사라고 할 수 있는 제넨테크가 설립되었다. 이러한 일련의 움직임들에서 보이어와 코헨은 DNA 재조합 기법의 '발명가'로 여겨졌고, 이 기법은 새로운 돈벌이의 수단으로 부각되었다.[4] 제넨테크는 1977년 11월에 DNA 재조합 기법을 써서 인간 단백질 소마토스타틴 생산에 성공했다고

제넨테크의 공동 설립자인 분자생물학자 허버트 보이어(왼쪽)와 벤처자본가 로버트 스완슨.

발표했고, 이듬해 9월에는 대학에 속한 다른 과학자들—특히 하버드대학의 월터 길버트—과의 치열한 경쟁을 뚫고 인간 인슐린 유전자를 '조립'해낸 후 이를 박테리아에 집어넣어 인슐린 단백질을 생산하는 데 성공을 거두었다. 이는 '박테리아 공장'의 전망이 실제로 실현가능하다는 강력한 증거를 제공했다.

1980년은 유전공학과 상업화의 진전에서 그야말로 수문을 열어젖힌 여러 사건들이 일어난 해였다. 이 해 6월에 미 대법원은 다이아몬드 대 차크라바티 판결을 통해 GE 소속의 과학자 아난다 차크라바티에게 일명 '기름 먹는 박테리아'에 대한 특허권을 허용했다. 이는 살아 있는 생명체에 주어진 최초의 생명 특허였고, 이후 식물, 동물, 인간 유전자까지 확장된 생명특허 열풍의 서막을 이루었다. 뒤이어 12월에는 보이어와 코헨의 DNA 재조합 특허가 출원 후 6년 만에 뒤늦게 허용되었다. 특허 보유권

---

4   그러나 이는 과학계의 전통적인 공로 인정 문화로부터 벗어난 것으로, 동료 생물학자 사이에서 오히려 신망을 잃게 되는 결과를 초래했다. 그 때문에 1980년에 이와 관련된 연구에 노벨상이 주어질 때도 폴 버그는 상을 받은 반면, 좀 더 쉬우면서도 혁신적인 기법을 개발해낸 보이어와 코헨에게는 상이 주어지지 않았다.

자인 두 대학은 1997년 특허권 시한 만료시까지 이 특허 하나만으로 2억 5,000만 달러의 수입을 올렸다. 그리고 이보다 약간 앞선 그 해 10월에 제넨테크가 미국 증시에 상장되었다. 제넨테크의 주가는 개장 후 불과 몇 분 만에 35달러에서 89달러로 폭등했고, 연구 성공 발표 외에는 아직 시장에 내놓은 상품

대법원 앞에서 자신이 개발한 '기름 먹는 박테리아'에 대한 특허 증서를 들고 포즈를 취한 아난다 차크라바티. 대법원의 이 판결은 이후 생명특허 폭증의 시발점이 되었다.

도 없는 상황에서 몇 시간 만에 3,850만 달러의 자본을 조달하는 데 성공을 거뒀다. 창업주인 보이어와 스완슨은 각각 500달러씩 내놓은 초기 투자금에 대해 6,000만 달러의 수익을 기록했다. 이는 1980년대 이후의 열광적 유전공학 열풍의 시발점이 되었다.

상업적으로 출시된 최초의 유전공학 제품은 유전자변형 인슐린이었다. 제넨테크는 인슐린 유전자 재조합과 관련된 특허의 독점 사용권을 거대 제약회사 일라이 릴리(Eli Lilly)에게 넘겼고, 일라이 릴리는 1979년 유전자변형 인슐린에 대한 동물실험과 임상시험을 시작해 1982년 10월부터 상업적 생산 과정에 돌입했다. 생명공학 벤처회사는 연구개발과 특허 출원을 담당하고 대형 제약회사는 이렇게 개발된 신약의 임상시험과 생산 및 판매를 담당하는 이러한 역할분담은 하나의 사업 모델을 확립했고, 이후 우후죽순처럼 등장한 벤처회사들에게도 영향을 미쳤다. 시터스(Cetus), 지넥스(Genex), 바이오젠(Biogen), 암젠(Amgen), 카이런(Chiron) 등

307

새롭게 생겨난 회사들은 인슐린 이후 가장 유망한 과제로 부각된 인간성장호르몬, 인터페론, 에리스로포이에틴(빈혈 치료제), tPA(혈전 용해제) 등을 놓고 맹렬한 연구 경쟁을 벌여 상업화에 성공을 거뒀다. 1984년까지 생명공학 분야에 대한 월 가의 누적 투자액은 무려 30억 달러에 달했다.

유전공학의 성공은 과학자들에게 커다란 경제적 기회도 가져왔지만, 아울러 전통적인 과학의 가치와 새로운 상업화의 가치 사이의 긴장과 갈등도 아울러 제시했다. 제넨테크의 운영 과정에서 캘리포니아대학 교수인 보이어와 그 밑의 대학원생, 민간 기업인 제넨테크와 그 직원들은 어지럽고 복잡다단한 방식으로 뒤얽혀 있었고, 과학계 일각에서는 돈벌이라는 목표가 학문 연구의 가치와 목표를 침식하는 데 대한 우려를 표명하기도 했다. 보이어는 불편부당한 진리를 좇는 과학자인가, 수익 추구를 지상명제로 삼는 기업인인가? 보이어 아래에서 학위과정을 밟으면서 제넨테크를 위해 실험을 하고 급여를 받는 대학원생들은 학생인가, 회사원인가? 제넨테크에 실험실 설비를 대여하고 그로부터 간접비 수입을 얻는 캘리포니아대학은 학문의 전당인가, 돈벌이를 위한 공간인가? 이 모든 질문들에 대한 답변은 간단히 얻어질 수 없었고, 이후에도 두고두고 문제를 야기했다.

이와 함께 대학 연구의 상업화가 특허 같은 지적재산권의 활용을 필수요소로 삼음으로써 비밀주의를 조장하고, 자유롭고 개방적인 탐구를 저해하며, 생의학의 '타락'을 불러올 거라는 우려도 제기됐다. 그러나 생명공학 벤처회사에 참여한 과학자들은 당시 재정 압박 하에서 연구비 확보 경쟁에 시달리고 있던 대학 환경보다 민간 부문에서 오히려 더 많은 개방성과 자유를 발견했고, 인근에 있는 실리콘밸리의 느긋한 기업 문화로부

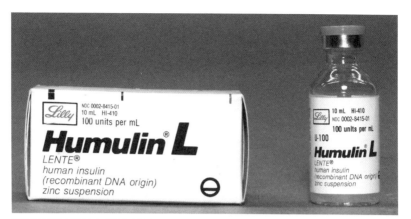

제넨테크의 특허에 따라 제약회사 일라이 릴리가 개발, 생산한 DNA 재조합 인슐린 약제 휴물린.

터 영향을 받은 회사의 초기 분위기도 이를 뒷받침했다. 불행히도 이처럼 자유분방한 문화는 그리 오래가지 못했고, 생명공학 벤처회사들이 초기에 '손쉽게' 거둔 성공 이후 금전적·문화적 위기를 겪으면서 회사 내 분위기가 점차 경직되었다. 이러한 회사들은 1990년대 이후 제약회사로 탈바꿈하거나 거대 제약회사에 의해 인수되어 대기업의 연구개발 담당 자회사로 변신하게 된다.

2

상업화 시대의 산업연구:
산업연구소에서 외주화와 세계화로

유전공학 분야가 선구적으로 보여준 변화는 1980년대 이후 과학 분야 전반으로 확산되었다. 미국의 경우 1960년대 초만 해도 전체 연구개발비 중 연방정부가 지원하는 액수가 3분의 2를 넘었지만, 1960년대 말부터 이른바 '지식기반 산업' 분야들을 중심으로 기업의 연구개발 투자액이 급증하며 격차가 빠르게 좁혀져 1980년에는 연방정부와 기업의 지원액이 거의 같아졌고, 이후에는 기업이 연방정부의 투자액을 앞질렀다. 1980년대에는 신냉전기를 맞아 레이건 행정부가 군비 지출을 대대적으로 늘리면서 격차가 크게 벌어지지 않았지만, 냉전 종식 이후 급격하게 차이가 벌어져 닷컴 버블이 터지기 직전인 1999년에는 미국 전체 연구개발비의 3분의 2를 이제는 기업이 부담하게 되었다. 이러한 경향은 2000년대 이후로도 이어지고 있고, 2010년대 들어서는 오히려 격차가 더욱 벌어지는 모양새이다.

이러한 기업의 대대적 연구개발 투자는 어떤 양상으로 이뤄졌을까? 얼

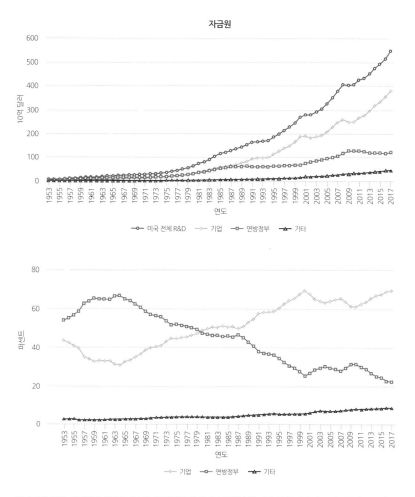

자금원

한국전쟁 이후 현재까지 미국 R&D의 자금원별 변천 추이(위쪽)와 자금원에 따른 상대적 비율(아래쪽). 대략 1980년을 경계로 해서 연방정부와 기업의 지원 비중이 역전되었음을 볼 수 있다.

른 떠오르는 것이 앞서 다뤘던 20세기 초 미국의 대표적 연구개발 제도인 산업연구소이다. 여기서 20세기 말 산업연구소가 어떤 일을 겪었는지 서술하기 전에 먼저 이 기관이 냉전기 동안 어떤 변화를 겪었는지를 잠시 배경으로 살펴볼 필요가 있다. 20세기 초에 미국의 산업연구소들은 새로운 과학지식의 추구와 획기적 제품 개발이라는 두 가지 과제를 동시에 추구하는 어려운 과제를 아슬아슬하게 유지해나갔고, 그럼으로써 모기업에 엄청난 경제적 수익을 안겨주는—그리고 해당 연구자에게는 때로 노벨상을 안겨주는—연구개발을 진행할 수 있었다. 그러나 냉전 초기에 군사 R&D가 폭증하면서 산업연구소에도 연방정부의 지원이 증가했고, 버니바 부시의 보고서가 미친 영향으로 기초연구가 중시되는 경향이 나타났으며, 모기업과 연구소 사이의 관계는 상대적으로 소원해지는 결과가 빚어졌다.

이러한 경향은 1960년대 중반 이후 기초연구의 성과에 대한 실망감이 커지면서 점차 퇴조했고, 산업연구소들에서는 연구 현장에 주어졌던 자

R&D 자금 원천 (부문별)	연방정부	산업체	대학	그 외 비정부기구	합계
1953년 자금 지원					
연방정부	1,010	1,430	260	60	2,760
산업체		2,200	20	20	2,240
대학			120	—	120
그 외 비정부기구			20	20	40
합계	1,010	3,630	420	100	5,160
1963년 자금 지원					
연방정부	2,400	7,340	1,300	300	11,340
산업체		5,380	65	120	5,565
대학			260	—	260
그 외 비정부기구			75	110	185
합계	2,400	12,720	1,700	530	17,350

미국 R&D 수행 주체(부문별). 1953년에서 1963년 사이에 산업체가 수행한 R&D 중 연방정부 자금 지원의 비중이 상승한 것을 볼 수 있다. 냉전 초기에 산업연구소들이 자체 연구비보다 외부 자금에 크게 의존하게 되면서 모기업과의 관계는 점차 소원해졌다. (단위: 백만 달러)

율성이 축소되고, 기초·장기 연구에서 단기 연구로, 연구의 주도권이 개별 과학자에서 부서장으로, 다시 최고경영자로 이동하는 모습이 나타났다. 하지만 한번 멀어진 모기업과 연구소의 관계는 좀처럼 회복되지 못했고, 1980년대 말부터는 반자율적 단위로 유지되던 기업 부설 연구소들에 대한 지원이 줄어들고, 더 나아가 모기업에서 분리, 독립되는 흐름이 집중적으로 이어졌다. 일부 관찰자들이 "연구 대학살"로 묘사했던 이러한 흐름 속에서 20세기를 주름잡았던 유수의 산업연구소들이 차례로 된서리를 맞았다.[5] 20세기를 빛낸 대표적 산업연구소 중 하나로 여섯 명의 노벨상 수상자를 배출했던 AT&T의 벨 연구소는 1989년부터 규모가 축소되기 시작했고, 1996년에 루슨트 테크놀로지(Lucent Technologies, Inc., 나중에 프랑스 회사인 알카텔[Alcatel]과 합병)의 일부로 분사되어 알카텔-루슨트 벨 연구소가 되었다가, 2015년 휴대전화 회사인 노키아(Nokia)가 이를 사들이면서 다시 노키아 벨 연구소로 간판을 바꿔 걸었다. 역시 통신회사인 RCA 산하의 사노프 연구소는 스탠퍼드에서 분리된 비영리 연구 회사 SRI 인터내셔널에 매각되었다가 1987년에 사노프 사(Sarnoff Corporation)로 독립했다. 웨스팅하우스 산하의 피츠버그 연구소는 인력 감축 이후 독일 회사인 지멘스(Siemens)에 매각되었고, 유에스 스틸(U.S. Steel)이나 걸프 셰브론(Gulf Chevron) 같은 철강, 석유 회사들은 아예 연구 부문을 폐지해버렸다. 1960년대 중반에 회사 순이익의 50퍼센트를 연구개발비에 지출했을 정도로 대표적인 첨단기술 기업이었던 컴퓨터업계의 거두 IBM은

5　필립 미라우스키·에스더-미리엄 센트, 「과학의 상업화와 STS의 대응」, 에드워드 해킷 외 엮음, 『과학기술학 편람 4』(아카넷, 2021), p. 67.

1995년까지 연구 예산의 3분의 1을 감축했고, 요크타운 하이츠 연구소는 문을 닫았으며, 취리히 연구소는 별도의 법인으로 분사시켰다.

얼른 보기에 상당히 극단적인 것처럼 보이는 이러한 변화들이 왜 1980년대 들어 미국 산업계를 휩쓸게 되었을까? 이유는 20세기 초 미국 기업들이 앞다퉈 산업연구소를 설립했던 이유를 거꾸로 뒤집어놓은 것과 비슷하다. 우선 1970년대를 덮친 오일쇼크와 경제 불황 속에서 미국의 기업들은 일본과 독일 기업들에 비해 경쟁력 약화를 경험하게 되었고, 그 이유를 비대한 미국 기업의 복합적 구조에서 찾았다. 이에 따라 기업 내부의 다부문화가 후퇴하고, 연구개발부터 생산, 마케팅에 이르는 전 과정을 사내에서 관리하는 수직적 통합도 약화되면서, 기업 내에서 필수적인 기능을 담당하지 않는 조직을 축소하거나 분리시키는 움직임이 나타났다. 이것이 가능했던 또 하나의 이유는 레이건 행정부 시기에 신자유주의(시장지상주의)가 득세하면서 반독점 정책도 약화되었고, 그럼으로써 고정비용을 소모하는 연구개발 조직을 사내에 두어야 할 또 하나의 이유가 사라져버렸다는 데 있었다.

그렇다면 1970년대 이전에 비해 획기적으로 늘어난 기업의 연구개발 투자는 이 시기 들어 어디로 향했던 것일까? 1980년대 이후 기업 연구에서는 외주(outsourcing)의 관행이 점차 확산되면서, 점점 더 많은 연구가 자금을 대는 기업의 테두리 바깥에서 수행되기 시작했다. 이는 다시 두 가지 방향으로 나타났다. 먼저 유전공학의 사례에서 선구적으로 나타난 것처럼, 대학이 기업 후원의 연구수행 주체가 되는 일이 잦아졌다. 여기에는 기업의 연구개발 의뢰를 유치하거나 대학교수들의 창업을 장려하기 위해 대학 인근에 생겨난 연구공원(research park)도 포함된다. 이러한 변화

는 대학과 기업의 이해관계가 맞아
떨어져 나타났다. 대학은 연방정부
의 연구비 지원 축소 내지 정체를
보충할 새로운 자금원을 필요로 한
반면, 기업은 고정비용을 지출하지
않고 연구개발 수행을 맡길 수 있
는 외부의 공간을 필요로 했기 때
문이다. 그 결과 1980년대 이후 대
학과 기업 연구자들의 공동 연구가
차지하는 비중이 크게 높아졌고,
이러한 경향은 생의학 분야에서 가
장 눈에 띄게 나타났다.

제3세계를 상대로 자행되는 비윤리적 임상시험
의 실태를 폭로, 고발하는 영화 〈콘스탄트 가드너〉
(2005)의 포스터.

아울러 수탁 연구를 전문적으로
수행하는 연구 목적 기업들이 연구개발을 대행하는 경우도 많아졌다. 이
러한 경향을 가장 뚜렷하게 볼 수 있는 곳이 바로 제약 분야이다. 이 분야
에서는 일명 '계약연구기업(contract research organization, CRO)'이 이전까지
제약회사들과 대형 병원들이 담당했던 신약의 임상시험을 넘겨받아 수행
하게 되었다. CRO는 종종 영리 추구를 목적으로 하는 기업으로, 정해진
계약 금액으로 최대의 수익을 올리기 위해 임상시험에 드는 비용을 감소
시키려는 노력을 기울이는 것이 보통이었다. 이 과정에서 임상시험은 미
국 등 선진국을 벗어나 동유럽, 남아시아, 아프리카처럼 임상시험 참가자
들에 대한 금전적 보상이 적고 소송의 위협이 낮으며 관련 규제가 약한 지
역으로 이동했고, 현지에서 관련 업무를 또 다른 CRO에 재차 하청을 주

는 경우도 나타났다. 이러한 현실은 신약 임상시험의 객관성과 신뢰성을 떨어뜨리는 것은 물론이고, 임상시험 피험자들의 기본적 인권을 침해하는 결과로 나타나 비판을 받고 있다.

이러한 해외 임상시험 사례에서 보듯, 기업의 연구개발 투자가 해외로 향하며 세계화되는 경향도 나타나고 있다. 이러한 경향은 제약, 전자, 컴퓨터 소프트웨어, 원격통신 등의 분야에서 주로 찾아볼 수 있는데, 연구용역을 연구원들의 임금이 낮고 안전 규제가 약한 국가들로 이전함으로써 이른바 규제 차익(regulatory arbitrage)을 추구하는 경향이 나타나고 있다. 이는 1990년대 중반 이후 나타난 두 가지 요인에 힘입은 바 크다. 하나는 해저 광케이블망과 인터넷의 발달로 통신위성 시대와는 비교도 할 수 없을 정도의 저비용 실시간 커뮤니케이션이 가능해졌다는 점이고, 다른 하나는 1995년 세계무역기구(WTO) 출범과 함께 체결된 무역관련 지적재산권에 관한 협정(TRIPs)을 통해 지적재산권 체계가 지구 전체 차원에서 표준화된 형태로 적용가능하게 되었다는 점이다. 이러한 요인들 덕분에 기업의 연구개발은 외주화와 세계화의 경향을 점차 강하게 띠고 있다.

3

상업화 시대의 거대과학:
초전도 슈퍼콜라이더와 인간유전체프로젝트

1980년대 이후의 상업화는 20세기 테크노사이언스의 중요한 축을 이뤘던 산업연구소의 상대적 쇠락과 변모라는 결과를 낳았다. 그렇다면 동일한 변화가 냉전 시기에 정부(군대)의 연구개발 지원 폭증으로 가능해진 거대과학이라는 현상에는 어떤 영향을 미쳤을까? 앞서 여러 차례 소개한 바 있는 미국의 원로 과학사가 대니얼 케블레스는 이 질문에 대해 흥미로우면서도 복합적인 답변을 내놓았다. 탈냉전 시기에 연구개발 지원의 중심축이 정부에서 기업으로 넘어가면서 '어떤' 거대과학은 종말을 고한 반면, '다른' 거대과학은 오히려 더 번창하고 활기를 띠게 되었다는 것이다. 케블레스는 냉전이 막바지로 치닫던 1980년대 말에 거의 동시에 시작해 1990년대에 나란히 진행된 두 개의 거대과학 프로젝트, 초전도 슈퍼콜라이더(Superconducting Super Collider, SSC)와 인간유전체프로젝트(Human Genome Project, HGP)의 엇갈린 운명을 통해 이 점을 보여주고자 한다.

317

IV장에서 본 것처럼, 냉전 시기 미국은 국가 안보와 국제적 위신 유지를 위해 거대한 입자가속기 건설을 지원했고, 그 덕분에 고에너지물리학은 물리학 내에서 상대적으로 전공자가 적은 분야임에도 크게 발전할 수 있었다. 이처럼 승승장구하던 미국의 물리학계에 1980년대 초 소련이 아닌 유럽이 새로운 경쟁자로 부상했다. 1983년 유럽입자물리연구소(CERN)가 물리학의 표준 모델에서 예측된 세 가지 입자(Z0, W+, W-)를 세계 최초로 발견했다고 발표한 것이다. 당시 세계에서 가장 큰 입자가속기는 미국의 페르미랩에 있던 테바트론이었지만, 유럽 물리학자들은 그보다 더 작은 가속기를 가지고도 획기적인 발견을 해낸 것이었다. 이는 세계 제일을 자부해온 미국 물리학계의 자존심을 크게 구긴 사건이었다. 이후 미국의 물리학자들은 표준 모델에서 마지막 남은 최대의 과제인 힉스 입자(Higgs boson)의 검출을 위해 테바트론보다 훨씬 더 큰 초거대 입자가속기 건설을 요구하고 나섰다.

논의의 발단은 페르미랩 소장이자 노벨상 수상자인 물리학자 리언 레더먼이 1982년에 열린 기자회견에서 초전도 자석을 이용한 국제적 입자가속기를 미국 땅에 건설할 것을 제안하면서부터였다. 초전도 슈퍼콜라이더(SSC)로 이름 붙여진 거대 입자가속기 건설은 1983년 CERN의 발표 이후 미국의 과학적 우위를 되찾겠다는 명분 하에 본격적으로 추진되기 시작했다. 1985년에 물리학자 셸던 글래쇼와 레더먼은 잡지《피직스 투데이Physics Today》에 기고한 「SSC: 90년대를 위한 기계」라는 글에서 다음과 같은 주장을 펼쳤는데, 이는 당시 미국 물리학자들의 속내를 솔직하게 드러내고 있다.

우리는 물론 과학자로서 해외의 동료 과학자들이 이뤄낸 훌륭한 업적에 기뻐해야 한다. 다만 우려스러운 것은 SSC가 1990년대에 제공할 기회를 포기한다면, 단지 우리나라의 과학뿐 아니라 국가적 자존심과 기술적 자기확신이라는 폭넓은 문제에서도 손실을 입게 될 거라는 점이다. 우리가 어렸을 때는 미국이 대부분의 것들에서 최고였다. 다시 한번 그렇게 되어야 한다.[6]

건설 계획의 세부사항은 1986년 로런스 버클리 연구소에서 제시했다. 이 계획안에 따르면 SSC는 둘레가 83킬로미터로 대략 30억 달러의 비용을 들여 1990년대 초에 완성될 예정이었고, 최고 출력은 40TeV(당시 CERN이 달성한 최고 출력의 60배)에 도달할 것으로 예상되었다. 이 기계는 고에너지물리학자들이 희망하던 근본적 수준의 물리계 탐구를 가능케 할 뿐 아니라 새로운 세대의 물리학자를 양성하고 컴퓨터 기술의 발전을 자극하며 새로운 의학적 응용을 가능케 할 거라는 기대를 받았다. 1987년에 이 계획을 레이건 대통령이 승인하고 1989년 의회가 예산 지원을 하기로 결정하면서 SSC 프로젝트는 1990년에 공식적으로 첫삽을 뜨게 되었다. 검토 과정에서 SSC의 예산 규모는 대통령 승인 시점에서 44억 달러, 의회의 지원 결정 시점에 59억 달러로 뛰어올랐다.

그러나 이러한 성공은 오래가지 못했다. 앞서 페르미랩 건설 당시에도

---

6 David Cassidy, *A Short History of Physics in the American Century* (Cambridge, MA: Harvard University Press, 2011), pp. 159~160.

1993년 SSC 건설이 중단된 후 텍사스 주 워서해치의 건설 부지
에 남은 길이 23킬로미터의 지하 터널.

그랬던 것처럼, 연구 지원이 한쪽으로 지나치게 쏠리는 것에 대해 물리학
내의 다른 분야 연구자들(대표적으로 존 슈리퍼와 필립 앤더슨)이 불만을 토
로했고, 착공 직전인 1989년에 설계 변경을 통해 건설비가 82억 5,000만
달러로 대폭 상향 조정되자 반감과 우려는 더욱 커졌다. SSC는 애초 국제
프로젝트로 의도되었지만 미국 정부 이외의 다른 자금원을 국외에서 탐색
하려는 시도는 별반 성공을 거두지 못했는데, 이 프로젝트가 미국의 자존
심을 살리기 위한 것임이 강조되면서 외부 자금 유치에 적극성이 결여된
것이 중요한 요인 중 하나였다. 1993년에 예상 건설비가 110억 달러로 다
시 치솟자 예산 압박을 견디지 못한 신임 빌 클린턴 대통령은 프로젝트 기
간을 3년 연장한다고 발표했고, 그해 가을에 하원 의회 표결에서 차기년도
의 SSC 건설비 전액이 삭감되면서 프로젝트는 종말을 고했다. 이러한 결과

는 냉전이 끝난 이후 미국의 연구개발 우선순위가 기초연구에서 전략적·목표지향적 연구로 중심이 옮겨진 것과 무관하지 않다. 국가적 위신 확보에 기대어 구체적 실익을 따지기 어려운 냉전 스타일의 거대 물리학 연구는 1990년대의 변화한 환경 속에서 더이상 설 자리를 찾을 수 없었다.

| 인간유전체프로젝트 |

SSC가 거대 물리학 프로젝트의 실패 사례라면, HGP는 거대 생물학 프로젝트의 성공 사례라고 할 수 있다. HGP는 인간의 유전 정보를 구성하는 염색체 속의 DNA 염기서열 전체(30억 개)를 알아내려는 계획으로, 그 기술적 단초는 1970년대 영국의 프레더릭 생어가 개척한 DNA 서열분석 기법으로 거슬러 올라갈 수 있다. 생어는 끈기 있는 수작업을 통해 바이러스를 구성하는 5,000개의 염기서열 전체(AGCT…)를 4년에 걸쳐 알아내는 데 성공을 거뒀고, 이로써 두 번째 노벨 화학상을 수상했다. 1980년대 중반에 칼텍의 생물학자 르로이 후드가 이끄는 연구팀은 생어가 수작업으로 했던 일을 마치 전자 판독기로 바코드를 읽듯 자동으로 해낼 수 있는 DNA 서열분석기를 개발해냈고, 이는 어플라이드 바이오시스템스(Applied Biosystems)라는 회사를 통해 상업화되었다.

질병과 연관된 몇몇 유전자가 아니라 인간의 유전정보 전체를 이루는 유전체(genome)의 염기서열을 모두 해독하자는 계획이 처음 제안된 것은 1984년의 일이었다. 당시 캘리포니아대학 산타크루즈 캠퍼스의 총장직을 맡고 있던 생물학자 로버트 신샤이머는 자기 대학에 대형 프로젝트

DNA의 방사선 사진을 들고 있는 영국의 생화학자 프레더릭 생어. 그는 1958년과 1980년 두 차례에 걸쳐 노벨 화학상을 수상했다.

를 끌어오기 위한 방편으로 이를 제안했지만, 별다른 호응을 얻지는 못했다. 이후 1986년 3월에 미국 에너지부(Department of Energy)의 보건환경국장을 맡고 있던 물리학자 찰스 델리시가 로스앨러모스에서 워크숍을 열고 이러한 아이디어를 공식화했다. 에너지부는 1974년 원자에너지위원회(AEC)가 해체되고 나서 그것의 연구개발 기능을 이어받아 새롭게 만들어진 부처로서, 방사생물학에서 오랜 연구 경험을 축적하고 있었고, 냉전 이후를 대비해 연구 프로그램의 다각화를 추구하던 중이었다. 워크숍에 참여한 하버드대학의 생물학자 월터 길버트는 인간 유전체에 대한 서열해독을 옹호하며 이를 '성배(Holy Grail)'에 비유했고, 염기 1쌍을 해독하는 데 1달러의 비용이 든다고 가정해 전체 프로젝트 비용을 30억 달러로 추산했다.

프로젝트의 초기 추진과정은 그리 순탄하지 못했다. 생물학 분야는 물리학과 달리 거대과학 프로젝트의 경험이 없었고, 많은 생물학자들은 인간의 유전체 전체 해독을 목표로 하는 프로젝트가 불필요하게 낭비적이고, 생물학 분야의 관료화를 불러올 것이며, 소규모 연구들로 돌아갈 연구비를 빼앗아갈 거라고 비판의 목소리를 냈다. 그러나 1988년 2월에 출간된 국가연구위원회(NRC)의 보고서가 이 프로젝트를 긍정적으로 평가하자, 생의학 연구에 대한 지원을 주로 담당하는 기관인 미국 국립보건

모두를 위한 테크노사이언스 강의

원(NIH)이 뒤늦게 개입했다. NIH는 DNA 이중나선 구조의 공동 발견자인 콜드스프링 하버 연구소장 제임스 왓슨을 프로젝트 책임자로 끌어들였고(출범 직후 분자유전학자 프랜시스 콜린스로 교체됐다), 의회의 예산을 얻어 1990년 에너지부와 국립보건원의 공동 프로젝트로 인간유전체프로젝트가 출범했다. 프로젝트에 소요될 기간은 15년으로 상정되었다. 공식적으로 HGP는 여러 나라들에 속한 연구소들이 책임을 나눠 맡아 참여하는 국제 프로젝트였고, 특히 영국은 웰컴 재단(Wellcome Trust)의 후원으로 1992년 선충 연구자 존 설스턴이 프로젝트 책임자를 맡은 생어 센터(Sanger Centre)가 설립돼 미국과 함께 가장 큰 역할을 담당하게 됐다.

HGP는 공공 프로젝트로 시작했지만, 출범 후 이내 상업적 기획과의 경쟁에 직면했다. 프로젝트에 참여한 일부 연구자들이 해독된 염기서열의 특허출원을 허용해야 한다고 주장하며 NIH와 웰컴 재단의 공식 입장에 반기를 들고 나선 것이다. 이로 인한 내부 논쟁은 1996년 프로젝트에서 얻어진 일명 '버뮤다 원칙'에 의거해 모든 데이터는 즉시 인터넷을 통해 공개해야 한다는 데 합의가 이뤄지며 일단락되었다. 그러나 이에 불만을 품은 연구자들은 프로젝트를 떠났고, 특히 NIH 연구자였던 크레이그 벤터는 1998년 어플라이드 바이오시스템스의 후원을 얻어 셀레라 지노믹스(Celera Genomics)라는 회사를 설립한 후 공공 프로젝트와의 경쟁 의사를 드러냈다. 벤터는 자신이 완전히 새로운 서열해독 기법을 이용해 공공 프로젝트보다 훨씬 더 빨리 1~2년 내에 서열해독을 마칠 것이며, 해독한 유전자 중 200~300개에 대해 특허를 출원해 비용을 충당할 거라고 선언했다. 공공 프로젝트에 속한 과학자들은 벤터의 이러한 행동에 크게 분개했고, NIH와 웰컴 재단이 증액한 예산을 가지고 역시 어플라이드 바이

323

1990년대의 인간 유전체 해독 과정에서 상업화에 반대하는 입장과 찬성하는 입장을 각각 대변했던 생물학자 존 설스턴(왼쪽)과 크레이그 벤터(오른쪽).

오시스템스의 자동 서열해독기를 대거 사들여 서열해독에 박차를 가하기 시작했다. 1999년은 공공과 민간의 경쟁이 절정에 달했던 시점으로, 언론에서도 이를 '경주(race)'로 그려내며 큰 관심을 보였다.

일견 소모적인 이러한 경쟁은 미국의 클린턴 대통령이 중재에 나서며 종식되었다. HGP와 셀레라 측은 2000년 6월 26일에 미국과 영국에서 동시에 열리는 공동 기자회견을 통해 완성된 유전체 '초안(working draft)'을 발표하는 데 합의했고, 이는 곧 '경주'가 승자 없이 끝났음을 의미했다. 양측은 이듬해 2월《네이처》와《사이언스》에 각각 자신들의 연구 결과를 담은 논문을 발표했고, 2003년에는 초안을 더 가다듬어 유전체 해독 '완성본'을 공개함으로써 프로젝트를 공식적으로 마무리지었다. 흥미로운 점은 인간유전체프로젝트가 애초 예정했던 기간보다 훨씬 짧은 기간(10년)에 더 적은 비용(20억 달러)을 들여 완결되었다는 사실이다. 이것이 가능했던 이유 중 하나는 HGP가 그저 기초연구로 그치지 않고 유전체 염기서

모두를 위한 테크노사이언스 강의

2001년 2월 셀레라 지노믹스와 인간유전체프로젝트의 DNA 서열해독 결과를 각각 실은 《사이언스》와 《네이처》의 표지.

열 특허를 통해 유전병의 진단 및 치료법으로 이어질 가능성이 제기되며 민간 부문과의 경쟁이 불붙었기 때문이었다.[7] 앞서 설명한 SSC의 사례와 비교해보면, 이는 상업화 시대에 접어든 오늘날에는 설사 정부가 지원하는 거대과학 프로젝트라 하더라도 수익을 추구하는 민간 부문과의 관계 속에서 그것의 성패 여부가 좌우될 수 있음을 말해주고 있다.

---

7   일례로 생명공학 회사 미리어드 지네틱스(Myriad Genetics)는 인간의 유방암 및 난소암 발병 확률을 높이는 BRCA1과 BRCA2 유전자에 대한 특허를 출원하고 이에 기반한 진단 검사법을 독점적으로 상업화함으로써 엄청난 수익을 거뒀다. 2013년 미국 대법원은 해당 유전자에 대한 특허를 취소해 생명공학계에 다시금 큰 파문을 일으켰다.

VII

결어

**테크노사이언스의 역사에서
무엇을 배울 것인가?**

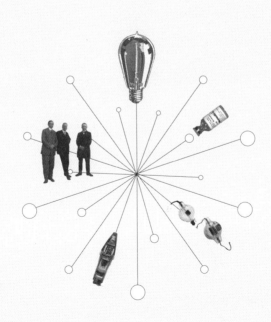

지금까지 대략 1890년대부터 현재까지에 이르는 테크노사이언스의 역사를 미국을 중심으로 대략 세 개의 시기로 나눠 서술해보았다. 이를 간단히 요약해보면 다음과 같다.

　먼저 19세기 말에서 2차대전 이전까지 미국의 대학(과학자들)은 대체로 과학 그 자체를 위한 과학, 연구자의 호기심 충족을 위한 과학이라는 순수과학의 이데올로기에 물들어 있었다. 이 시기에 연구개발을 주도했던 것은 19세기 말 이후 전기, 화학, 석유 등 과학기반 산업 분야들이 부상하면서 거대화되고 영향력이 커진 대기업이었다. 대기업들은 20세기 초부터 시장을 통제하고 불확실성을 줄이며 외부 경쟁을 억제하기 위한 수단으로 산업연구소라는 새로운 잡종적 조직(지식과 상품을 동시에 생산하는)을 탄생시켰고, 많은 급여와 연구 지원을 미끼로 대학의 과학자들을 유혹해서 궁극적으로 제품 개발로 이어질 연구개발 업무에 종사하게 했다. 산업연구소의 제도적 성공은 순수과학 이데올로기를 완전히 넘어서지는 못했지만, 새로운 잡종적 정체성을 가진 '산업체 과학자'라는 새로운 과학자집단을 출현시켰다. 이 시기의 연구개발에서 정부의 역할은 몇몇 예외적인 경우를 제외하면 미미하게만 나타났다.

이어진 냉전 시기는 정부가 연구개발 지원에서 주도적인 역할을 자임하고 나선 시기였다. 이러한 변화는 앞선 시기에 있었던 두 차례의 세계대전에서 과학 연구가 전쟁의 성패에 중요한 역할을 하기 시작한 결과로 나타났다. 1차대전 때 독일은 프리츠 하버의 질소고정 암모니아 합성법을 이용해 폭약과 비료를 생산했고, 서부전선의 교착상태를 돌파하기 위해 화학무기를 개발했으며, 해상에서는 유보트로 연합군의 해상보급선을 공격했다. 이후 영국, 프랑스, 미국 등이 이를 따라하거나 대응 무기를 개발하면서 1차대전은 '화학자의 전쟁'이 되었다. 반면 훨씬 더 규모가 크고 파괴적이었던 2차대전에서는 교전 각국이 초기부터 과학자들을 동원해 이뤄낸 레이다, 원자폭탄, 페니실린, 암호해독, 오퍼레이션 리서치 등의 성과들이 사실상 전쟁의 성패를 좌지우지할 정도로 그 중요성이 커졌다. 흔히 '물리학자의 전쟁'으로 알려진 2차대전은 앞선 1차대전과 달리 전쟁 이후까지 과학자, 정부, 산업체 사이의 관계에 중요한 영향을 미치게 되었다.

이 시기에는 미국과 소련 사이의 냉전이 긴장을 더해감에 따라 2차대전 시기의 군사적 연구개발 지원이 오히려 규모를 더욱 확대해 계속 유지되었다. 대학의 기초연구에 대해 후하게 지원이 이뤄졌고 정부가 지원, 운영하는 국립연구소들도 여럿 설립되었는데(여기에는 2차대전기에 시작된, 해당 연구기관에 대한 풍족한 간접비 지원이 포함되었다), 이러한 지원의 배경에는 2차대전기의 군사 연구의 성과를 등에 업은 버니바 부시의 보고서 「과학, 그 끝없는 프런티어」가 중요한 역할을 했다. 그러나 이처럼 대학연구의 상대적 자율성과 독립성이 강조된 이면에는, 냉전기의 군사적 필요로 인해 과학자들이 평화시임에도 계속 정부와 군대를 위해 동원되는 이른바 과학의 영구동원 현상이 있었다. 아울러 이 시기는 2차대전 때 그

맹아가 생겨난 대학-산업체-군대 사이의 역할분담과 지원관계가 공고화되면서 1961년 아이젠하워 대통령이 퇴임 연설에서 그 문제점을 경고한 군산복합체가 사회적 영향력을 더욱 키워갔던 시기이기도 했다. 국가 안보(때로는 국가적 위신)라는 절대적 요구 하에 전자공학, 항공공학, 고에너지물리학, 방사생물학, 기상학 등 특정 분야들이 집중적인 지원을 받았고, 몇몇 연구대학들은 이러한 활동에 너무나 매몰된 나머지 도저히 기초과학 연구로 볼 수 없는 사실상의 무기 개발 활동을 수행하기도 했다. 이 시기에 산업연구소는 사내 제품개발 기관보다는 오히려 대학과 마찬가지로 정부의 연구비 지원을 받는 외부연구 수탁기관에 가까운 곳으로 변모했고, 그러면서 모기업인 산업체와 부설기관인 산업연구소가 서로 단절되고 거리가 멀어지는 역설적인 현상을 낳았다.

이러한 냉전 시기의 특징은 1980년 전후를 경계로 오늘날 우리가 경험하고 있는 상업화의 방향으로 변모하게 된다. 이러한 변화에는 1960년대를 거치며 대학에서 베트남전 반대와 군사 연구 반대운동이 격화되어 과학자의 사회적 책임이 강조되고, 냉전의 긴장이 일시적으로 완화된 '데탕트'를 맞아 정부가 (대학의) 군사 연구에 대한 지원을 줄인 것이 중요한 배경으로 작용했다. 아울러 1970년대 이후 유전공학 같은 새로운 지식기반 산업들이 급부상하면서 기업들이 연구개발에서 다시금 주도권을 행사하기 시작한 것도 중요했다. 흥미로운 것은 이 시기에 기업 연구개발의 증가가 기존의 산업연구소를 확충하는 형태로 이뤄진 것이 아니라 대학 등 외부 기관에 대한 연구 '외주화'를 늘리는 형태로 나타났다는 사실이다. 1980년대 이후 기업의 사내연구소는 오히려 대대적으로 축소, 감원, 매각, 분리되는 일명 '연구 대학살'의 시기를 맞았고, 대학은 냉전 종식 이후 연구개발 지원이 정체된 정부를 대신해 기업을 새로운 연구개발의 주요 파트너로 맞이하게 되었다.

• • •

결국 오늘날 우리가 무심코 사용하는 테크노사이언스라는 용어 속에는 단순히 과학 더하기 기술이라는 지시적 의미뿐 아니라, 이처럼 20세기 전체를 가로지르는 과학 조직 체제의 변화와 그 속에서 대학, 정부, 기업이라는 세 행위자가 거시적 사회변동에 따라 맡아온 역할의 변화가 놓여 있다고 할 수 있다. 그렇다면 20세기 테크노사이언스의 역사를 살펴보는 것이 21세기 초를 살아가는 우리에게 던져주는 '교훈'은 어떤 것일까? 이를 앞서 다뤘던 각각의 시기로부터 하나씩 살펴보도록 하자.

먼저 이 책에서 가장 많은 비중을 차지하는 냉전 시기는 테크노사이언스의 다양한 분야들이 어떻게 현재와 같은 모습을 갖게 되었는지, 또 과학자들은 어떻게 오늘날과 같은 존재 양태를 띠게 되었는지를 이해하는 데 가장 많은 단서를 제공한다. 일례로 냉전 시기에 가장 크게 수혜를 본 분야 중 하나가 물리학이다. 미국의 물리학계는 한편으로 원자폭탄 개발의 공로를 인정받아 고에너지물리학이, 다른 한편으로 미사일이나 우주선에 탑재할 소형의 전자 소자 개발을 위해 응집물질물리학이 직·간접적 지원을 받으면서 냉전 초기에 급성장했고, 물리학자들은 국가 안보에 필수적인 일종의 '전략 물자'로서 집중적인 양성의 대상이 되었다.

흥미로운 점은 냉전 시기를 거치며 과학계에 진입한 많은 과학자들이 점차 정부에 의한 기초연구 지원을 일종의 당연한 '권리'로 여기게 되었

332

다는 사실이다. 이러한 인식은 오늘날까지도 과학자들의 사고방식을 상당부분 지배하고 있으며, 과학자들이 정부의 과학 연구 지원에 대해 토로하는 불평들에도 종종 반영되곤 한다. 그러나 사실 기초연구에 대한 정부 지원은 오늘날의 관점에서 보면 상당히 낡은 조립라인식 혁신 모델(과학→기술→사회로 이어지는)에 의해 정당화된 것으로, 2차대전 시기 과학의 전시 기여와 전후 높아진 과학자(특히 물리학자)의 위상이라는 맥락 속에 놓아야 비로소 제대로 이해할 수 있다. 1960년대 이후 기초연구에 대한 실망이 커지고 냉전의 긴장이 완화되면서 과학계는 이전과 다른 상황에 처하게 되었고, 이처럼 변화한 상황을 제대로 직시할 때에만 기초연구에 대한 새로운 사회적 합의가 가능할 것으로 보인다.

아울러 이 책의 논의는 현시대의 테크노사이언스를 특징짓고 있는 상업화의 흐름을 좀 더 깊이있게 이해하는 데도 도움을 줄 수 있다. 오늘날 과학 연구의 상업화를 비판하는 사람들은 종종 1980년대 이후의 경향을 공공성과 순수성에 기반한 상아탑으로서의 대학 캠퍼스를 급습한 일종의 침입자 같은 것으로 종종 그려내곤 한다. 그러나 이는 앞선 냉전 시기의 대학과 과학 연구에 대한 피상적 이해에 기대고 있을 뿐 아니라, 20세기 전반기에 이미 있었던 '첫 번째' 상업화의 흐름을 간과한다는 점에서 한계를 안고 있다. 필립 미라우스키 같은 경제학자는 20세기 과학 연구 체제의 역사를 개관하면서 이 기간 전체가 기업이 연구개발에서 주도권을 갖고 있었던 시기였고, 정부의 연구개발 지원이 우위를 점했던 냉전 시기의 30여 년간은 전반적 경향으로부터의 일탈에 가까웠다고 설명하는데, 이처럼 조금은 이단적인 견해를 곧이곧대로 받아들이지 않더라도 최근의 상업화를 조금은 다른 시각에서 바라보는 것이 얼마든지 가능하다.[1] 가령 지금의 상업화는 냉전 시기에 만들어진 여러 가지 제도적 틀과 그것에 대한 사상적·실천적 반발 위에서 그러한 특성을 부분적으로 각인한 결과물이라는 점도 염두에 두어야 한다.

마지막으로 이러한 논의를 통해 산업연구소라는 연구개발 조직을 새롭게 바라보는 시각을 얻을 수 있다. 과학사에서는 20세기 전반기를 상대성이론, 양자역학, 핵과학, 유전학에서의 혁명적인 이론적 통찰들이 처음 등장했던 시기로 종종 기억하곤 하지만, 사실 그 시기는 국가 연구개발비의 80퍼센트 이상을 기업들이 지출하며 산업연구소라는 새로운 조직을 통해 과학과 산업 사이의 제도적 연계를 처음 만들어낸 시기이기도 했다. 산업연구소는 과학사 연구를 위한 자료 접근상의 제약 때문에 현재까지도 충분히 연구되지 못한 주제이지만, 희망컨대 이러한 상황은 앞으로 개선될 필요가 있다. 오늘날 우리는 진정한 혁신이 토머스 에디슨, 니콜라 테슬라, 스티브 잡스, 일론 머스크 같은 개인 혁신가들의 몫이라고 생각하는 경우가 여전히 많다. 이런 시각에서는 대기업 부설로 존재하며 수백, 수천 명의 연구원들이 협동 연구를 하는 공간은 진정 세상을 바꾸는 창조성과 거리가 멀어 보인다. 그러나 우리가 20세기 과학사를 테크노사이언스의 관점에서 다시 본다면, 이런 시각 역시 적어도 부분적으로 바뀌어야 할 것이다.

---

1 과학기술학(STS)의 관점에서 20세기 말 이후 과학 연구의 상업화를 바라보는 새로운 시각으로는 Mark Peter Jones, "Entrepreneurial Science: The Rules of the Game." *Social Studies of Science*, 39:6 (2009); Alice Lam, "From 'Ivory Tower Traditionalists' to 'Entrepreneurial Scientists'?: Academic Scientists in Fuzzy University-Industry Boundaries." *Social Studies of Science*, 40:2 (2010); Juha Tuunainen and Tarja Knuuttila, "Intermingling Academic and Business Activities." *Science, Technology, and Human Values*, 34:6 (2009) 등을 참고하라.

그림 및 표 출전

17쪽 https://www.historytoday.com/sites/default/files/2_Uni.jpg

https://img.wikioo.org/ADC/Art-ImgScreen-2.nsf/O/A-8BWLNE/$FILE/
Joseph_wright_of_derby-an_iron_forge.Jpg

18쪽 https://en.wikipedia.org/wiki/File:Chicago_world%27s_fair,_a_century_of_
progress,_expo_poster,_1933,_2.jpg

20쪽 https://media.springernature.com/original/springer-static/image/chp%3A1
0.1007%2F978-3-030-31125-4_26/MediaObjects/473913_1_En_26_Fig1_
HTML.png

22쪽 https://commons.wikimedia.org/wiki/File:Bruno_Latour_in_Taiwan_P1250394_
(cropped).jpg

https://commons.wikimedia.org/wiki/File:Donna_Haraway_2016.png

24쪽 https://images-na.ssl-images-amazon.com/images/I/41UCkeG3jNL.jpg

33쪽 https://commons.wikimedia.org/wiki/File:Justus_von_Liebigs_Labor,_1840.jpg

34쪽 https://hips.hearstapps.com/hmg-prod.s3.amazonaws.com/images/rws2015-
06374-copy-1592317150.jpg

35쪽 https://64.media.tumblr.com/a0ea47522fcff5f87ffc373b547eadcc/tumblr_
n1bdx6f3o51sjg84qo1_1280.jpg

37쪽 https://commons.wikimedia.org/wiki/File:Thomas_Edison_c1882.jpg

https://www.history.com/.image/c_limit%2Ccs_srgb%2Cq_auto:good%2Cw_
700/MTcxMzkxNzl1MTY2NjY3NDQz/alexander-graham-bell-gettyimages-
898044278.webp

https://commons.wikimedia.org/wiki/File:Tesla_circa_1890.jpeg

https://en.wikipedia.org/wiki/File:Orville_Wright_1905-crop.jpg

https://en.wikipedia.org/wiki/File:Wilbur_Wright-crop.jpg

38쪽 http://edison.rutgers.edu/yearofinno/nov13/MPup.jpg

40쪽 https://jscholarship.library.jhu.edu/bitstream/handle/1774.2/58532/jhu_coll-0002_04122.jpg

50쪽 https://lh3.googleusercontent.com/w38CfFlRZP0swyzjfxv7KHzcZM1z80FMH-QYPw_DQDsy1injOwJ30eQWGdXpHHHrig=s1200

https://lh3.googleusercontent.com/shUJt3g2jlWyVoQtPA4tW2Ah-eVNBxvwjSA67Lt5GW354j3VHQqB0H3g1DArZya7XA=s1200

52쪽 https://lh3.googleusercontent.com/NggmQfHSYwxtffFzOc0GfEW0bFUrlo2FFqeRg1sPtBmY562NS1unWlZLGCDAtQNV=s1200

53쪽 George Wise, *Willis R. Whitney, General Electric, and the Origins of U.S. Industrial Research* (New York: Columbia University Press, 1985) p. 127.

54쪽 https://lh3.googleusercontent.com/tbVMHCfuBOOA7NABbphw3zHoNB6oKZcFObqfByvlhK304XQPlVev2Z06bO9NRdJaHA=s1200

George Wise, *Willis R. Whitney, General Electric, and the Origins of U.S. Industrial Research* (New York: Columbia University Press, 1985) p. 200.

56쪽 George Wise, *Willis R. Whitney, General Electric, and the Origins of U.S. Industrial Research* (New York: Columbia University Press, 1985) p. 246.

57쪽 https://commons.wikimedia.org/wiki/File:Mazda_1917.jpg

60쪽 https://hdl.huntington.org/digital/iiif/p16003coll4/3062/full/full/0/default.jpg

61, 62쪽 http://player.slideplayer.com/download/5/1485232/gEQy682jP2aR7971nl0vxg/1636916213/1485232.ppt

63쪽 https://commons.wikimedia.org/wiki/File:Bell_Laboratories_West_Street.jpg

64쪽 https://commons.wikimedia.org/wiki/File:Bardeen_Shockley_Brattain_1948.JPG

65쪽 https://p1.liveauctioneers.com/385/105126/53834670_1_x.jpg

68쪽 https://thumbs.worthpoint.com/zoom/images2/1/0817/06/vintage-dupont-experimental-station_1_88795bde9601387dc7be879bc560a045.jpg

69쪽 https://www.sciencehistory.org/sites/default/files/styles/rte_full_width/public/withneoprene-profile_0.jpg

70쪽 https://image.glamourdaze.com/2017/06/women-demonstrating-nylon-stockings-at-the-1939-San-Francisco-Golden-Gate-International-Expo.jpg

71쪽 https://live.staticflickr.com/2484/3770572341_12e9201519_b.jpg

84쪽 https://cdn.prod.www.spiegel.de/images/2f845675-0001-0004-0000-000000651189_w1528_r1.3843283582089552_fpx36.12_fpy50.jpg

85쪽 https://62e528761d0685343e1c-f3d1b99a743ffa4142d9d7f1978d9686.ssl.cf2.rackcdn.com/files/138502/area14mp/image-20160920-12448-g4nfo4.png

86쪽 https://cdn.prod.www.spiegel.de/images/3844ef06-0001-0004-0000-000000651191_w1528_r1.4445993031358886_fpx62.28_fpy49.97.jpg

https://commons.wikimedia.org/wiki/File:Flanders_WWI_gas_attack.jpg

88쪽 https://en.wikipedia.org/wiki/File:Australian_infantry_small_box_respirators_Ypres_1917.jpg

89쪽 https://digital.sciencehistory.org/works/rx913q529/viewer/xs55mc45f

90쪽 https://en.wikipedia.org/wiki/File:Sargent,_John_Singer_(RA)_-_Gassed_-_Google_Art_Project.jpg

92쪽 https://www.nps.gov/articles/images/25_5.jpg

94쪽 https://hdl.huntington.org/digital/collection/p15150coll2/id/852/

95쪽 https://commons.wikimedia.org/wiki/File:%22Defeat_the_Kaiser_and_his_U-Boats._Victory_depends_on_which_fails_at_first,_food_or_frightfulness._Eat_less_wheat.%22_-_NARA_-_512538.jpg

96쪽 https://c.files.bbci.co.uk/1118E/production/_112403007_c0360820-hydrophone_submarine_detection_world_war_i.jpg

99쪽 https://blog.klassik-stiftung.de/wp-content/uploads/2014/10/1.jpg

102쪽 https://commons.wikimedia.org/wiki/File:NACA_seal_(cropped).png

106쪽 https://cnx.org/resources/25e14c1906e84d4efe0d39a967f0bd70f5d36e64/graphics2.jpg

109쪽 https://www.telegraph.co.uk/content/dam/Travel/2018/April/kent-denge-mirrors-front.jpg

111쪽 https://commons.wikimedia.org/wiki/File:Chain_Home_radar_installation_at_Poling,_Sussex,_1945._CH15173.jpg

112쪽   Robert Buderi, *The Invention that Changed the World: How a Small Group of Radio Engineers Won the Second World War and Launched a Technological Revolution* (New York: Touchstone, 1996), p. 79.

113쪽   https://commons.wikimedia.org/wiki/File:The_Operations_Room_at_RAF_ Fighter_Command%27s_No._10_Group_Headquarters,_Rudloe_Manor_(RAF_ Box),_Wiltshire,_showing_WAAF_plotters_and_duty_officers_at_work,_1943._ CH11887.jpg

114쪽   https://siarchives.si.edu/sites/default/files/SIA2008-1453.jpg

116, 117쪽   Robert Buderi, *The Invention that Changed the World: How a Small Group of Radio Engineers Won the Second World War and Launched a Technological Revolution* (New York: Touchstone, 1996), p. 50.

118쪽   https://commons.wikimedia.org/wiki/File:Exterior_view_of_SCR-584.jpg

119쪽   https://i.redd.it/dz3ggdyr62iy.jpg

121쪽   https://onlinelibrary.wiley.com/doi/full/10.1002/andp.201400805

123쪽   https://pbs.twimg.com/media/EBDLcLOXoAl3iz9?format=jpg&name=large

125쪽   https://commons.wikimedia.org/wiki/File:Clinton_Engineer_Works.png

https://archinect.imgix.net/uploads/zk/zk56eolfhq2ku2no.jpg

126쪽   https://cdn11.bigcommerce.com/s-yshlhd/images/stencil/1280x1280/ products/22475/167336/full.fatmanandlittleboy_3452__76165.1591109028. jpg

131쪽   https://collectionimages.npg.org.uk/large/mw49545/Patrick-Blackett.jpg

132쪽   https://media.defense.gov/2018/Apr/22/2001906798/-1/-1/0/180422-F- FN604-014.JPG

135쪽   http://bbadaking.speedgabia.com/img/20170227_02.jpg

136쪽   https://www.sciencemuseum.org.uk/sites/default/files/styles/embedded_ image/public/2021-02/oxford-team.jpg

139쪽   https://coimages.sciencemuseumgroup.org.uk/images/142/large_1976_ 0628.jpg

https://coimages.sciencemuseumgroup.org.uk/images/535/large_1986_ 1116_0001_.jpg

140쪽   https://static01.nyt.com/images/2021/05/02/magazine/02mag-longevity-

11/02mag-longevity-11-mobileMasterAt3x.jpg

141쪽 https://www.nlm.nih.gov/exhibition/fromdnatobeer/img/exhibition-OB6953-lg.jpg

https://arc-anglerfish-washpost-prod-washpost.s3.amazonaws.com/public/5WVWJ7ERPAI6VEZCUKPHL374SM.jpg

142쪽 http://img.timeinc.net/time/magazine/archive/covers/1944/1101440515_400.jpg

151쪽 https://commons.wikimedia.org/wiki/File:Bacher,_Lilienthal,_Pike,_Waymack_and_Strauss.jpg

153쪽 https://repository.aip.org/islandora/object/nbla%3A315723/datastream/OBJ/view

155쪽 https://www.atomicarchive.com/history/hydrogen-bomb/img/joe-1.jpg

156쪽 https://www.atomicheritage.org/sites/default/files/ID%20Photo%20of%20Klaus%20Fuchs_0.jpg

158쪽 https://uploads-ssl.webflow.com/5fa59418f129b3877929877d/6026de2e06ca1e6aa216786a_p4-img-10.jpg

159쪽 http://img.timeinc.net/time/magazine/archive/covers/1948/1101481108_400.jpg

http://img.timeinc.net/time/magazine/archive/covers/1954/1101540614_400.jpg

162, 165쪽 Alison Kraft, "Manhattan Transfer: Lethal Radiation, Bone Marrow Transplantation, and the Birth of Stem Cell Biology, ca. 1942-1961," *Historical Studies in the Natural Sciences*, 39:2 (2009): 187, 191, 193.

172쪽 Paul N. Edwards, *The Closed World: Computers and the Politics of Discourse in Cold War America* (Cambridge, MA: MIT Press, 1996), p. 53.

174쪽 https://books.max-nova.com/content/images/2017/08/science-endless-frontier-2.jpg

176쪽 http://4.bp.blogspot.com/_0ZFCv_xbfPo/THPOs93ftGl/AAAAAAAAAl8/nv76_mdq2gU/s1600/BRinNature.jpg

180쪽 https://www.nsf.gov/about/history/images/nsb_1951_h.jpg

181쪽 Margaret B. W. Graham, "Industrial Research in the Age of Big Science,"

Research on Technological Innovation, Management, and Policy, vol. 2 (1985), p. 55.

185쪽 John Cloud, "Introduction," *Social Studies of Science*, Vol. 33, No. 5 (2003): 630.

187쪽 https://www.nature.com/articles/030174a0.pdf

188쪽 Kai-Henrik Barth, "Science and Politics in Early Nuclear Test Ban Negotiations," *Physics Today* 51:3 (1998): 35.

190쪽 Bryan Isacks, Jack Oliver, Lynn R. Sykes, "Seismology and the New Global Tectonics," *Journal of Geophysical Research*, Vol. 73, No. 18 (September 15, 1968): 5881.

191쪽 https://d3i71xaburhd42.cloudfront.net/0ffda49397ac719f2cfa5808aabd3bc7 9faa6613/7-Figure1-1.png

194쪽 https://albert.ias.edu/bitstream/handle/20.500.12111/3502/0.jpg

196쪽 https://www.sciencefriday.com/wp-content/uploads/2015/12/03IL_BV_VS_ with_freezer.jpg

198쪽 https://live.staticflickr.com/2602/3936202548_4ff3c4709c_b.jpg

199쪽 Kristine C. Harper, *Make It Rain: State Control of the Atmosphere in Twentieth-Century America* (Chicago: University of Chicago Press, 2017), p. 224.

201쪽 Jacob Darwin Hamblin, "The Navy's "Sophisticated" Pursuit of Science: Undersea Warfare, the Limits of Internationalism, and the Utility of Basic Research, 1945 – 1956," *Isis*, 93:1 (2002), 7.

203쪽 https://ntrl.ntis.gov/NTRL/dashboard/searchResults/titleDetail/ADA800012. xhtml

204쪽 Jacob Darwin Hamblin, "The Navy's "Sophisticated" Pursuit of Science: Undersea Warfare, the Limits of Internationalism, and the Utility of Basic Research, 1945 – 1956," *Isis*, 93:1 (2002), pp. 12, 22.

211쪽 https://img.apmcdn.org/e94d2959d25a15e27f3c6123d08521b3662be835/ square/5936bd-20110119-eisenhower-farewell-address.jpg

214쪽 https://ethw.org/File:0292_-_Dugald_Jackson.jpg

217쪽 https://collections.mitmuseum.org/object2/?id=GCP-00026520

218쪽 https://images.computerhistory.org/revonline/images/500004907-03-01.

jpg?w=600

221쪽 https://collections.mitmuseum.org/object2/?id=GCP-00012273

225쪽 https://collections.mitmuseum.org/object2/?id=GCP-00011286

https://collections.mitmuseum.org/object2/?id=GCP-00006433

227쪽 David Kaiser (ed.), *Becoming MIT: Moments of Decision* (Cambridge, MA: MIT Press, 2010), p. 106.

231쪽 https://searchworks.stanford.edu/view/wx328pv0563

233쪽 https://searchworks.stanford.edu/view/wf609dr7891

235쪽 https://www.chipsetc.com/uploads/1/2/4/4/1244189/fairchild-semiconductor-founders-1957_orig.jpg

238쪽 https://searchworks.stanford.edu/view/xf813hh7508

243쪽 오드라 울프, 『냉전의 과학』(궁리, 2017), p. 107.

246쪽 https://commons.wikimedia.org/wiki/File:Cyclotron_patent.png

247쪽 https://commons.wikimedia.org/wiki/File:27-inch_cyclotron.jpg

249쪽 https://en.wikipedia.org/wiki/File:60-inch_cyclotron,_c_1930s._This_shows_the_(9660569583).jpg

https://live.staticflickr.com/3379/3523813272_87a3099dc0_b.jpg

251쪽 https://commons.wikimedia.org/wiki/File:Y-12_Calutron_Alpha_racetrack.jpg

252쪽 https://cdn10.picryl.com/photo/2014/12/31/wide-angle-shot-of-the-bevatron-patent-release-661962-photograph-taken-february-718007-1600.jpg

255쪽 https://www6.slac.stanford.edu/files/styles/wysiwyg_original/public/4994045009_a3ee8d008f_o.jpg

256쪽 https://commons.wikimedia.org/wiki/File:Fermilab.jpg

259, 263쪽 David Kaiser, "Booms, Busts, and the World of Ideas: Enrollment Pressures and the Challenge of Specialization," *Osiris* vol. 27 (2012): 299, 278.

265쪽 https://en.wikipedia.org/wiki/File:Paul_Forman,_HSS_2007.jpg

https://commons.wikimedia.org/wiki/File:Daniel_J._Kevles,_HSS_2007.jpg

273쪽 https://news.climate.columbia.edu/wp-content/uploads/2020/04/earth-day-1970.jpg

274쪽 https://i.ytimg.com/vi/WNUlOUlMeo/maxresdefault.jpg

276쪽 https://commons.wikimedia.org/wiki/File:Nike_Zeus_system_illustration.jpg

281쪽 https://edan.si.edu/slideshow/viewer/?eadrefid=NMAH.AC.0473_ref14

https://www.ucsusa.org/sites/default/files/styles/original/public/2019-09/
ucs-history-march-4.jpg

284쪽 https://www.digitalcommonwealth.org/search/commonwealth:gh93j409x

285쪽 https://images.squarespace-cdn.com/content/v1/5756fc3e3c44d8f0d395b5
4a/1476033448758-VGB4KDGOE8N9HDCIS952/OLD+MOLE.jpg

287쪽 https://news.stanford.edu/wp-content/uploads/2017/07/05_Love50_QUAD_
vol74_experiment.jpg

289쪽 https://searchworks.stanford.edu/view/rm436yx3237

https://searchworks.stanford.edu/view/dc894jm4983

https://searchworks.stanford.edu/view/sq741kr0678

292쪽 https://cdn.britannica.com/29/194729-050-04E709B6/Cover-Newsweek-
magazine-shootings-Kent-State-May-18-1970.jpg

300쪽 https://commons.wikimedia.org/wiki/File:US_Birth_Rates.svg

306쪽 https://www.gene.com/assets/frontend/img/content/about-us/leadership/
inline_founders.jpg

307쪽 https://pbs.twimg.com/media/EdEDBCbWoAA_YzD?format=jpg

309쪽 https://ids.si.edu/ids/deliveryService?id=NMAH-AHB2012q06328

311쪽 https://ncses.nsf.gov/pubs/nsb20203/assets/recent-trends-in-u-s-r-d-
performance/figures/nsb20203-fig04-001.png

https://ncses.nsf.gov/pubs/nsb20203/assets/recent-trends-in-u-s-r-d-
performance/figures/nsb20203-fig04-004.png

312쪽 Margaret B. W. Graham, "Industrial Research in the Age of Big Science,"
Research on Technological Innovation, Management, and Policy, vol. 2 (1985),
p. 56.

315쪽 https://m.media-amazon.com/images/M/MV5BOWZkODhIZjQtMzdiYi00MDg
2LTgxZDItN2IxMDZhMWE0MDdmXkEyXkFqcGdeQXVyMTQxNzMzNDI@._V1_.
jpg

320쪽 https://www.science.org/cms/10.1126/science.aad9865/asset/9bb35d5b-
9a0d-4c86-8dc6-c7ef83865446/assets/graphic/351_130_f2.jpeg

322쪽 https://www.yourgenome.org/sites/default/files/images/photos/Sanger_
laboratory.jpg

324쪽 https://royalsocietypublishing.org/cms/asset/337c60b5-966d-47cd-bb58-
11ecdb1c4e87/rsbm20190014f13.gif

https://www.statnews.com/wp-content/uploads/2015/11/VenterCraig_
AP.jpg

325쪽 https://pbs.twimg.com/media/Dbo4wZ5VwAAo6xv?format=jpg

참고문헌

일반

· 20세기 테크노사이언스의 흐름을 전반적으로 담고 있고 이 책을 쓰면서 가장 많이
참고한 문헌은 다음의 네 권이다. Jon Agar, *Science in the Twentieth Century and Beyond*
(Cambridge: Polity, 2012); David Cassidy, *A Short History of Physics in the American Century*
(Cambridge, MA: Harvard University Press, 2011); 오드라 울프, 『냉전의 과학』(궁리,
2017); David F. Channell, *A History of Technoscience: Erasing the Boundaries between Science
and Technology* (London: Routledge, 2017). 특히 존 에이거의 책은 애초에 내가 이 주제
에 관한 강의를 하기로 마음먹게 된 계기를 제공했고, 오드라 울프의 책은 강의 진행
과정에서 수강생들에게 읽히기 위해 우리말로 번역해 출간까지 하게 되었다. 데이비드
채널의 책은 그 제목이나 내용에서 이 책의 문제의식과 가장 직접적으로 맞닿아 있지
만, 시기적으로 늦게 출간되는 바람에 집필 과정에서 그리 많이 반영하지는 못했다. 그
러나 채널의 책을 접하고 내가 애초에 강의에서 지향했던 바가 아주 헛짚은 것은 아니
라는 안도감(?)을 느낄 수 있었다.

· 이 책에서 다루는 여러 주제들과 겹치는 내용을 담은 한국어 저작으로는 임경순, 『과학
을 성찰하다』(사이언스북스, 2012)와 김명진, 『야누스의 과학』(사계절, 2008)이 있다.
홍성욱, 『과학은 얼마나』(서울대출판부, 2004)에 재수록된 두 편의 논문 「현대 과학연
구의 지형도: 미국의 대학, 기업, 정부를 중심으로」와 「과학과 시민: 현대 과학의 패러
독스」, 그리고 이관수, 「미국 연구개발체제의 발달과 군사화」, 『역사비평』 64호(2003
년 가을호)는 이 책의 주요 주제 중 일부를 훌륭하게 요약하고 있다.

· 과학과 기술의 역사적 관계와 1970년대 이후 등장한 새로운 인식에 대해서는 홍성 욱, 『생산력과 문화로서의 과학기술』(문학과지성사, 1999)의 6장 「과학과 기술의 상 호작용」에서 잘 설명하고 있다. 아울러 근대 이후 과학과 기술이 서로 가까워진 계기 들을 '경계물(boundary object)'이라는 개념을 중심으로 설명한 논문 Sungook Hong, "Historiographical Layers in the Relationship between Science and Technology," *History and Technology* 15:4 (1999)가 있다.

· 테크노사이언스 개념에 대한 논의는 Mike Michael, *Technoscience and Everyday Life: The Complex Simplicities of the Mundane* (Berkshire: Open University Press, 2006)의 28~34쪽 에 짧게 정리된 내용을 출발점으로 삼았다. 1980년대 이후 테크노사이언스라는 용 어를 대중화시킨 라투르의 선구적 논의는 브뤼노 라투르, 『젊은 과학의 전선』(아카 넷, 2016)에서 찾아볼 수 있다. 이 책에서 활용한 픽스턴의 테크노사이언스 개념과 '앎 의 방식'들에 대한 개관은 John V. Pickstone, *Ways of Knowing: A New History of Science, Technology and Medicine* (Chicago: University of Chicago Press, 2000)의 1장을 참조하면 된다. 이 책에서 다루는 기간에 대한 대략적인 시기구분은 필립 미라우스키·에스더- 미리엄 센트, 「과학의 상업화와 STS의 대응」, 에드워드 해킷 외 엮음, 『과학기술학 편람 4』(아카넷, 2021)에서 가져왔다.

· 20세기 산업연구의 전반적 흐름을 다룬 좋은 논문으로 David A. Hounshell, "The Evolution of Industrial Research in the United States," in Richard S. Rosenbloom and William J. Spencer (eds.), *Engines of Innovation: U.S. Industrial Research at the End of an Era* (Boston: Harvard Business School Press, 1996)가 있다. 19세기 산업연구 제도화의 배경 이 되는 독일의 유기화학과 합성염료산업에 대한 개관은 David F. Channell, *A History of Technoscience: Erasing the Boundaries between Science and Technology* (London: Routledge, 2017)의 2장과 John V. Pickstone, *Ways of Knowing: A New History of Science, Technology and Medicine* (Chicago: University of Chicago Press, 2000)의 7장에 나와 있다. 미국의 독립발명가들이 공통적으로 보인 특징은 토머스 휴즈,『현대 미국의 기원』(나남출판, 2017)의 1~2장에서 제시하고 있으며, 에디슨의 멘로파크 연구소에 대해서는 William S. Pretzer (ed.), *Working at Inventing: Thomas A. Edison and the Menlo Park Experience* (Dearborn: Henry Ford Museum & Greenfield Village, 1989)에 실린 여러 편의 논문들에서 좀 더 자세하게 다루고 있다. 20세기 초 미국의 산업연구소들이 왜 과학자들을 고용한 과학 연구소를 표방했는지에 대한 흥미로운 설명은 W. Bernard Carlson, "Innovation and the Modern Corporation: From Heroic Invention to Industrial Science," in John Krige and Dominique Pastre (eds.), *Science in the Twentieth Century* (Amsterdam: Harwood Academic Publishers, 1997)에서 찾아볼 수 있다.

· 제너럴 일렉트릭(GE), AT&T, 듀폰 등 미국의 주요 산업연구소의 설립 배경과 초기 운영은 토머스 휴즈,『현대 미국의 기원』의 4장과 임경순,『과학을 성찰하다』의 8~9장을 보면 된다. GE와 AT&T의 초기 역사를 이루는 에디슨의 전등 사업과 벨의 전화 사업에 관해서는 Martin V. Melosi, *Thomas A. Edison and the Modernization of America* (New York: Longman, 1990)와 Steven Lubar, *Infoculture* (Boston: Houghton Mifflin, 1993)를 참고할 수 있다. GE의 초기 산업연구소 활동과 휘트니, 쿨리지, 랭뮤어 등 주요 '스타' 과학자들이 산업체 과학자의 새로운 '역할'을 만들어가는 과정에 대해서는 조지 와이즈,「산업에서의 전문과학자의 새로운 역할: 제네랄 일렉트릭에서의 산업적 연구」, 김영식 엮음,『근대사회와 과학』(창작과비평사, 1989)에 잘 나와 있다. 아울러 AT&T 벨 연구소의 설립 배경과 초기 활동은 존 거트너,『벨 연구소 이야기』(살림Biz, 2012)의 1~2장과 Lillian Hartmann Hoddeson, "The Roots of Solid-State Research at Bell Labs," *Physics Today* 30:3 (March 1977)을, 듀폰의 기초연구와 나일론 개발은 David A. Hounshell and John Kenly Smith, Kr., "The Nylon Drama," *American Heritage of Invention* & *Technology*, 4:2 (Fall 1987)를 참고할 수 있다. 마지막으로 산업체 과학자의 정체성에 관한 기존의 사회학적 설명에 대한 비판과 산업체 과학자가 과학계의 다수를 차지하게 된 20세기 초의 상황에 대한 설명은 Steven Shapin, "Who is the Industrial Scientist? Commentary from Academic Sociology and from the Shop-Floor in the United States, ca. 1900-ca. 1970," in idem, *Never Pure* (Baltimore: Johns Hopkins University Press, 2010)에 흥미롭게 제시돼

있다.

III 장

· 1차대전과 2차대전 시기의 전시 연구를 서로 비교해가며 전반적으로 다룬 논문으로 Everett Mendelsohn, "Science, Scientists, and the Military," in John Krige and Dominique Pastre (eds.), *Science in the Twentieth Century* (Amsterdam: Harwood Academic Publishers, 1997)가 유용하다. 미국 물리학자 사회의 역사를 다룬 고전적 저작 Daniel J. Kevles, *The Physicists: The History of a Scientific Community in Modern America*, rev. ed. (Cambridge, MA: Harvard University Press, 1995)는 양차대전 시기의 전시 연구를 상세하게 다루어 아직도 널리 읽힌다.

· 1차대전에 앞서 독일의 과학자 프리츠 하버가 질소고정 암모니아 합성법을 추구하게 된 배경과 그 과정은 토머스 헤이거, 『공기의 연금술』(반니, 2015)에 잘 나와 있다. 1차 대전 시기 화학전의 양상과 그로 인해 나타난 피해에 대한 생생한 묘사는 Jonathan B. Tucker, *War of Nerves: Chemical Warfare from World War I to Al-Qaeda* (New York: Anchor Books, 2006)의 1장을 참고할 수 있으며, 프리츠 하버의 생애와 거기 내재한 비극을 고찰한 논문으로는 이필렬, 「프리츠 하버: 빌헬름시대 과학적 애국자의 비극적 종말」, 『과학사상』 32호 (2000)가 있다. 미국의 전시 연구에서 NCB와 NRC의 갈등 양상에 대한 자세한 설명은 토머스 휴즈, 『현대 미국의 기원』의 3장에서 찾아볼 수 있다.

· 1차대전으로 인해 과학의 국제주의가 변모하는 양상은 Daniel J. Kevles, "'Into Hostile Political Camps': The Reorganization of International Science in World War I," *Isis* 62:1 (1971)에 잘 정리돼 있고, 특히 민족주의적 흐름과 모순되지 않았던 1차대전 이전의 이른바 '올림픽 국제주의'에 대해서는 Geert J. Somsen, "A History of Universalism: Conceptions of the Internationality of Science from the Enlightenment to the Cold War," *Minerva* 46 (2008)을, 1919년 프리츠 하버의 노벨상 수상을 둘러싼 논란에 대해서는 Sven Widmalm, "Science and Neutrality: The Novel Prizes of 1919 and Scientific Internationalism in Sweden," *Minerva* 33 (1995)을 참고하면 된다. 마지막으로 1차대전이 산업연구와 전간기의 과학에 미친 영향은 David A. Hounshell, "The Evolution of

Industrial Research in the United States," in Richard S. Rosenbloom and William J. Spencer (eds.), *Engines of Innovation: U.S. Industrial Research at the End of an Era* (Boston: Harvard Business School Press, 1996)에 나와 있다.

· 2차대전을 전후해 개발된 레이다의 초기 역사와 전후의 응용에 관해서는 Robert Buderi, *The Invention that Changed the World: How a Small Group of Radio Engineers Won the Second World War and Launched a Technological Revolution* (New York: Touchstone, 1996) 이 가장 표준적인 설명을 제시하며, Guy Hartcup, *The Effect of Science on the Second World War* (Hampshire: Palgrave, 2000)의 2~3장도 이와 관련해 참고할 만하다. 레이다의 초기 역사에 관한 대중적 서술은 James R. Chiles, "The Road to Radar," *American Heritage of Invention & Technology*, 2:3 (Spring 1987)에서 볼 수 있다. 원자폭탄 개발 과정에 관해 대중적이면서 가장 널리 읽히는 저작은 리처드 로즈, 『원자폭탄 만들기 1, 2』(사이언스북스, 2004)이며, 토머스 휴즈, 『현대 미국의 기원』의 8장은 원자폭탄 개발 과정에서 엔지니어와 도급회사들의 기여를 강조하며 과학자-도급회사-엔지니어 사이에 빚어진 갈등을 생생하게 그려내고 있다.

· 오퍼레이션 리서치의 초기 역사는 Erik P. Rau, "Technological Systems, Expertise, and Policy Making: The British Origins of Operational Research," in Michael Thad Allen and Gabrielle Hecht (eds.), *Technologies of Power: Essays in Honor of Thomas Parke Hughes and Agatha Chipley Hughes* (Cambridge, MA: The MIT Press, 2001)와 Eric P. Rau, "The Adoption of Operations Research in the United States during World War II," in Agatha C. Hughes and Thomas P. Hughes (eds.), *Systems, Experts, and Computers: The Systems Approach in Management and Engineering, World War II and After* (Cambridge, MA: The MIT Press, 2001)가 영국과 미국의 상황에 대한 표준적인 서술을 제공한다.

· 플레밍을 둘러싼 기존의 신화에서 벗어나 2차대전 시기의 페니실린 개발 과정이 지닌 테크노사이언스의 측면을 잘 드러낸 저작은 Robert Bud, *Penicillin: Triumph and Tragedy* (Oxford: Oxford University Press, 2007)이며, 루스 슈위츠 코완, 『미국 기술의 사회사』 (궁리, 2012)의 13장에서도 기술사가가 집필한 간략한 서술을 찾아볼 수 있다.

· 오드라 울프, 『냉전의 과학』은 이 장에서 다루는 냉전 시기 미국 과학의 여러 주제들을 훌륭하게 요약하고 있다. 이 장 전체의 배경을 이루는 냉전의 역사를 서술한 좋은 개설서로는 존 루이스 개디스, 『냉전의 역사』(에코리브르, 2010)와 오드 아르네 베스타, 『냉전의 지구사』(에코리브르, 2020)가 있다. 개디스의 책 1장은 미-소 냉전이 이미 2차대전 때 배태되었음을 잘 설명해준다. 과학자의 사회적 책임을 내세운 원자폭탄 투하 반대 움직임과 전후 과학자운동의 배경에 대해서는 Lawrence Badash, "American Physicists, Nuclear Weapons in World War II, and Social Responsibility," *Physics in Perspective* 7 (2005)에 평이하게 서술돼 있다. 소련의 원자폭탄 개발과정에 대해서는 리처드 로즈, 『수소폭탄 만들기』(사이언스북스, 2016)와 David Holloway, *Stalin and the Bomb* (New Haven: Yale University Press, 1994)가 소련 스파이의 역할과 중요성을 두고 조금은 상반된 고전적 관점을 보여주고 있으며, Michael D. Gordin, *Red Cloud at Dawn: Truman, Stalin, and the End of the Atomic Monopoly* (New York: Farrar, Straus and Giroux, 2009)는 스파이 정보의 신뢰성에 얽힌 복잡미묘한 측면을 지적하고 있다. 미국의 이론 물리학자들이 원자 스파이로 의심받게 된 이유에 대한 흥미로운 설명은 David Kaiser, "The Atomic Secret in Red Hands? American Suspicions of Theoretical Physicists During the Early Cold War," *Representations* 90 (2005)에서 찾아볼 수 있으며, 1950년대 초 과학계에 불어닥친 매카시즘 선풍에 대해서는 Lawrence Badash, "Science and McCarthyism," *Minerva* 38 (2000)에서 다루고 있다. 양차대전 사이의 방사생물학 연구가 2차대전과 냉전 초기를 거치며 골수이식 치료법, 줄기세포 연구로 이어지는 흥미로운 계보는 Alison Kraft, "Manhattan Transfer: Lethal Radiation, Bone Marrow Transplantation, and the Birth of Stem Cell Biology, ca. 1942-1961," *Historical Studies in the Natural Sciences*, 39:2 (2009)에 정리돼 있다.

· 2차대전 이후 과학이 '동원해제'되지 않은 맥락에 대해서는 Stuart W. Leslie, *The Cold War and American Science* (New York: Columbia University Press, 1993)의 서론에 잘 나와 있다. 버니바 부시의 1945년 보고서가 갖는 현재적 의미는 Roger Pielke Jr., "In Retrospect: Science — The Endless Frontier," *Nature* 466 (19 August 2010)에서 짧게 다

루고 있다. 국립과학재단(NSF) 설립 논쟁에 관한 고전적 논의는 대니얼 케블스, 「미 국립과학재단과 전후 연구정책 논쟁, 1942-1945」, 박범순 · 김소영 엮음, 『과학기술정책: 이론과 쟁점』(한울아카데미, 2015)이고, 미국의 정치 제도와 구조의 측면에서 이 논쟁을 좀 더 세밀하게 분석한 문헌으로는 Daniel Lee Kleinman, *Politics on the Endless Frontier: Postwar Research Policy in the United States* (Durham: Duke University Press, 1995)가 있다. 소련의 스푸트니크 발사가 미국의 과학정책(특히 대학의 과학 연구)에 미친 영향에 대해서는 Roger L. Geiger, "What Happened after Sputnik? Shaping University Research in the United States," *Minerva* 35 (1997)를 참고하면 된다.

· 냉전 시기에 지구과학의 여러 분과들이 군대의 지원을 받아 발전하는 과정은 '냉전 시기의 지구과학'을 특집으로 한 *Social Studies of Science*, Vol. 33, No. 5 (2003)에 수록된 여러 편의 논문이 좋은 출발점을 제공한다. 이 주제에 대한 전반적 개관은 SSS 특집호에 실린 John Cloud, "Introduction"과 Ronald Doel, "Constituting the Postwar Earth Sciences: The Military's Influence on the Environmental Sciences in the USA after 1945"를 보면 된다. 냉전 초 지진학의 발전 과정은 SSS 특집호의 Kai-Henrik Barth, "The Politics of Seismology: Nuclear Testing, Arms Control, and the Transformation of a Discipline"에서 다루고 있고, Kai-Henrik Barth, "Science and Politics in Early Nuclear Test Ban Negotiations," *Physics Today* 51:3 (1998)에도 이를 보완하는 논의가 실려 있다. 냉전 초 군대의 개입이 날씨 및 기후예측에 미친 영향은 SSS 특집호에 수록된 Kristine C. Harper, "Research from the Boundary Layer: Civilian Leadership, Military Funding and the Development of Numerical Weather Prediction (1946-1955)"과 Paul N. Edwards, "Entangled Histories: Climate Science and Nuclear Weapons Research," *Bulletin of the Atomic Scientists* 68 (2012)을 보면 된다. 19세기 이후 기상조절의 역사에 관해서는 James Rodger Fleming, "The Pathological History of Weather and Climate Modification: Three Cycles of Promise and Hype," *Historical Studies in the Physical and Biological Sciences* 37:1 (2006)이 큰 그림을 제공하며, 특히 냉전 이후 시기에 관해서는 Kristine C. Harper, "Climate Control: United States Weather Modification in the Cold War and Beyond," *Endeavour* 32:1 (2008)과 James R. Fleming, "Fixing the Weather and Climate: Military and Civilian Schemes for Cloud Seeding and Climate Engineering," in Lisa Rosner (ed.)

The Technological Fix: How People Use Technology to Create and Solve Problems (New York: Routledge, 2004)가 좀 더 자세하게 다루고 있다. 1940년대 말부터 1950년대까지 냉전이 해양학에 미친 영향은 Jacob Darwin Hamblin, "The Navy's "Sophisticated" Pursuit of Science: Undersea Warfare, the Limits of Internationalism, and the Utility of Basic Research, 1945-1956," *Isis* 93:1 (2002)과 Jacob Darwin Hamblin, *Oceanographers and the Cold War: Disciples of Marine Science* (Seattle: University of Washington Press, 2005)를 참고하면 된다. 마지막으로 냉전 시기 비밀주의의 유산과 그것이 과학 연구에 대해 던지는 함의에 대해서는 Peter Galison, "Removing Knowledge," *Critical Inquiry* 31 (2004)이 대단히 흥미로운 논의를 전개하고 있다.

· 군산복합체의 개념에 대한 기본적인 설명은 Alex Roland, *The Military-Industrial Complex* (Washington: American Historical Association, 2001)를 참고할 수 있다. 군산복합체의 위험을 경고한 아이젠하워의 고별 연설 전문은 https://blog.daum.net/solectron/8157에서 우리말 번역본을 읽어볼 수 있고, 박범순·김소영 엮음, 『과학기술정책: 이론과 쟁점』 (한울아카데미, 2015)에도 발췌돼 실려 있다.

· MIT와 스탠퍼드의 전자공학, 항공공학 프로그램이 '군산학복합체'의 일부로 변모하는 과정은 냉전 과학사의 고전이 된 Stuart W. Leslie, *The Cold War and American Science* (New York: Columbia University Press, 1993)의 1~4장에 상세하게 서술돼 있다. 이 중 MIT에 대해서는 좀 더 최근에 나온 David Kaiser (ed.), *Becoming MIT: Moments of Decision* (Cambridge, MA: MIT Press, 2010)에 수록된 Kaiser의 논문 "Elephant on the Charles: Postwar Growing Pains"도 부분적으로 참고할 수 있다. MIT 전기공학과 항공우주공학과의 역사는 해당 학과의 홈페이지 https://www.eecs.mit.edu/about-us/mit-eecs-department-facts와 https://aeroastro.mit.edu/about/history에 게재된 내용을 기본적인 자료로 삼았다. 세이지 프로젝트의 역사는 Martin Campbell-Kelly et al., *Computer: A History of the Information Machine*, 3rd ed. (New York: Westview Press, 2014)의 7장에 조금 다른 맥락에서 기술돼 있다. 스탠퍼드대학 전기공학과와 항공우주공학과의 역사는 역시 해당 학과의 홈페이지 https://ee.stanford.edu/about/history와 https://aa.stanford.edu/about/history를 부분적으로 참조했다. 스탠퍼드대학의 연구개발이 군사화되는 과정은 Rebecca S. Lowen, *Creating the Cold War University: The Transformation of Stanford*

(Berkeley: University of California Press, 1997)에서 좀 더 자세한 설명을 접할 수 있다. 실리콘밸리의 짧은 역사는 월터 아이작슨, 『이노베이터』(오픈하우스, 2015)의 4~5장을 참조하면 되고, 실리콘밸리의 군사적 기원은 Stuart W. Leslie, "The Biggest "Angel" of Them All: The Military and the Making of Silicon Valley," in Martin Kenney (ed.), *Understanding Silicon Valley: The Anatomy of an Entrepreneurial Region* (Stanford: Stanford University Press, 2000)이 좋은 개설을 제공한다.

· 거대과학의 다양한 의미와 개념의 역사에 대해서는 종설 논문인 James H. Capshew and Karen A. Rader, "Big Science: Price to the Present," *Osiris*, 2nd series, vol. 7 (1992)에 잘 설명돼 있다. 그 기원으로 흔히 인정받는 버클리 방사연구소의 특징에 대해서는 Robert Seidel, "The Origins of the Lawrence Berkeley Laboratory," in Peter Galison and Bruce Hevly (eds.) *Big Science: The Growth of Large-Scale Research* (Stanford: Stanford University Press, 1992)를 보면 된다. 2차대전 이후 원자에너지위원회(AEC) 산하 국립연구소들(아르곤, 버클리, 브룩헤이븐, 리버모어, 오크리지, 로스앨러모스)이 자리를 잡는 과정은 Robert W. Seidel, "A Home for Big Science: The Atomic Energy Commission's Laboratory System," *Historical Studies in the Physical Sciences* 16:1 (1986)에서 다루고 있고, AEC의 가속기 연구 지원과 국가 안보 사이의 관계에 대해서는 Robert Seidel, "Accelerators and National Security: The Evolution of Science Policy for High-Energy Physics, 1947-1967," *History and Technology* 11 (1994)이 가장 훌륭한 개설을 제공한다.

· 냉전기 과학 인력의 폭증과 그것이 과학 연구와 훈련의 방향에 미친 영향은 David Kaiser, "Cold War Requisitions, Scientific Manpower, and the Production of American Physicists after World War II," *Historical Studies in the Physical and Biological Sciences* 33:1 (2002)과 David Kaiser, "The Postwar Suburbanization of American Physics," *American Quarterly* 56:4 (2004)에서 흥미롭게 설명하고 있으며, David Kaiser, "Shut Up and Calculate!" *Nature* 505 (9 January 2014)에서도 짧은 설명을 찾아볼 수 있다. David Kaiser, "Booms, Busts, and the World of Ideas: Enrollment Pressures and the Challenge of Specialization," *Osiris* vol. 27 (2012)은 2차대전 이후 현재까지 과학 인력의 수요가 급증과 급감을 반복하며 널뛰기를 한 이유를 투기 버블 모델에서 찾고 있다.

· 냉전 시기 물리학이 군대의 지원에 의해 '왜곡'되었다는 유명한 포먼의 명제와 이에

대한 케블레스의 반박은 Paul Forman, "Behind Quantum Electronics: National Security as Basis for Physical Research in the United States, 1940-1960," *Historical Studies in the Physical Sciences* 18:1 (1987)과 Dan Kevles, "Cold War and Hot Physics: Science, Security and the American State, 1945-1956," *Historical Studies in the Physical Sciences* 20:2 (1990)에서 볼 수 있다. 이 논쟁은 수많은 냉전 과학사 관련 책과 논문들에서 다루고 있는데, 최근의 일례로는 Naomi Oreskes, "Science in the Origins of the Cold War," in Naomi Oreskes and John Krige (eds.), *Science and Technology in the Global Cold War* (Cambridge, MA: MIT Press, 2014)를 들 수 있다.

V장

· 과학기술과 관련된 1960년대의 전반적 동향에 대해서는 Jon Agar, "What Happened in the Sixties?" *British Journal for the History of Science* 41:4 (2008)가 좋은 개설을 제공한다. 당시 지식인 사회의 분위기는 Everett Mendelsohn, "The Politics of Pessimism: Science and Technology Circa 1968," in Yaron Ezrahi et al. (eds.), *Technology, Pessimism, and Postmodernism* (Amherst: University of Massachusetts Press, 1994)을 참고할 수 있다. 1960년대 말에 과학자운동이 급진화된 배경과 MIT에서 시작된 '3·4' 운동의 전개과정에 관해서는 켈리 무어, 『과학을 뒤흔들다—미국 과학자 운동의 사회사』(이매진, 2016)의 5장에 잘 나와 있고, 군사 연구에서 민간연구로의 선구적 전환 사례인 유체역학연구소에 대해서는 Matt Wisnioski, "Inside "the System": Engineers, Scientists, and the Boundaries of Social Protest in the Long 1960s," *History and Technology*, 19:4 (2003)를 참고할 수 있다.
· MIT와 스탠퍼드의 군사 연구 반대운동이 계측연구소와 스탠퍼드연구소를 '몰아내는' 과정과 그것이 군산복합체에 미친 영향에 대한 평가는 Stuart W. Leslie, *The Cold War and American Science* (New York: Columbia University Press, 1993)의 9장을 근간으로 하고 Stuart W. Leslie, "'Time of Trouble' for the Special Laboratories," in David Kaiser (ed.), *Becoming MIT: Moments of Decision* (Cambridge, MA: MIT Press, 2010)을 추가로 참고했다.

· 이 시기를 바라보는 기본 틀은 Roger L. Geiger and Creso M. Sa, *Tapping the Riches of Science: Universities and the Promise of Economic Growth* (Cambridge, MA: Harvard University Press, 2008)의 1장과 필립 미라우스키 · 에스더-미리엄 센트, 「과학의 상업화와 STS의 대응」, 에드워드 해킷 외 엮음, 『과학기술학 편람 4』에서 가져왔다.

· 1970년대 초 유전공학이 부상한 사회적 배경에 대해서는 Eric J. Vettel, *Biotech: The Countercultural Origins of an Industry* (Philadelphia: University of Pennsylvania Press, 2006)의 5장을 참고할 수 있다. DNA 재조합 연구와 유전공학의 부상 과정은 Sally Smith Hughes, "Making Dollars Out of DNA: The First Major Patent in Biotechnology and the Commercialization of Molecular Biology, 1974-1980," *Isis* 92:3 (2001)의 논의를 전반적으로 따랐고, 코헨과 보이어의 배경, 그들의 공동 연구 과정은 Sally Smith Hughes, *Genentech: The Beginnings of Biotech* (Chicago: University of Chicago Press, 2011)의 1장을 참고했다. 1980년대 유전공학이 붐을 이룰 때 활동했던 몇몇 주요 기업들에 대해서는 Nicholas Rasmussen, *Gene Jockeys: Life Science and the Rise of Biotech Enterprise* (Baltimore: Johns Hopkins University Press, 2014)가 좋은 개설을 제공한다. 초기 유전공학의 상업화가 과학계에 불러일으킨 논쟁과 이에 대한 과학자들의 반응은 Hallam Stevens, *Biotechnology and Society: An Introduction* (Baltimore: Johns Hopkins University Press, 2016)의 5장을 보면 된다.

· 마지막으로 SSC와 HGP를 대비시켜 상업화 시대의 거대과학에 관해 서술한 내용은 다니엘 케블레스, 「미국의 거대과학과 거대정치—사멸한 SSC와 살아남은 휴먼게놈프로젝트에 대하여」, 박민아 · 김영식 엮음, 『프리즘—역사로 과학 읽기』(서울대학교출판부, 2007)에서 주로 가져왔다. 이 중 SSC의 역사는 Michael Riordan, Lillian Hoddeson, and Adrienne W. Kolb, *Tunnel Visions: The Rise and Fall of the Superconducting Super Collider* (Chicago: University of Chicago Press, 2015)를 추가로 참조할 수 있고, HGP의 역사는 프로젝트에서 양쪽 진영을 대변했던 두 사람의 회고록이 가치 있는 정보를 제공한다. 존 설스턴 · 조지나 페리, 『유전자 시대의 적들』(사이언스북스, 2004); 크레이그 벤터, 『게놈의 기적』(추수밭, 2009).

찾아보기

법, 세도, 기관의 명칭은 별도 표시가 없는 경우 모두 미국의 것이다.

모두를 위한 테크노사이언스 강의

모두를 위한 테크노사이언스 강의

모두를 위한
테크노사이언스 강의

1판 1쇄 찍음 2022년 4월 22일
1판 1쇄 펴냄 2022년 4월 29일

지은이 김명진

주간 김현숙 | **편집** 김주희, 이나연
디자인 이현정, 전미혜
영업·제작 백국현 | **관리** 오유나

펴낸곳 궁리출판 | **펴낸이** 이갑수

등록 1999년 3월 29일 제300-2004-162호
주소 10881 경기도 파주시 회동길 325-12
전화 031-955-9818 | **팩스** 031-955-9848
홈페이지 www.kungree.com
전자우편 kungree@kungree.com
페이스북 /kungreepress | **트위터** @kungreepress
인스타그램 /kungree_press

ⓒ 김명진, 2022.

ISBN 978-89-5820-768-9   93400